U0076688

日本酒手帳

Nihonshu Encyclopedia For Gourmet

前言

近年來日本酒的進化令人耳目一新，酒品也種類豐富超越以往。既有剛搾的新酒，也有熟成20年的古酒；既有未過濾的素顏生酒，也有做了過濾和入火的清澄酒品；既然古早味的濁酒，也有說是香檳也通的發泡性新型態酒——。光以之前的甘口、辛口，或是淡麗、濃醇等的詞語，已經不能夠適切形容這些多彩日本酒的魅力。

本書按照直接拜託所有酒廠的詳細問卷回答，將酒質以香氣、濃郁度、輕快度來區分圖示，也一併記載味道的特徵和最適口的溫度等，可以完全了解日本酒的全貌。您想要飲用的日本酒可以立刻找到——過去未曾出現的，為了日本酒和想飲用日本酒的人編輯的指南書，就是本書。

2010年7月吉日

監修代表　長田　卓（SSI）

採訪、執筆　白石愷親

◎目次

關東・甲信越

北陸・東海

近畿・中國

四國・九州

北海道・東北

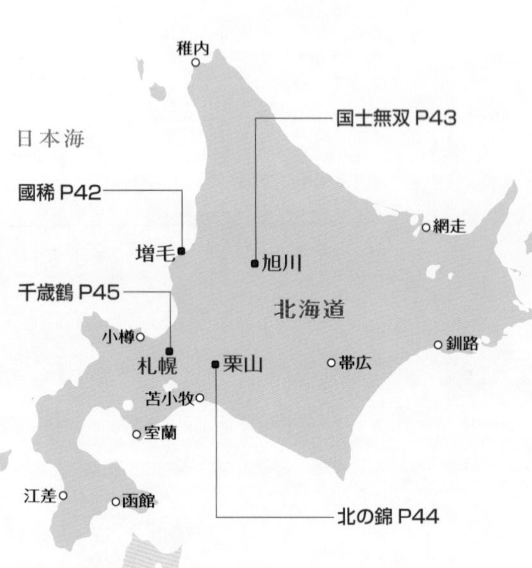

鄂霍次克海
稚內
国士無双 P43
日本海
國稀 P42
網走
増毛
旭川
千歳鶴 P45
北海道
小樽
釧路
札幌
栗山
帯広
苫小牧
室蘭
江差
函館
北の錦 P44
青森
太平洋
秋田
岩手

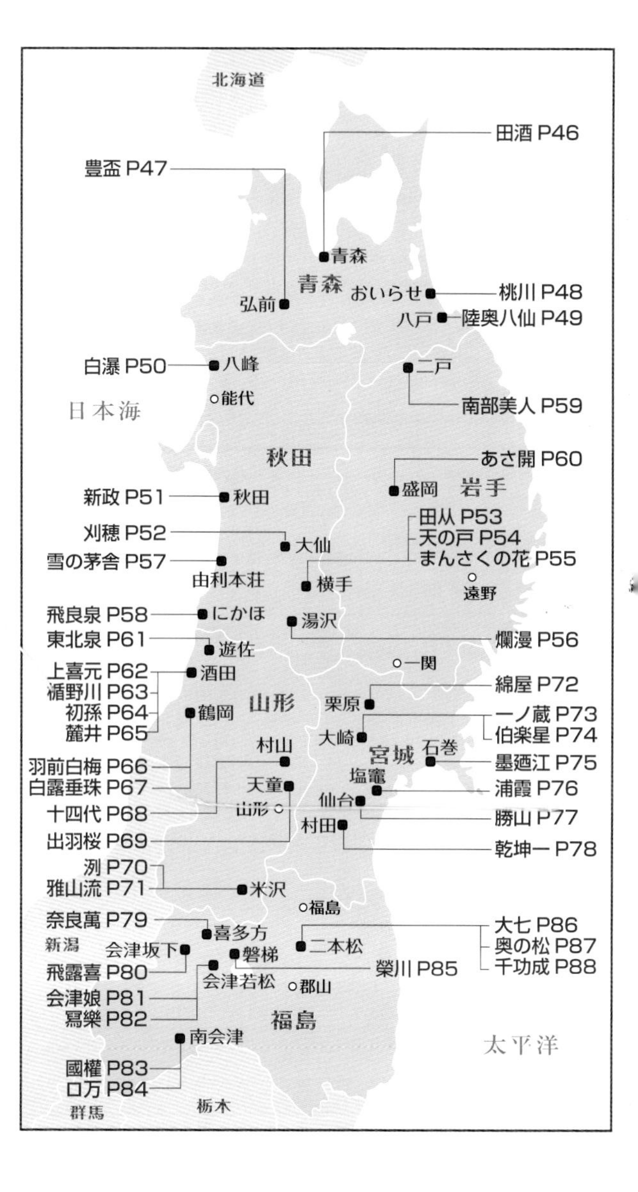

北海道
田酒 P46
豊盃 P47
青森
青森
弘前
おいらせ
桃川 P48
八戸
陸奥八仙 P49
白瀑 P50
八峰
二戸
南部美人 P59
能代
日本海
秋田
あさ開 P60
盛岡
岩手
新政 P51
秋田
田从 P53
天の戸 P54
まんさくの花 P55
刈穂 P52
大仙
雪の茅舎 P57
由利本荘
横手
遠野
飛良泉 P58
にかほ
湯沢
東北泉 P61
遊佐
爛漫 P56
一関
上喜元 P62
楯野川 P63
初孫 P64
麓井 P65
酒田
鶴岡
山形
綿屋 P72
栗原
一ノ蔵 P73
伯楽星 P74
大崎
村山
宮城
石巻
墨廼江 P75
羽前白梅 P66
白露垂珠 P67
天童
塩竈
浦霞 P76
十四代 P68
山形
仙台
勝山 P77
出羽桜 P69
村田
乾坤一 P78
洌 P70
雅山流 P71
米沢
福島
奈良萬 P79
喜多方
大七 P86
奥の松 P87
千功成 P88
新潟
会津坂下
二本松
磐梯
飛露喜 P80
榮川 P85
会津若松
郡山
会津娘 P81
寫樂 P82
福島
南会津
太平洋
國權 P83
ロ万 P84
群馬
栃木

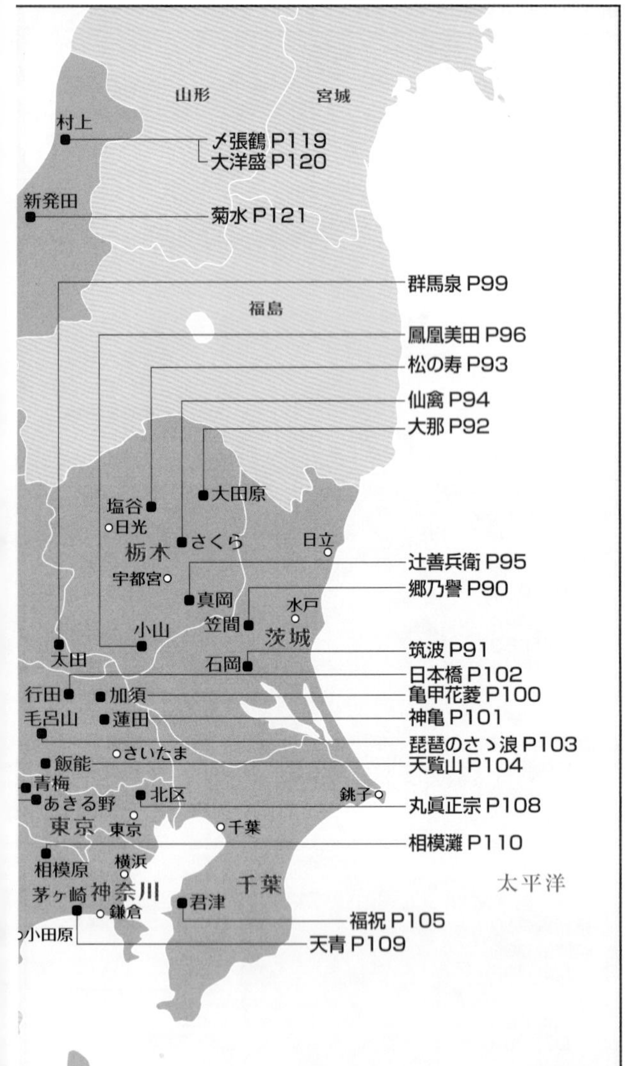
山形
宮城
村上
〆張鶴 P119
大洋盛 P120
新発田
菊水 P121
群馬泉 P99
福島
鳳凰美田 P96
松の寿 P93
仙禽 P94
大那 P92
大田原
塩谷
日光
さくら
栃木
日立
辻善兵衛 P95
宇都宮
郷乃譽 P90
真岡
水戸
笠間
小山
茨城
筑波 P91
太田
石岡
日本橋 P102
行田
加須
亀甲花菱 P100
毛呂山
蓮田
神亀 P101
琵琶のさゝ浪 P103
さいたま
飯能
天覧山 P104
青梅
あきる野
北区
銚子
丸眞正宗 P108
東京
東京
千葉
相模灘 P110
相模原
横浜
千葉
太平洋
茅ヶ崎
神奈川
君津
鎌倉
福祝 P105
小田原
天青 P109

関東・甲信越

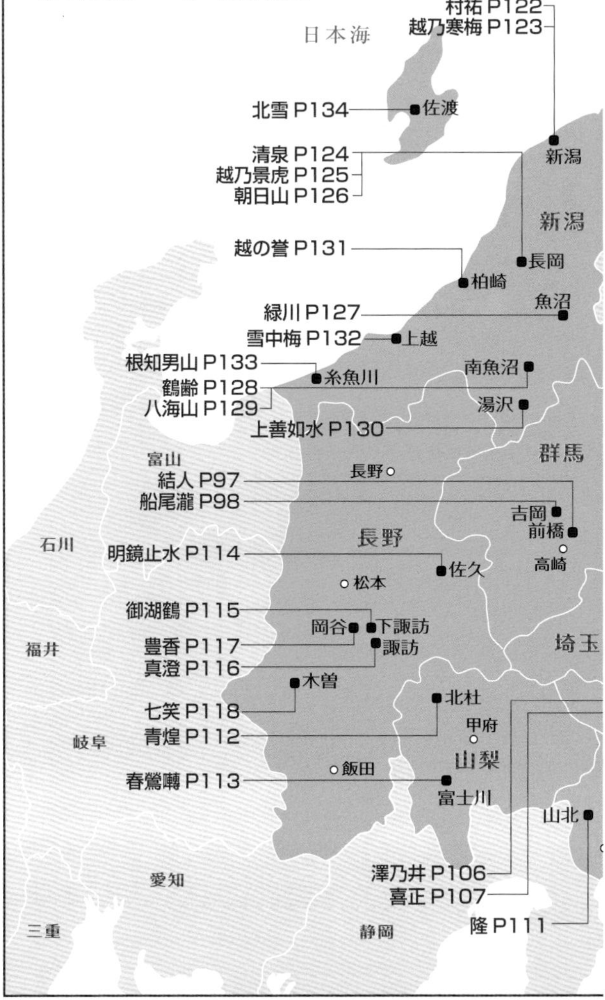

日本海

村祐 P122
越乃寒梅 P123
新潟

北雪 P134
佐渡

清泉 P124
越乃景虎 P125
朝日山 P126
長岡

新潟

越の誉 P131
柏崎

緑川 P127
魚沼

雪中梅 P132
上越

根知男山 P133
糸魚川

鶴齢 P128
八海山 P129
南魚沼

上善如水 P130
湯沢

富山
群馬
長野

結人 P97
前橋

船尾瀧 P98
吉岡

高崎

石川
長野

明鏡止水 P114
佐久

松本

御湖鶴 P115
下諏訪

豊香 P117
岡谷

真澄 P116
諏訪

福井
埼玉

木曽

七笑 P118

北杜

青煌 P112

岐阜
甲府
山梨

春鶯囀 P113
富士川

飯田

山北

澤乃井 P106
喜正 P107
隆 P111

愛知
三重
静岡

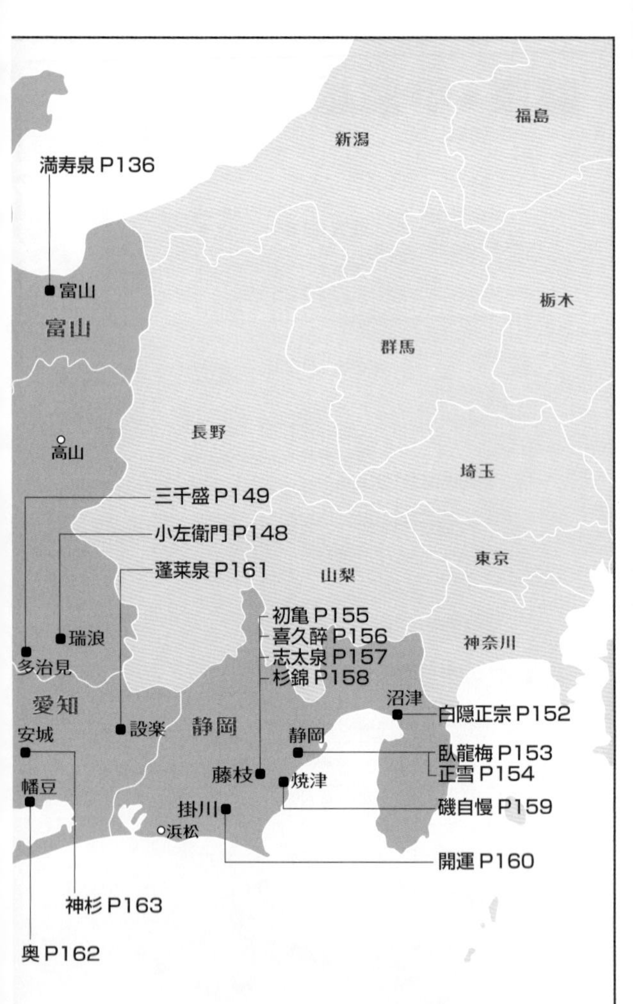
福島
新潟
満寿泉 P136
富山
富山
栃木
群馬
長野
高山
埼玉
三千盛 P149
小左衛門 P148
東京
蓬萊泉 P161
山梨
初亀 P155
喜久酔 P156
志太泉 P157
杉錦 P158
瑞浪
神奈川
多治見
愛知
沼津
白隠正宗 P152
安城
設楽
静岡
静岡
臥龍梅 P153
正雪 P154
藤枝
焼津
幡豆
掛川
磯自慢 P159
浜松
開運 P160
神杉 P163
奥 P162
太平洋

北陸・東海

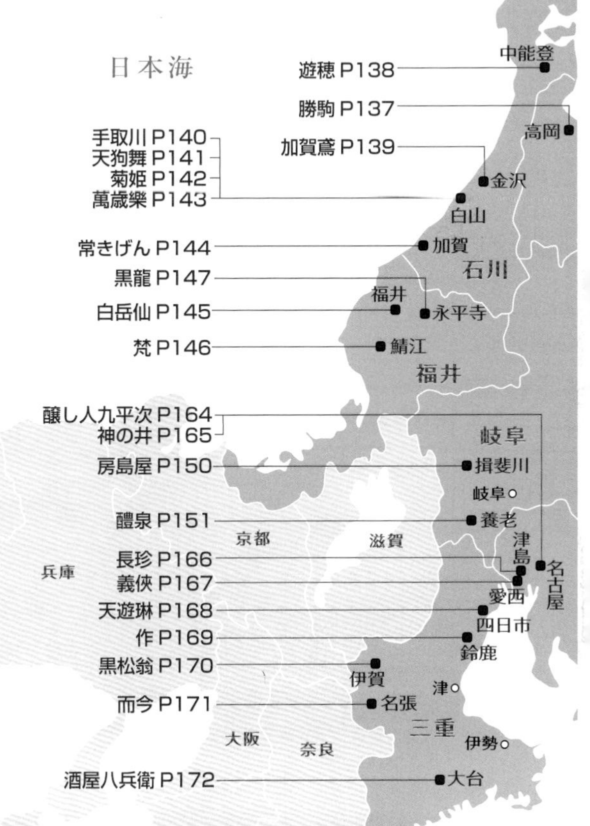

輪島
日本海
中能登
遊穂 P138
勝駒 P137
高岡
手取川 P140
天狗舞 P141
菊姫 P142
萬歳樂 P143
加賀鳶 P139
金沢
白山
常きげん P144
加賀
石川
黒龍 P147
福井
白岳仙 P145
永平寺
梵 P146
鯖江
福井
醸し人九平次 P164
神の井 P165
岐阜
房島屋 P150
揖斐川
岐阜
醴泉 P151
養老
京都
滋賀
兵庫
長珍 P166
義侠 P167
津島
名古屋
愛西
天遊琳 P168
四日市
作 P169
鈴鹿
黒松翁 P170
伊賀
津
而今 P171
名張
三重
大阪
奈良
伊勢
酒屋八兵衛 P172
大台
徳島
和歌山

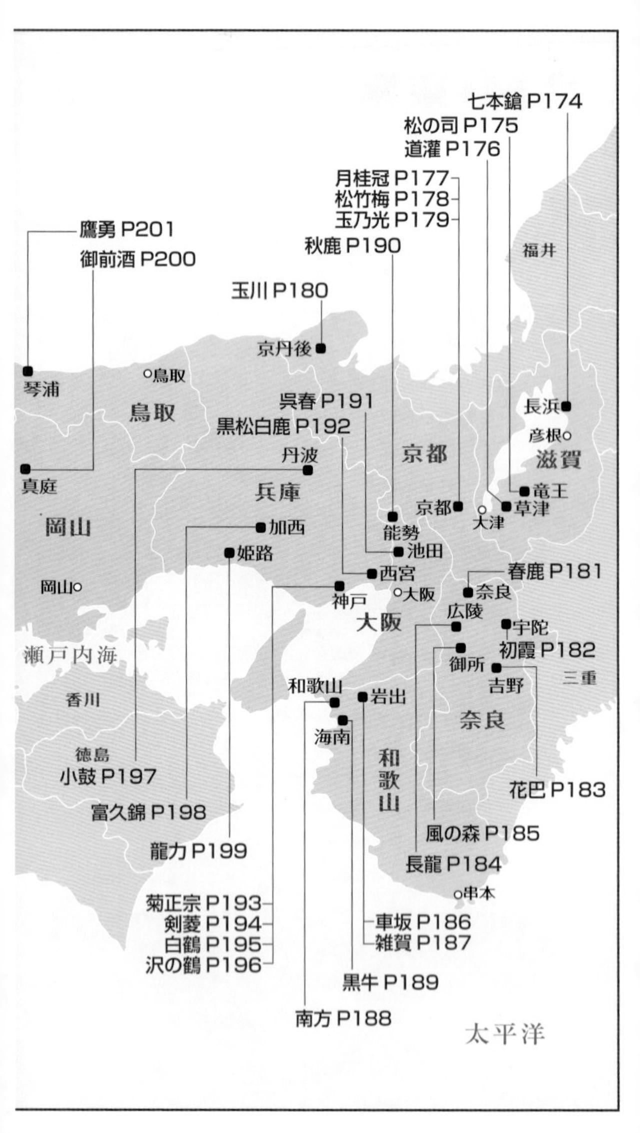

七本鎗 P174
松の司 P175
道灌 P176
月桂冠 P177
松竹梅 P178
玉乃光 P179
秋鹿 P190
鷹勇 P201
御前酒 P200
玉川 P180
福井
京丹後
琴浦
鳥取
鳥取
呉春 P191
黒松白鹿 P192
長浜
彦根
滋賀
京都
丹波
真庭
兵庫
竜王
京都
草津
大津
岡山
加西
能勢
池田
姫路
西宮
春鹿 P181
岡山
神戸
大阪
奈良
広陵
大阪
宇陀
初霞 P182
瀬戸内海
御所
三重
吉野
和歌山
岩出
香川
海南
奈良
和歌山
徳島
小鼓 P197
花巴 P183
富久錦 P198
風の森 P185
龍力 P199
長龍 P184
串本
菊正宗 P193
剣菱 P194
白鶴 P195
沢の鶴 P196
車坂 P186
雑賀 P187
黒牛 P189
南方 P188
太平洋

近畿・中国

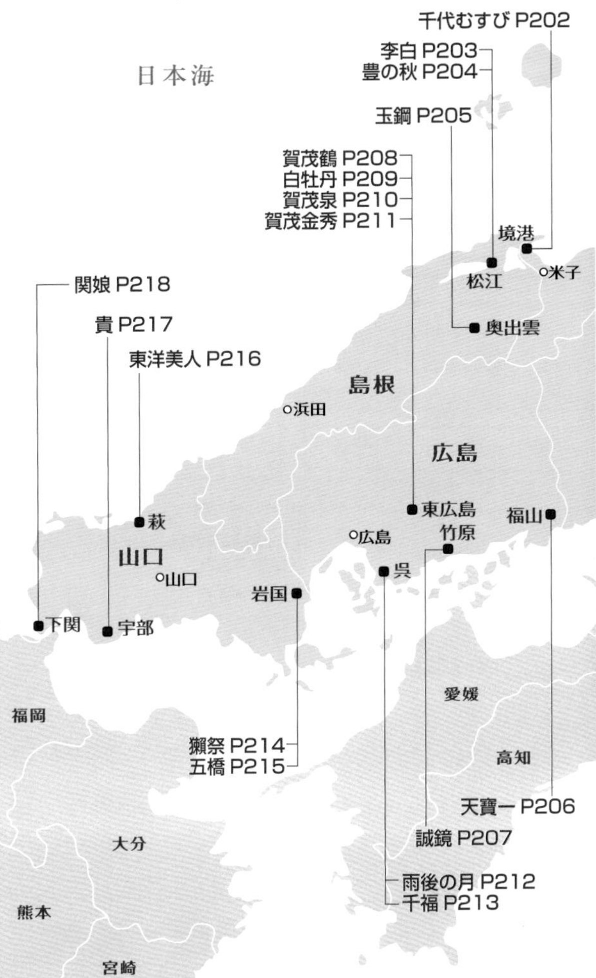

日本海
千代むすび P202
李白 P203
豊の秋 P204
玉鋼 P205
賀茂鶴 P208
白牡丹 P209
賀茂泉 P210
賀茂金秀 P211
境港
松江
米子
奥出雲
関娘 P218
貴 P217
東洋美人 P216
島根
浜田
広島
東広島
福山
竹原
広島
呉
萩
山口
山口
岩国
下関
宇部
愛媛
福岡
獺祭 P214
五橋 P215
高知
天寶一 P206
誠鏡 P207
大分
雨後の月 P212
千福 P213
熊本
宮崎

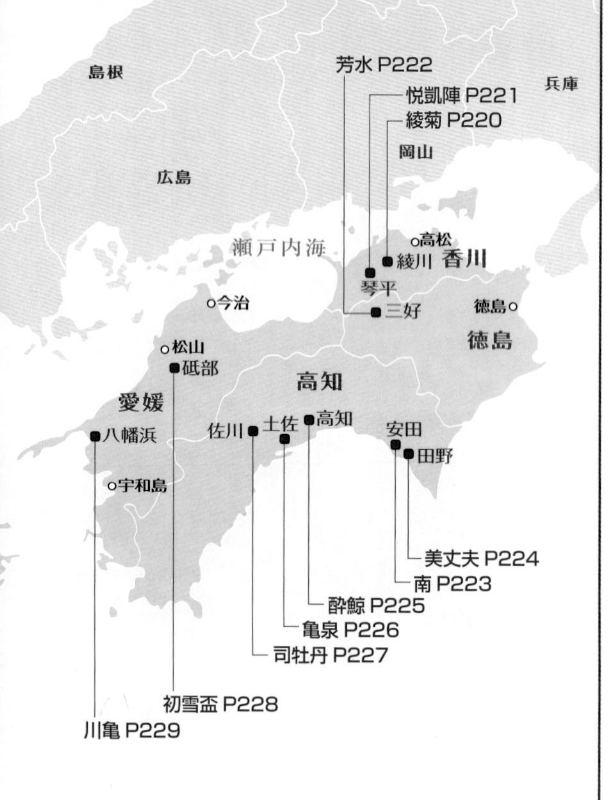
島根
芳水 P222
悦凱陣 P221
綾菊 P220
兵庫
岡山
広島
瀬戸内海
高松
綾川
香川
琴平
今治
三好
徳島
徳島
松山
砥部
高知
愛媛
八幡浜
佐川
土佐
高知
安田
田野
宇和島
美丈夫 P224
南 P223
酔鯨 P225
亀泉 P226
司牡丹 P227
初雪盃 P228
川亀 P229
太平洋

四国・九州

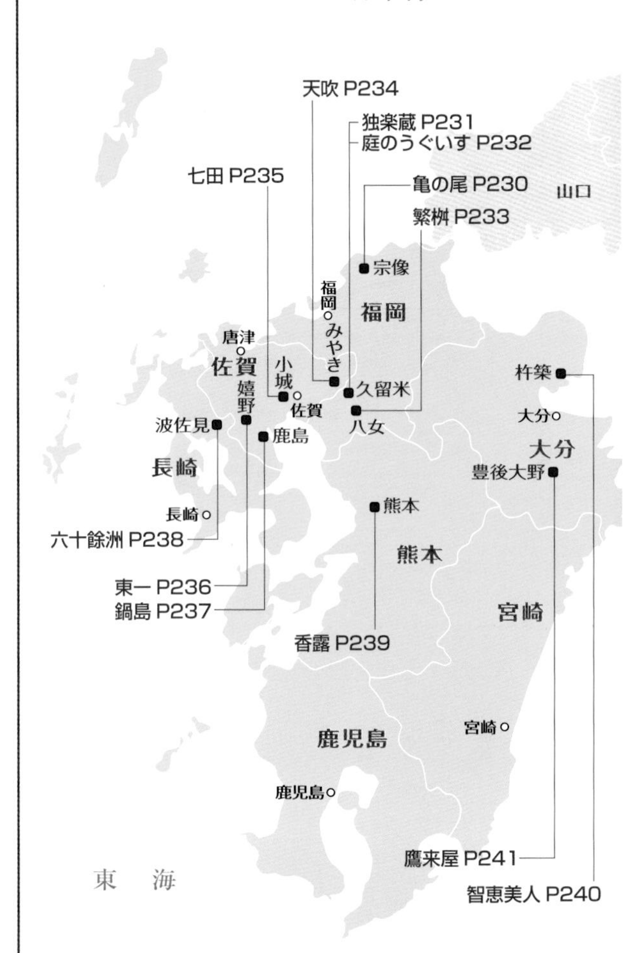
日本海
天吹 P234
独楽蔵 P231
庭のうぐいす P232
七田 P235
亀の尾 P230
山口
繁桝 P233
宗像
福岡
福岡
みやき
唐津
佐賀
小城
嬉野
久留米
杵築
佐賀
八女
大分
波佐見
鹿島
大分
長崎
豊後大野
熊本
長崎
六十餘洲 P238
熊本
東一 P236
鍋島 P237
宮崎
香露 P239
宮崎
鹿児島
鹿児島
鷹来屋 P241
東　海
智恵美人 P240

有＊記號的用語，請參考28頁起的「日本酒的基礎用語」

日本酒的製造流程

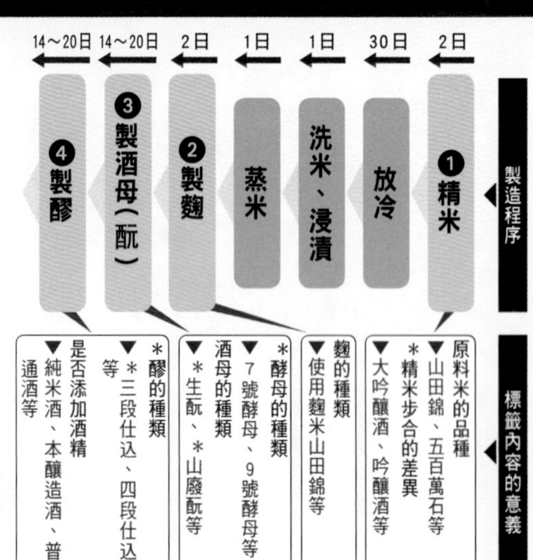

釀造日本酒，是各時代的釀酒人，將日本酒出現後傳承下來的技術，再加上各自的創意之後進化至今。在這段約達2000年的歷史裡，一般認為現今已能夠釀製出最高品質的日本酒，但其發酵的架構在現在和過去都完全相同，基本的工序也是由中世時代傳承下來的。

負責釀酒的人稱為杜氏，眾多的杜氏都認為：「製酒，就是巧妙利用麴菌和酵母等微生物釀造」；換句話說，釀製日本酒的關鍵，就在於釀酒人控制微生物容易作用的環境，來巧

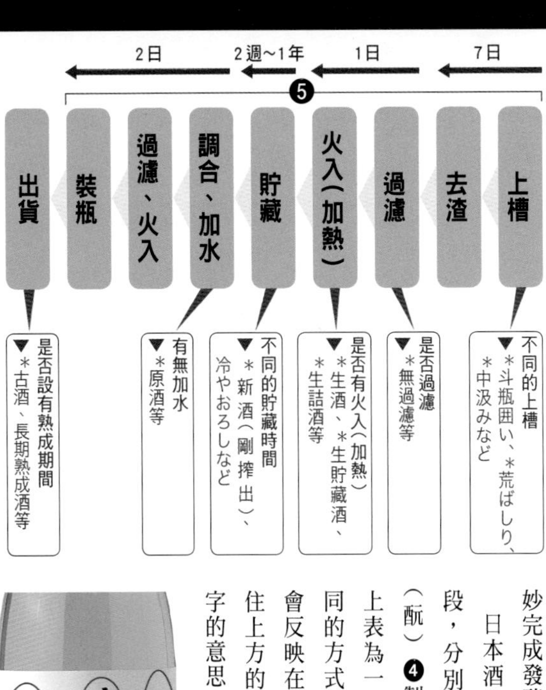

妙完成發酵的作業。

日本酒的製造工序，大分為五個階段，分別是❶精米❷製麴❸製酒母（酛）❹製醪，以及❺上槽到裝瓶。

上表為一般製造工序，但各工序裡不同的方式便會成為製品的特性，最終會反映在製品的標籤上，因此只要記住上方的工序，便可以理解標籤上文字的意思。

水

日本酒的成分裡約有80％是水。因此只要無法確保使用「好水」，便無法開始製酒。由於技術和流通系統的發達，既能夠以人工製造出寒冷的氣候，原料米也能夠從日本各地進貨。那麼，用量達米50倍之多的水的情況又是如何？

要把這麼大量的水由他地運送前來，不論是成本面或是水質維持面上，都不可能做得到。也就是說，即使是現在，只有水仍然是以由自然取得的方式最好。眾多酒廠設於離優質水源近的地方，就是這個原因。

釀製日本酒時需要的水，鐵質和錳的含量都必須極端稀少，除了軟水或硬水的差異之外，該土地的水質差異，也會反映在味道上。一般而言，軟水釀製的酒味道輕柔而乾淨；而硬水則是酒體紮實而味道明確。在日本，前者的代表是被稱為女酒的伏見之酒；而後者則是有男酒之稱的灘之酒。

米

適合釀製日本酒的酒造好適米，是粳米的一種，最大的特徵是心白（米粒中央的白色不透明部分）大。產量少而價格高昂則是另一個特徵，價格高達國際米價的20倍。著名的山田錦和五百萬石、美山錦等約100種被指定為酒造好適米，但總產量則不過日本稻米產量的1%。

杜氏與流派

杜氏是釀酒的師傅們（又稱藏人）的頭頭，負責倉庫、帳簿的管理，以及醪的仕込和管理等製酒過程裡最重要的工作。據說杜氏正式成為職業，是在延寶年間（1673～1681）。

杜氏的主要流派，有最大的杜氏集團南部杜氏，以及越後杜氏、但馬杜氏等20餘個，現在各自組織了工會，在製酒的過程裡，將各自的技術發揚光大。

分類的方法

日本酒依照法律，分為下頁表中的8種特定名稱酒和普通酒。

特定名稱酒，是在之前的特級、1級、2級等級別制度，於1992年4月1日全面廢止之後開始的名稱。

精米步合＼使用原料	特定名稱酒：Ⓐ 純米酒系	特定名稱酒：Ⓑ 本釀造酒系	Ⓓ 普通酒系
	• 米、米麴	• 米、米麴 • 規定量內的釀造酒精	• 米、米麴 • 規定量外的釀造酒精 • 其他的原材料
無規定	① 純米酒		普通酒（レギュラー酒）
70% 以下		⑤ 本釀造酒	
60% 以下	② 特別純米酒 ③ 純米吟釀酒	⑥ 特別本釀造酒 ⑦ 吟釀酒	
50% 以下	④ 純米大吟釀酒	⑧ 大吟釀酒	

Ⓒ吟釀酒系（③④⑦⑧）

特定名稱酒要先看使用的原料，分為

Ⓐ純米酒系…只使用米、米麴者

Ⓑ本釀造酒系…米、米麴之外，還使用規定量內（白米總重量的10％以內）的釀造酒精者

等二種。而，其中精米步合在60％以下的可以稱為「吟釀酒」；50％以下的則可以稱為「大吟釀酒」（此類合稱為Ⓒ的吟釀酒系）。

不符合這特定名稱酒規定的，稱為Ⓓ普通酒系，這類普通酒占了整體日本酒的約70％，但近年來，在各國日本酒風潮的影響下，純米酒系的市占率已有所

成長。

只是，右頁表中，②特別純米酒和③純米吟釀酒；⑥特別本釀造酒和⑦吟釀酒同一個區塊裡，我比較在意他們的差異何在。

基本上，一般的區分方式是，以吟釀香這種華麗香氣成分為概念釀製的酒，標示為吟釀；而將精米步合拉得比純米酒低（將米削去更多），以更清爽味道為概念釀製的，則是特別純米酒和特別本釀造酒。雖然這種區別看似不夠明確，但如果想釀製華麗香氣的吟釀酒，不但原料米和精米步合上要有差異，使用酵母種類和仕込溫度等也很重要。

此外，純別純米酒和特別本釀造酒的規定是，「精米步合在60％以下，或特別的製造方法（需標示說明）」。這規定的意思，是在同一酒廠的酒品裡，某種酒品相較於純米酒或本釀造酒，在原料上有著明顯的差異時，必須要加以標示的意思。譬如，某個酒廠的酒品裡有個原料為越光米，精米步合為70％的純米酒；而同一酒廠裡將其純米酒的精米步合提到60％時，這就是特別純米酒（幾乎都是這種模式）。另一方面，精米步合維持70％，將原料改為山田錦時，也同樣是特別純米酒，而加上山田錦100％等的標示。

日本酒的基礎用語

【秋上がり】→冷やおろし

【アミノ酸度】銨基酸度，表示胺基酸量的數值。含量超過必需量時會形成雜味，含量愈少則味道愈輕快。

【荒ばしり】在槽搾時，最先搾出的酒，也就是所謂的一番搾。具有華麗的香氣。

【滓引き】在搾酒作業（上槽）後，讓細小的米粒和酵母等的小固體沉澱，抽出上方清澄的部分（稱為上呑）之意。和下呑的渣滓混在一起的，則稱為滓酒。

【掛米】用在製造酒母和醪時的原料米。占使用白米總量的約80％，剩下的約20％則為麴米。

【活性清酒】→発泡性清酒

【枯らし】將白米保存在陰涼場所，以降低精米後溫度和保持固定水分。

【寒仕込み】在一年最寒冷時進行攪酒作業之意，又稱為寒造。

【木桶仕込み】使用木製的大桶來進行攪酒作業，傳統的手法。

【生酛】使用酒廠內自古棲息的天然乳酸菌來驅逐雜菌，以培養酵母製造酒母的傳統手法。（→速醸酛、山卸し、山廃酛）

【原酒】完全不做割水＝加水動作的酒。特徵是酒精度高。

【麴】在蒸過的米上繁殖的麴菌＝米麴。麴菌的功能是，供應酵素以將澱粉轉化為糖（＝糖化）。

【麴蓋】製麴時，將麴分開的杉木盒子。使用這種製麴法的稱為蓋麴法。

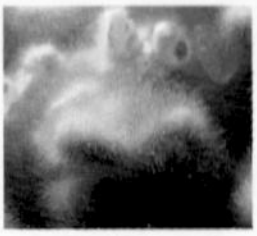

麴菌繁殖的米麴

【麴米】製麴用的原料米。占使用白米總量的約20％（另外的約80％為掛米）。麴米、掛米以使用相同品種米的情況居多，但也有酒廠自己堅持使用其他米種的情況。

【酵母】將糖份分解為酒精和二氧化碳的微生物，種類眾多，通常視用途選擇不同種類使用。大量培養的酵母便是酒母（酛）。

【甑】蒸米用的杉木大桶，是傳統的製酒用具之一。

【古酒】日本的製酒業界裡，將當年度生產的日本酒稱為新酒，而前一年製的則相對地稱為古酒。但是，一般都將長期陳放3年、5年，甚至長達10年以上的日本酒稱為古酒。

【三段仕込み】分為3次將麴和蒸米、水加入酒母，最常見的製醪方法。第1天稱為初添、第2天稱為踊，來等候酵母的增殖，第3天稱為仲添而第4天則稱為留添。

【酸度】表示酸量的數值。一般而言，量高的濃醇而辛口，量低的則淡麗而口味偏甜。

【雫酒】→斗瓶囲い

【酒母】大量培養的酵母，並和麴和蒸米、水混合後的液體。又稱酛。

【上槽】搾醪將液體（日本酒的部分）和酒糟分開的作業。

【新酒】剛製成的日本酒，又稱為剛搾成的酒。

【精米】將糙米外側用不到部分磨除的作業。

【精米歩合】將糙米精米之後，以%表示剩下部分的比例。如果精米步合是60%，就表示磨掉40%的意思。

【速釀酛】將釀乳酸加入酒母之中以培養酵母的方法。由於可以安全且快速地製造出酒母，現在製酒母的90%都是這種方法。（→生酛）

左為糙米；右為精米步合45%

【調合】貯藏的日本酒，每一桶的香味都不同。將多桶酒混合以求得穩定品質的作業。

【斗瓶囲い】將裝了醪的酒袋吊起，將滴下來的酒滴裝入18公升容量的瓶＝斗瓶集合成的酒，或搾酒方式。又稱為雫酒・袋吊り。

【中汲み】在槽搾時，在第二循環採的酒。又稱中垂或中取。

【生酒】完全不進行火入（加熱）的酒，有別於一般進行2次火入。

【生詰酒】只進行第1次火入的酒。也作冷やおろし的同義詞使用。

【生貯蔵酒】只進行第2次火入的酒。

【濁り酒】以粗布過濾，留有米固體部分的白濁酒。顏色淺的也稱為霞酒。

【日本酒度】表示日本酒甘辛的數值。設定水的比重為0（零），糖分多而比重重的甘口標示為－（負），而比重輕的辛口則標示為＋（正）。甘辛的判斷因素複雜，這也只作為參考用。

【発泡性清酒】含有二氧化碳的日本酒總稱。也稱為活性清酒、氣泡清酒。

【火入れ】以攝氏60～65度，對日本酒進行30分鐘低溫加熱，以停止酵素的活動或殺菌的動作。通常會在貯藏前和出貨前進行2次。

【冷やおろし】在初春製作的酒在火入後陳放約半年，在當酒溫和外部溫度大約相同的秋季時，在不做第二次火入下便以冷や＝生詰直接裝瓶出貨的酒。又有秋上がり、秋晴れ等名稱。

【BY】Brewery Year 的簡稱，又稱酒造年度。期間為7月1日～翌年6月30日。若在平成21年度釀造，則標示為21BY。

【袋吊り】→斗瓶囲い

【蓋麹法】→麹蓋

【槽搾り】上槽的手法之一。將裝了醪的酒袋鋪放在酒槽裡，再由上方加壓搾出酒汁的方法。第一次搾出的叫荒ばしり，之後則依序稱為中汲み、責め。

【並行複発酵】麴菌製造的酵素將澱粉分解為糖的作用，以及酵母將糖分解為酒精和二氧化碳的作用同時進行之意。

【菩提酛】室町時代，在奈良縣菩提山正曆寺製出的僧坊酒・菩提泉的釀造方法。是使用天然乳酸菌和酵母的自然釀法。

【無濾過】未進行過濾之意。無濾過的酒會留著山吹色等日本酒原有的色調。

【諸白】麴米、掛米都使用精白米釀成的酒。一般認為最先在室町時代奈良興福寺釀成。

【醪】在酒母中加入麴、蒸米、水之後，正在進行並行複發酵的液體。

【山卸し】製造生酛系酒母的工序之一。在釀酒桶內以木棒用力翻攪，把米搗碎的同時，將原料混合均勻的費力作業。又稱酛摺り。

【山廃酛】停止山卸的作業，讓麴原本就擁有的糖化酵素力量來培育酒母的手法。現在的生酛系酒母裡，有90%是山廃酛。

【濾過】在滓引之後，將餘的細微渣滓完全去除的作業。部分酒品會在裝瓶之前再度過濾。

【割水】為了調節酒精度和香味比例而進行加水的動作。

以香味區分的日本酒4種型態

書藉由味道與香氣的特徵，將日本酒的型態大分為4類。各自的特徵整理為下方圖表，只以濃淡、甘辛等條件不容易選擇日本酒，只要使用這種明快的分類方式，就絕對不會發生難以抉擇的困擾。

下頁起的酒名單，是將本書內所有日本酒，以這4種型態和特定名稱（參考26、27頁）做出的分類（而同時具有薰酒和醇酒雙方特徵的**薰醇酒**，以及含有二氧化碳具有獨特香氣的**氣泡酒**則是少數的例外）。請作為挑選合乎自己口味日本酒的參考。

香氣高

くんしゅ
薰酒
富有水果的香氣
海外市場超高人氣
富有香氣的酒種

以甜美的果香為特徵。味道從輕快到濃醇都有，種類多元。在挑選料理時，以能夠發揮清淡食材原味的調理法，調味則以清爽風味為原則的菜色較為對味，也可作為餐前酒。

◎推薦最適飲用溫度

最適溫度			推薦度
最	冷	5℃前後	■■
稍	冷	10℃前後	■■■■■
常	溫	15℃前後	■■
溫	酒	40℃前後	■
熱	酒	50℃前後	

じゅくしゅ
熟酒
有金黃色光輝的日本酒
酒通認可的珍貴酒品
熟成的酒種

熟成帶來的濃縮感，像是香料或乾燥水果一般，味道最為濃醇。像是以蜂蜜調出的濃郁甘甜味，以像是鵝肝等多脂食品最為對味。可以享用其他種類酒種搭配不來的組合。

◎推薦最適飲用溫度

最適溫度			推薦度
最	冷	5℃前後	
稍	冷	10℃前後	■■
常	溫	15℃前後	■■■■■
溫	酒	40℃前後	■■
熱	酒	50℃前後	

味道淡 ← 日本酒的香氣 → 味道濃

そうしゅ
爽酒
淡麗辛口的清新
屬於大眾化的味道
輕快而柔順的酒種

日本酒裡最為清淡而單純的味道。是可以搭配任何料理的多元酒種，以輕淡的菜色較為適合，但也可以用這種清爽的酒種來搭配重口味的料理。

◎推薦最適飲用溫度

最適溫度			推薦度
最	冷	5℃前後	■■■■■
稍	冷	10℃前後	■■■■
常	溫	15℃前後	■
溫	酒	40℃前後	■
熱	酒	50℃前後	■■■

じゅんしゅ
醇酒
日本酒的原點
具傳統性的日本酒王道
濃郁的酒種

最具有日本酒「米」風味的甘口味道，濃郁而多味。和中度調味的料理和下酒菜料理最對味，此外，和使用牛油和奶油的西式菜色也很對味。

◎推薦最適飲用溫度

最適溫度			推薦度
最	冷	5℃前後	■
稍	冷	10℃前後	■■
常	溫	15℃前後	■■■■■
溫	酒	40℃前後	■■■■■
熱	酒	50℃前後	■■■

香氣低

薰酒

《純米吟釀酒》 純米吟釀 北斗隨想▼44／陸奧八仙 純米吟釀中汲み無濾過生原酒▼49／純米吟釀 山本▼50／純米吟釀 月下の舞▼53／雪の茅舍 純米吟釀▼57／南部美人 純米吟釀▼59／上喜元 純米吟釀 超辛▼62／楯野川 特選純米吟釀 山田錦▼63／白露垂珠 純米吟釀原酒 出羽の里▼67／十四代 中取り純吟 山田錦▼68／十四代 純米吟釀 龍の落とし子▼68／出羽桜 出羽燦々誕生記念（本生）▼69／洌 純米吟釀▼70／伯楽星 純米吟釀▼74／墨廼江 純米吟釀 山田錦▼75／乾坤一 純米吟釀 雄町▼78／特撰純米吟釀 飛露喜▼80／会津娘 純米吟釀酒▼81／純愛仕込 純米吟釀 寫樂▼82／純米吟釀 國權 銅ラベル▼83／松の寿 純米吟釀 雄町▼93／松の寿 純米吟釀 山田錦▼93／鳳凰美田 芳▼96／鳳凰美田 髭判▼96／純米吟釀 中取り生酒 結人▼97／群馬泉 淡緑▼99／亀甲花菱 純米吟釀無濾過生原酒 山田錦▼100／亀甲花菱 純米吟釀無濾過生原酒 美山錦▼100／純米吟釀 武蔵野▼103／福祝 山田錦50純米吟釀▼105／澤乃井 純米吟釀 蒼天▼106／天青 千峰▼109／相模灘 純米吟釀 無濾過瓶囲い▼110／相模灘 純米吟釀 無濾過瓶囲い 雄町▼110／隆 美山錦55% 火入れ▼111／青煌 純米吟釀 雄町 つるばら酵母仕込み▼112／青煌 純米吟釀袋吊り 雄町 つるばら酵母仕込み▼112／純米吟釀 明鏡止水▼114／豊香 純米吟釀原酒▼117／七笑 純米吟釀▼118／村祐 紺瑠璃ラベル 純米吟釀無濾過本生▼122／雪洞貯蔵酒 緑▼127／満寿泉 純米吟釀▼136／勝駒 純米吟釀▼137／遊穂 純米吟釀 山田錦・美山錦55▼138／遊穂 純米吟釀 山田錦▼138／加賀鳶 純米吟釀▼139／白岳仙 純米吟釀 山田錦十六号▼145／黒龍 純米吟釀▼147／醴泉 純吟 山田錦▼151／白隠正宗 純米吟釀▼152／臥龍梅 純米吟釀 備前雄町 袋吊斗壜囲▼153／臥龍梅 純米吟釀 山田錦 袋吊斗壜囲▼153／正雪 純米吟釀 山田錦 別撰 山影純悅 春▼154／正雪 純米吟釀 山田錦 別撰 山影純悅 秋▼154／喜久醉 純米吟釀▼156／純米吟釀 志太泉 焼津酒米研究会山田錦▼157／純米吟釀原酒 志太泉 愛山▼157／杉錦 純米吟釀▼158／蓬莱泉 純米吟釀 和▼161／夢山水十割 奥 生酒▼162／夢山水十割奥熟▼162／神の井 純米吟釀 大高▼165／天遊琳 純米吟釀 山田錦50▼168／作 雅乃智 中取り▼169／而今 純米吟釀 山田錦生▼171／而今 純米吟釀 千本錦生▼171／而今 純米吟釀 八反錦生▼171／松の司 竜王産山田錦 純米吟釀▼175／松の司 純米吟釀 AZOLLA▼175／純米吟釀 初霞▼182／純米吟釀 南方▼188／純米吟釀 黒牛▼189／純米吟釀 野路の菊▼189／鷹勇 純米吟釀 なかだれ▼201／鷹勇 純米吟釀 強力▼201／李白 純米吟釀 Wandering Poet▼203／豊の秋 純米吟釀 花かんざし▼204／純米吟釀 雨後の月 山田錦▼212／東洋美人 611▼216／東洋美人 333▼216／東洋美人 437▼216／東洋美人 372▼216／純米吟釀 山田錦 貴▼217／美丈夫 舞 松山三井▼224／亀泉 純米吟釀生 山田錦▼226／亀泉 純米吟釀生 CEL-24▼226／川亀 純米吟釀 備前雄町▼229／繁桝 純米吟釀▼233／天吹 純米吟釀 愛山 生▼234／東一 山田錦 純米吟釀▼236／鍋島 純米吟釀 山田錦▼237／純米吟釀 香露▼239

《純米大吟釀酒》 北の錦 純米大吟釀 冬花火▼44／千歳鶴 純米大吟釀▼45／田酒 純米大吟釀 百四拾▼46／田酒 純米大吟釀 斗壜取▼46／純米大吟釀 佐藤卯兵衛▼51／飛良泉 純米吟釀酒▼58／あさ開 極上 純米大吟釀 旭扇▼60／初孫 純米大吟釀 祥瑞▼64／羽前白梅 純米大吟釀▼66／黒純大 はくろすいしゅ 出羽燦々33%▼67／純米大吟釀 はくろすいしゅ 出羽燦々40▼67／出羽桜 純米大吟釀 一路▼69／袋取り純米大吟釀 雅山流 極月▼71／綿屋 純米大吟釀 山田錦45▼72／一ノ蔵「笙鼓」純米大吟釀▼73／伯楽星 純米大吟釀▼74／山田錦純米大吟釀 浦霞▼76／純米大吟釀 勝山 暁▼77／純米大吟釀 勝山

南部美人 大吟釀▼59／あさ開 南部流 手造り大吟釀▼60／東北泉 大吟釀 斗瓶囲▼61／上喜元 限定 大吟釀▼62／麓井の圓 大吟釀▼65／出羽桜 大吟釀 雪漫々▼69／大吟釀生詰 雅山流 如月▼71／榮川 大吟釀 榮四郎▼85／大吟釀雫酒 十八代伊兵衛▼87／千功成 大吟釀袋吊り▼88／千功成 吟釀酒▼88／大吟釀 筑波 紫の峰▼91／大吟釀 筑波 天平の峰▼91／日本橋 大吟釀▼102／天覧山 大吟釀▼104／澤乃井 大吟釀 梵▼106／喜正 大吟釀▼107／丸眞正宗 大吟釀▼108／〆張鶴 金ラベル▼119／大吟釀 大洋盛▼120／朝日山 萬寿盃▼126／北雪 大吟釀 YK35▼134／北雪 大吟釀▼134／満寿泉 大吟釀▼136／勝駒 大吟釀▼137／吟釀生酒 あらばしり 手取川▼140／大吟釀 名流 手取川▼140／菊姫 大吟釀▼142／萬歲樂 白山 大吟釀古酒▼143／常きげん 大吟釀 中汲み斗びん囲い▼144／黒龍 大吟釀 龍▼147／黒龍 特撰吟釀▼147／醴泉 大吟釀 蘭奢待▼151／正雪 大吟釀 山田錦▼154／磯自慢 大吟釀▼159／磯自慢 水響華▼159／開運 大吟釀▼160／神杉 長期熟成大吟釀 秘蔵酒▼163／神杉 大吟釀 斗びんどり▼163／神の井 大吟釀 荒ばしり▼165／作 大吟釀▼169／黒松翁 大吟釀原酒 赤箱▼170／大吟釀 山廃仕込原酒 道灌▼176／大吟釀 道灌 技匠▼176／松竹梅 白壁蔵 大吟釀無濾過生原酒▼178／大吟釀 雑賀▼187／超特撰 特釀大吟釀 イチ▼188／小鼓 心楽▼197／大吟釀 龍力 米のささやき▼199／大吟釀 御前酒 馨▼200／鷹勇 大吟釀▼201／李白 大吟釀 月下独酌▼203／豊の秋 大吟釀▼204／大吟釀 玉鋼 袋取り斗瓶囲い▼205／大吟釀 玉鋼▼205／大吟釀 賀茂鶴 双鶴▼208／大吟釀 特製ゴールド賀茂鶴▼208／白牡丹 大吟釀▼209／賀茂泉 壽▼210／大吟釀 真粋 雨後の月▼212／千福大吟釀 王者▼213／大吟釀 錦帯五橋▼215／五橋 大吟釀 西都の雫▼215／関娘 大吟釀原酒▼218／関娘 大吟釀▼218／綾菊 大吟釀▼220／亀泉 大吟釀 萬寿▼226／初雪盃50 大吟釀原酒 2009▼228／繁桝 大吟釀しずく搾り 斗瓶囲い▼233／天吹 裏大吟釀愛山▼234／東一 雫搾り 大吟釀▼236／鍋島 大吟釀▼237／六十餘洲 大吟釀▼238／大吟釀 香露▼239／智恵美人 大吟釀▼240

《普通酒》薫香 ふなぐち菊水一番しぼり▼121

爽酒

《純米酒》純米 吟風國稀▼42／純米酒 風のささやき▼43／札幌の地酒 千歳鶴 純米▼45／ねぶた淡麗純米酒▼48／乾坤一 純米酒▼78／純米酒 奈良萬▼79／純愛仕込 純米酒 寫樂▼82／純愛仕込 純米酒 本生 寫樂▼82／鳳凰美田 劔▼96／純米酒 武蔵野▼103／青煌 純米酒 五百万石 つるばら酵母仕込み▼112／春鶯囀 純米酒▼113／淡麗 魚沼▼130／雪中梅 純米▼132／根知男山 純米酒▼133／北雪 純米酒▼134／加賀鳶 極寒純米 辛口▼139／白隠正宗 誉富士純米酒▼152／富久錦 純米 Fu.▼198／辛口純米 雨後の月▼212／司牡丹 日本を今一度▼227

《特別純米酒》特別純米 國稀▼42／北の錦 特別純米酒 まる田▼44／特別純米 白瀑▼50／特別純米酒 まんさくの花▼55／南部美人 特別純米酒▼59／綿屋 特別純米酒 幸之助院殿▼72／会津娘 特別純米酒 無為信▼81／福祝 特別純米酒▼105／相模灘 特別純米 無濾過瓶囲い▼110／村祐 茜ラベル 特別純米酒無濾過本生▼122／越乃寒梅 無垢▼123／清泉▼124／越乃景虎 名水仕込 特別純米酒▼125／越の誉 特別純米酒▼131／喜久酔 特別純米▼156／蓬萊泉 特別純米可。▼161／天遊琳 特別純米酒▼168／黒松翁 特別純米甘口 蒼星美酒▼170／而今 特別純米▼171／超特撰黒松白鹿 特別純米 山田錦▼192／千代むすび 特別純米▼202／賀茂金秀 特別純米▼211／特別純米酒 雨後の月▼212／特別純米貴▼217／芳水 特別純米酒▼222／酔鯨特別純米酒▼225／初雪盃 特別純米酒 2010▼228／川亀 特別純米▼229／庭のうぐいす うぐいすラベル 特別純

吟釀酒▼209／海響 吟釀酒▼218／綾菊 吟釀 国重▼220／繁桝 吟釀酒▼233

《大吟釀酒》春鶯囀 大吟釀 春鶯囀のかもさるゝ蔵▼113／越乃寒梅 超特撰▼123／三千盛 超特▼149

《普通酒》ん▼47／榮川 特釀酒▼85／金乃穂 大洋盛▼120／清泉 雪▼124／越乃景虎 龍▼125／清酒 八海山▼129／雪中梅▼132／初亀 急冷美酒▼155／別撰 蓬萊泉▼161／吉野杉の樽酒▼184／呉春 池田酒▼191／庭のうぐいす からくち 鶯辛▼232／智恵美人 上撰▼240

醇酒

《純米酒》桃川純米酒▼48／純米 白瀑▼50／山廃純米 とわずがたり▼51／山廃仕込純米酒 田从▼53／純米酒 田从▼53／醇辛 天の戸▼54／とびっきり自然な純米酒▼56／雪の茅舎 山廃純米▼57／あさ開 純米大辛口 水神▼60／上喜元 純米 出羽の里▼62／フモトヰ 純米酒 Trad & Current▼65／麓井の圓生酛純米本辛▼65／洌 純米▼70／純米酒生詰 裏雅山流 楓華▼71／純米酒 奈良萬 無濾過瓶火入れ▼79／純米生酒 奈良萬 無濾過生原酒▼79／会津娘 芳醇純米酒▼81／会津娘 純米酒▼81／瑞祥 花泉 純米酒 四段仕込み▼84／大七 純米生酛▼86／千功成 純米▼88／木桶仕込み 山廃純米 無濾過生原酒 亀ノ尾▼94／辻善兵衛 純米酒 五百万石▼95／群馬泉 超特選純米▼99／群馬泉 山廃酛純米▼99／亀甲花菱 純米無濾過生原酒 美山錦▼100／神亀 純米辛口▼101／神亀 上槽中汲純米▼101／神亀 搾りたて生酒▼101／日本橋 純米酒 江戸の宴▼102／純米酒 琵琶のさゝ浪▼103／天覧山 純米酒▼104／DOVE▼104／福祝 渡舟70超辛純米▼105／澤乃井 純米大辛口▼106／澤乃井 木桶仕込 彩は▼106／青煌 純米酒 美山錦 つるばら酵母仕込み▼112／春鶯囀 純米酒 鷹座巣▼113／純米 槽しぼり 明鏡止水 垂氷▼114／御湖鶴 山田錦 純米酒▼115／豊香 純米原酒 生一本▼117／豊香 秋あがり 別囲い純米生一本▼117／七笑 辛口純米酒▼118／七笑 純米酒▼118／朝日山 純米酒▼126／純米 緑川▼127／満寿泉 純米▼136／勝駒 純米酒▼137／遊穂 純米酒▼138／遊穂 山おろし純米酒▼138／加賀鳶 山廃純米 超辛口▼139／山廃仕込 純米酒 手取川▼140／山廃仕込純米酒 天狗舞▼141／金劔▼142／菊姫 山廃仕込純米酒▼142／萬歳樂 甚 純米▼143／常きげん 山廃仕込純米酒▼144／常きげん 純米酒▼144／房島屋 純米無濾過生原酒▼150／房島屋 純米火入熟成酒▼150／白隠正宗 山廃純米酒▼152／白隠正宗 少汲水純米酒▼152／初亀 岡部丸▼155／杉錦 山廃純米 玉栄▼158／杉錦 山廃純米 天保十三年▼158／神の井 純米▼165／長珍 20BY 阿波山田65▼166／天遊琳 手造り純米酒 伊勢錦▼168／作 穂乃智▼169／酒屋八兵衛 山廃純米酒▼172／酒屋八兵衛 山廃純米 無濾過生原酒▼172／酒屋八兵衛 純米酒▼172／七本鎗 低精白純米 80%精米生原酒▼174／七本鎗 純米 玉栄▼174／月桂冠 すべて米の酒▼177／松竹梅 白壁蔵 生酛純米▼178／松竹梅 白壁蔵 三谷藤夫 山廃純米(業務用)▼178／玉川 自然仕込純米酒 山廃 無濾過生原酒▼180／玉川 自然仕込生酛純米酒 コウノトリラベル▼180／玉川 自然仕込 Time Machine 1712▼180／春鹿 純米超辛口▼181／春鹿 木桶造り 四段仕込純米生原酒▼181／生酛純米 初霞▼182／初霞 大和のどぶ▼182／風の森 露葉風 純米しぼり華▼185／風の森 秋津穂 純米しぼり華▼185／純米酒 黒牛▼189／純米酒 黒牛 本生原酒▼189／山廃純米生原酒 秋鹿 山田錦70▼190／瑞穂黒松剣菱▼194／富久錦 純米▼198／純米造り 御前酒 美作▼200／菩提酛純米 GOZENSHU 9 NINE▼200／御前酒 菩提酛にごり酒▼200／天寶一 千本錦 純米酒▼206／誠鏡 純米たけはら▼207／白牡丹 山田錦 純米酒▼209／賀茂金秀 辛口純米 夏純▼211／千福 純米酒▼213／五橋 純米酒木桶造り▼215／

〈本釀造酒〉生酛特釀▼56／初孫 伝承生酛▼64／群馬泉 山廃本釀造▼99／ふなぐち菊水 一番しぼり▼121／特撰黒松白鹿 本釀造 四段仕込▼192／菊正宗 嘉宝蔵 生酛本釀造▼193／黒松剣菱▼194／極上黒松剣菱▼194／剣菱▼194／沢の鶴 本釀造原酒▼196

〈特別本釀造酒〉飛良泉 山廃本釀造▼58／豊の秋 特別本釀造▼204／賀茂鶴 超特撰特等酒▼208

〈吟釀酒〉熟成ふなぐち菊水一番しぼり▼121

〈普通酒〉菊姫 菊▼142

〈其他・不公開〉口万 無濾過一回火入れ▼84／口万 かすみ生原酒▼84／一口万 初しぼり 無濾過生原酒▼84／浮城さきたま古代酒▼102

熟酒

〈純米吟釀酒〉山廃仕込純米吟釀秘蔵古酒 田从▼53

〈純米大吟釀酒〉越の誉 純米大吟釀 秘蔵酒もろはく▼131／古古酒純米大吟釀 天狗舞▼141／義侠 20年熟成古酒▼167

〈本釀造酒〉長龍 熟成古酒▼184／沢の鶴 大古酒 熟露▼196

〈吟釀酒〉月桂冠 超特撰 浪漫 吟釀十年秘蔵酒▼177

〈普通酒〉黒松翁 秘蔵古酒 十五年者▼170

薫醇酒

〈特別純米酒〉陸奥八仙 特別純米中汲み無濾過生原酒▼49／特別純米生詰 飛露喜▼80

〈純米吟釀酒〉南部美人 愛山 純米吟釀▼59／洌 純米吟釀無濾過生原酒▼70／純米吟釀 大七皆伝▼86／大那 純米吟釀 那須五百万石▼92／大那 純米吟釀 那須美山錦▼92／木桶仕込み 生酛純米吟釀 無濾過生原酒 雄町▼94／純米吟釀 中取り無濾過生原酒 亀ノ尾▼94／辻善兵衛 純米吟釀 雄町槽口直汲み生▼95／小左衛門 純米吟釀 播州山田錦▼148／醸し人九平次 EAU DU DÉSIR ▼164／醸し人九平次 雄町▼164／悦凱陣 純米吟釀 興▼221／純米吟釀 南▼223

〈純米大吟釀酒〉純米大吟釀 勝山 元▼77／大那 純米大吟釀 那須五百万石 特等米２００８▼92／木桶仕込み 純米大吟釀 亀ノ尾19% 出品酒▼94／小左衛門 純米大吟釀 生酛（生）▼148／醸し人九平次 別誂▼164／醸し人九平次 彼の地▼164／義侠 妙▼167／義侠 慶▼167

〈特別本釀造酒〉十四代 本丸▼68

〈吟釀酒〉陸奥八仙 吟釀中汲み無濾過生酒▼49／松竹梅 白壁蔵 三谷藤夫 山廃吟釀（業務用）▼178

發泡性酒

〈純米酒〉神亀 活性にごり▼101／天遊琳 伊勢の白酒 純米活性にごり酒▼168／春鹿 発泡純米酒 ときめき▼181／五橋 発泡純米酒ねね▼215

〈純米大吟釀酒〉純米大吟釀 プレミアムスパークリング▼87／春鹿 純米大吟釀活性にごり酒 しろみき▼181／獺祭 発泡にごり酒 50▼214

〈特別本釀造酒〉黒松翁 特別本釀造にごり酒 活性生原酒▼170

◉本書的使用方式

區域名（章名）
本書分為1北海道、東北，2關東、甲信越，3北陸、東海，4近畿、中國，5四國、九州等5個區域。

酒名

都道府縣名

酒廠名

酒廠的電話號碼 直接購買的可或不可

酒廠的地址

酒廠的創業年

代表性酒名

特定名稱
→P25-27參考

希望零售價格（含稅）
2010年7月時酒廠的希望價格。在零售店時會有各店標價不同的情況，價格也會因年而異。

原料米和精米步合
當麴米和掛米（參考P28）為相同品種時，則只標示「均為」，不再重覆標示。

酒精度

該酒廠的主要酒品
資料為按照特定名稱／希望零售價格／原料米和精米步合（麴米和掛米為相同品種時，只標示「均為」）／酒精度的順序標示。

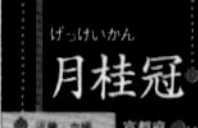

近畿・中國　京都府

月桂冠株式会社
075-623-2001　可直接購買（一部份不可）
京都市伏見区南浜町247
寛永14年（1637）創業

代表酒名　月桂冠 鳳麟 純米大吟釀

特定名稱　純米大吟釀酒

希望零售價格　1.8ℓ ¥5193 720mℓ ¥2602

原料米和精米步合…麴米山田錦50%／掛米五百萬石50%

酒精度……16度

以象徵祥瑞的鳳凰與麒麟之名冠上的該酒廠頃力之作。經過低溫熟成後的華麗吟釀香、溫順口感相當出色。適合冷飲。

日本酒度+2　酸度1.5　薰酒
吟釀香 ■■■■□　濃郁度 ■□□□□
原料香 ■□□□□　輕快度 ■■■■□

京都．伏見具代表性的老鋪酒廠之一。「以健康為目標、以科學方法釀酒、創造出快樂」為企業宗旨，除了深化清酒事業外，還開拓各式領域的發展。「月桂冠 鳳麟 純米大吟釀」是以前針對東京地區販售的高級酒「鳳麟正宗」的後繼酒款，為集該酒廠傳統技術的精華之作。

主要的酒品

ヌーベル月桂冠 特別本醸造
特別本釀造酒/720mℓ ¥1003/均為五百萬石等60%/15度
優雅的香氣與輕快的口感，與任何料理均搭，最適合作為晚酌酒，冷飲、溫熱飲為佳。

日本酒度+1　酸度1.3　爽酒
吟釀香 ■□□□□　濃郁度 ■□□□□
原料香 ■■□□□　輕快度 ■■■■□

月桂冠 超特撰 淡淺 吟醸十年秘蔵酒
吟釀酒/720mℓ ¥3547/均為五百万萬石60%/16度
擁有如同長期熟成酒般的香氣、溫和的口感，以及淡淡的苦味與澀味。適合微涼飲用。

日本酒度-2　酸度1.5　熟酒
吟釀香 ■□□□□　濃郁度 ■■■■■
原料香 ■■■■■　輕快度 ■■□□□

月桂冠 すべて米の酒
純米酒/1.8ℓ ¥1643 900mℓ ¥840/五百萬石70% 越光米74%/14度
華麗的香氣，純米酒般的圓潤、濃郁口感，餘韻清爽。適合微涼飲用。

日本酒度+2.5　酸度1.2　醇酒
吟釀香 ■□□□□　濃郁度 ■■□□□
原料香 ■■■□□　輕快度 ■■■□□

177

日本酒的4型態分類
以香味的特徵，分為薰酒、爽酒、醇酒、熟酒等4種型態（另有薰醇酒和氣泡酒為少數的例外）。→參考p32

日本酒度與酸度
日本酒度表味道的甘辛；酸度表示濃淡，但都只是參考的數值。→參考P30、P29

日本酒度+2　酸度1.5　薰酒
吟釀香 ■■■■□　濃郁度 ■□□□□
原料香 ■□□□□　輕快度 ■■■■□

吟釀香
表示像是果實般華麗香氣的強弱。

原料香
表示像是稻米原料般豐郁香氣的強弱。

濃郁度
愈多表示愈濃醇，愈少則表示愈淡麗。

輕快度
愈多表示愈辛口，愈少則表示愈柔和。

北海道·東北

Hokkaido · Tohoku

國稀酒造株式会社
☎0164-53-1050　可直接購買
增毛郡增毛町稲葉町1-17
明治15年（1882）創業

代表酒名	特別純米 國稀
特定名稱	特別純米酒
希望零售價格	1.8ℓ ¥3581 720mℓ ¥1799

原料米和精米步合… 麴米・掛米均為五百萬石55%
酒精度……………… 15.7度

清爽辛口，發揮出酒米本身優點的圓潤沉穩風味，若做為佐餐酒的話以常溫或溫熱飲為佳。

日本酒度 +5　酸度1.5　**爽酒**
吟釀香 ■□□□□　濃郁度 ■■□□□
原料香 ■■□□□　輕快度 ■■■■□

取汲源頭為暑寒別連峰的豐富伏流水，為了捕獲豐富鯡魚的魚場勞動者所製造的酒款，此即地酒「國稀」的起源。原本取名為「國の誉」，但因為與乃木希典上將有關，所以大正時代改名為「國內稀有的好酒＝國稀」。酒廠整年都開放參觀或試飲。

主要的酒品

大吟釀 國稀
大吟釀酒/1.8ℓ ¥10156 720mℓ ¥4061/均為山田錦38%/15.7度
擁有華麗的吟釀香，為圓潤、優雅的辛口型，常溫或微涼飲用為佳。

日本酒度+5　酸度1.3　**薰酒**
吟釀香 ■■■■□　濃郁度 ■□□□□
原料香 ■■□□□　輕快度 ■■■□□

特別本釀造 千石場所（せんごくばしょ）
特別本釀造酒/1.8ℓ ¥2400 720mℓ ¥1250/均為五百萬石60%/16.4度
可提出料理的美味，為淡麗、溫和後味的中辛口型，適合冷飲、常溫、溫熱飲。

日本酒度+7　酸度1.6　**爽酒**
吟釀香 ■□□□□　濃郁度 ■■□□□
原料香 ■■□□□　輕快度 ■■■■□

純米 吟風（ぎんぷう）**國稀**
純米酒/1.8ℓ ¥2200 720mℓ ¥1200/均為吟風65%/15度
可提出料理的美味，為淡麗、溫和後味的中辛口型，適合冷飲、常溫、溫熱飲。

日本酒度+4　酸度1.5　**爽酒**
吟釀香 ■□□□□　濃郁度 ■■□□□
原料香 ■■□□□　輕快度 ■■■□□

国士無双

高砂酒造株式会社
℡0166-23-2251 可直接購買
旭川市宮下通17丁目
明治32年（1899）創業

代表酒名	国士無双 烈（れつ） 特別純米酒
特定名稱	特別純米酒
希望零售價格	1.8ℓ ¥2408 720㎖ ¥1402

原料米和精米步合…… 麴米・掛米均為美山錦58%
酒精度……………… 15～16度

口感銳利、又能品嘗到酒米的芳醇，可說是国士無双最具代表的淡麗辛口酒。溫和、清涼感的香氣也很出色，適合冷飲、溫熱飲。

日本酒度+5 酸度1.3 **醇酒**

吟釀香 ■□□□□ 濃郁度 ■■□□□
原料香 ■■■□□ 輕快度 ■■■■□

主要的酒品

大吟釀酒 雪氷室（ゆきひむろ） 一夜雫（いちやしずく）
大吟釀酒/720㎖ ¥4494/均為山田錦35%/15～16度
在雪冰室中搾取，為酷寒旭川特有的大吟釀酒，適合冷飲。

日本酒度+5 酸度1.1 **薫酒**

吟釀香 ■■■■□ 濃郁度 ■□□□□
原料香 ■□□□□ 輕快度 ■■■■□

大吟釀酒 国士無双
大吟釀酒/1.8ℓ ¥5054 720㎖ ¥3040/均為山田錦40%/15～16度
長時間低溫發酵，為該酒名最高級的酒款。冷飲時辛口感鮮明，溫熱飲時香氣芬芳。

日本酒度+4 酸度1.1 **薫酒**

吟釀香 ■■■□□ 濃郁度 ■□□□□
原料香 ■□□□□ 輕快度 ■■■■□

純米酒 風（かぜ）のささやき
純米酒/1.8ℓ ¥2079 720㎖ ¥1147/均為吟風60%/14～15度
發揮旭川產「吟風」的原始風味，為香氣溫和的超淡麗辛口，適合冷飲、溫熱飲。

日本酒度+3 酸度1.3 **爽酒**

吟釀香 ■■□□□ 濃郁度 ■■□□□
原料香 ■■□□□ 輕快度 ■■■■□

雪冰室，指的是用雪和冰固定的直徑10m、高2.7m半球形空間。在零下2度、濕度90%的安定低溫環境中，收集一個晚上從吊袋中滴下來的酒即「一夜雫」。自平成2年開賣以來，就是人氣很高的北國之酒。

小林酒造株式会社
℡0123-72-1001　可直接購買
夕張郡栗山町錦3-109
明治11年（1878）創業

代表酒名	北の錦 特別純米酒 まる田
特定名稱	特別純米酒
希望零售價格	1.8ℓ ¥2940 720mℓ ¥1470

原料米和精米步合…　麴米・掛米均為吟風50%

酒精度………………　16.5度

「まる田」是酒廠的屋號。比起容易入口、更專注於「發揮吟風原本的味道」，強而有力、入口清爽，適合冷飲或溫熱飲。

日本酒度＋4　酸度1.6　爽酒
吟釀香■■□□□　濃郁度■■□□□
原料香■■□□□　輕快度■■■■□

腹地內有好幾棟石造酒倉、磚造酒倉散佈，在盛夏沒有冷氣的狀態下也能維持室溫15度以下的這些百年酒倉內，釀造出原酒1～2年、大吟釀3年，純米酒則以5年的古酒為主。平成20年完全廢止糖類等的添加物，平成22年則預定將全部酒米都更換為北海道產。

主要的酒品

北の錦 秘蔵純米酒
特別純米酒/1.8ℓ ¥2940 720mℓ ¥1514/吟風55% 彗星55%/17.5度
於百年酒倉熟成3年以上的古酒。發揮酒米雜味特性的酒質，溫熱飲時能更顯風味。

日本酒度＋3　酸度1.6　醇酒
吟釀香■■□□□　濃郁度■■■□□
原料香■■■□□　輕快度■■■□□

純米吟釀 北斗随想
純米吟釀酒/1.8ℓ ¥3150 720mℓ ¥1575/吟風45% 彗星45%/16.5度
由出身北海道的杜氏以北海道產的水和米釀製而成，為散發水果香的純北海道產酒，適合冷飲、常溫。

日本酒度＋2　酸度1.6　薫酒
吟釀香■■■□□　濃郁度■■□□□
原料香■□□□□　輕快度■■■□□

北の錦 純米大吟釀 冬花火
純米大吟釀酒/1.8ℓ ¥3150/均為吟風50%/17.5度
帶點麝香葡萄香，開瓶後還能享受層次豐富的風味變化，適合冷飲、常溫、溫熱飲。

日本酒度＋4　酸度1.9　薫酒
吟釀香■■■□□　濃郁度■■□□□
原料香■□□□□　輕快度■■■□□

千歲鶴

日本清酒株式会社
℡011-221-7109　可直接購買
札幌市中央区南3東5
明治5年（1872）創業

代表酒名	千歲鶴 純米大吟釀
特定名稱	純米大吟釀酒
希望零售價格	1.8ℓ ¥6500 720㎖ ¥3200

原料米和精米步合…　麴米・掛米均為吟風40%

酒精度………………　15～16度

擁有如純米酒般的豐富口感與大吟釀特有的高度清澈香氣，致力於將這兩種特性調和為一，為酒廠的代表之作。建議先以冷飲品嘗，再試試常溫。

日本酒度+4　酸度1.1　薰酒

吟釀香■■■□□　濃郁度■□□□□
原料香■□□□□　輕快度■■■□□

千歲鶴的釀造水為豐平川的伏流水，為降在札幌南部群山的雨和雪經過長年歲月流入的地下水。鐵和錳的成份低，是最適合釀酒的水。千歲鶴酒廠位於人口近200萬人的大都市正中心處，也正是因為該地擁有豐平川的伏流水之致。

主要的酒品

札幌の地酒 千歲鶴 吟醸
吟釀酒/1.8ℓ ¥2950 720㎖ ¥1590/均為吟風55%/15～16度
滑順清爽的淡麗辛口，與料理的搭配度很高，適合冷飲或常溫。

日本酒度+4　酸度1.2　爽酒

吟釀香■■□□□　濃郁度■■□□□
原料香■■□□□　輕快度■■■■□

札幌の地酒 千歲鶴 純米
純米酒/1.8ℓ ¥2580 720㎖ ¥1275/均為吟風60%/15～16度
保有酒米的原本風味，為溫和清爽的口感，適合溫熱飲或冷飲、常溫。

日本酒度+4　酸度1.2　爽酒

吟釀香■□□□□　濃郁度■■□□□
原料香■■□□□　輕快度■■■■□

札幌の地酒 千歲鶴 本醸造
本釀造酒/1.8ℓ ¥2395 720㎖ ¥1190/均為吟風65%/15～16度
能感受到酒米的風味，口感淡麗、不會殘留餘味在舌間，適合溫熱飲或熱飲、常溫。

日本酒度+4　酸度1.3　爽酒

吟釀香■□□□□　濃郁度■□□□□
原料香■■□□□　輕快度■■■■□

株式会社西田酒造店
017-788-0007　不可直接購買
青森市大字油川字大浜46
明治11年（1878）創業

代表酒名	特別純米酒 田酒
特定名稱	特別純米酒
希望零售價格	1.8ℓ ¥2651　720mℓ ¥1325

原料米和精米步合…　麴米・掛米均為華吹雪55%

酒精度……………… 15.5度

發揮縣產酒造好適米「華吹雪」的原本風味，為純米酒般風格的地酒名品。辛口、口感濃郁，卻很清爽、不會膩口。

日本酒度+2　酸度1.5　**醇酒**

吟釀香■□□□□　濃郁度■■■□□
原料香■■■□□　輕快度■■■□□

「田酒」即田野之酒，亦即只以田裡栽種出來的米所釀造的純米酒。昭和45年以釀造出別具風格、真正的酒為目標，開始以手工製造的方式釀造純米酒。昭和49年才量產商品化。完全沒有添加物、原料只有米的這份強烈主張也反映在「田酒」的酒名上。

主要的酒品

田酒 特別純米酒 山廃（やまはい）
特別純米酒/1.8ℓ ¥2956/均為華吹雪55%/15.5度
如山廃般的風味、味道紮實，清爽的口感也很適合溫熱飲。

日本酒度+2　酸度1.6　**醇酒**

吟釀香■□□□□　濃郁度■■■■□
原料香■■■□□　輕快度■■■□□

田酒 純米大吟釀 百四拾（ひゃくよんじゅう）
純米大吟釀酒/1.8ℓ ¥5300 720mℓ ¥2650/均為華想40%/16.5度
百四拾的名稱取自酒米的系統名，輕快的口感與高雅的吟釀香很出色。

日本酒度+2　酸度1.3　**薰酒**

吟釀香■■■□□　濃郁度■■□□□
原料香■□□□□　輕快度■■■□□

田酒 純米大吟釀 斗壜取（とびんとり）
純米大吟釀酒/1.8ℓ ¥10500/均為山田錦40%/16.5度
傳承袋搾等手工釀造的優點，顏色清澈、口感豐富。

日本酒度+2　酸度1.3　**薰酒**

吟釀香■■■■□　濃郁度■■□□□
原料香■□□□□　輕快度■■■□□

ほうはい

豐盃

三浦酒造株式会社
℡0172-32-1577 不可直接購買
弘前市石渡5-1-1
昭和5年（1930）創業

北海道・東北 青森縣

代表酒名	豐盃 大吟釀
特定名稱	大吟釀酒
希望零售價格	1.8ℓ ¥5600 720mℓ ¥3000

原料米和精米步合…麴米・掛米均為山田錦40%

酒精度……………15～16度

由自家進行精米、將山田錦研磨掉60%，在嚴寒酒倉中釀造出華麗香氣的大吟釀。擁有豐郁的口嘗香氣，口感纖細、均衡。

日本酒度+3 酸度1.4 薰酒

吟釀香 ■■■□□ 濃郁度 ■■□□□

原料香 ■□□□□ 輕快度 ■■■□□

不愧於「弘前地酒」的名號，以杜氏的三浦兄弟為中心、由全家族共同經營的小酒廠，以純米酒、純米吟釀酒的高CP值聞名。全國只有這家酒廠以契約栽培的「豐盃」為主，酒米全都由自家進行精米，貫徹小量、手工釀造的製酒作業。

主要的酒品

豐盃 純米吟釀 豐盃米（ほうはいまい）55

純米吟釀酒/1.8ℓ ¥2880 720mℓ ¥1500/均為豐盃米55%/15～16度

完全發揮酒米「豐盃」的特性，充滿個性、力量感十足，很適合作為佐餐酒。

日本酒度+3 酸度1.6 醇酒

吟釀香 ■■□□□ 濃郁度 ■■□□□

原料香 ■■■□□ 輕快度 ■■■□□

豐盃 特別純米酒

特別純米酒/1.8ℓ ¥2500 720mℓ ¥1300/均為豐盃米55% 同60%/15～16度

舌間能感受到「豐盃」的獨特力量，入口滑順，適合冷飲、溫熱飲。

日本酒度+3 酸度1.7 醇酒

吟釀香 ■■□□□ 濃郁度 ■■■□□

原料香 ■■■□□ 輕快度 ■■■□□

ん

普通酒/1.8ℓ ¥1810 720mℓ ¥903/青森縣產米60% 同65%/15～16度

只使用縣產米的真正地酒，超乎價格的鮮明風味廣受好評，適合冷飲、溫熱飲。

日本酒度+2 酸度1.5 爽酒

吟釀香 ■□□□□ 濃郁度 ■■□□□

原料香 ■■□□□ 輕快度 ■■■■■

桃川株式会社
☎0178-52-2241　可直接購買
上北郡おいらせ町上明堂112
明治22年（1889）創業

代表酒名	桃川純米酒
特定名稱	純米酒
希望零售價格	1.8ℓ ¥2203 720mℓ ¥1034

原料米和精米步合…　麴米・掛米均為陸奧譽65%

酒精度………………　15～16度

以奧入瀨川伏流水與當地產米釀製而成，發揮酒米原本特性的招牌酒。若想品嘗濃郁感請溫熱飲用。曾兩度在全國酒類大賽中得獎。

日本酒度+2　酸度1.4	醇酒
吟釀香 ■□□□□	濃郁度 ■■■■□
原料香 ■■■□□	輕快度 ■■■□□

以創業當時的釀製水──奧入瀨川的當地通稱・百石川之名，百以桃字取代、將酒名定為桃川。在奧入瀨川一帶孕育的地酒，連續60屆獲得南部杜氏自釀清酒鑑評會的優等獎。酒標上的文字出自明治時代的日本畫家、深愛桃川之酒的小山放庵之筆。

主要的酒品

吟釀純米「杉玉（すぎだま）」

純米吟釀酒/1.8ℓ ¥2978 720mℓ ¥1566/五百萬石65% 陸奧譽65%／14～15度

曾在日美兩國的日本酒大賽中多次得獎。風味芳醇，適合冷飲或溫熱飲。

日本酒度+1　酸度1.4	爽酒
吟釀香 ■■□□□	濃郁度 ■■□□□
原料香 ■■□□□	輕快度 ■■■■□□

ねぶた淡麗（たんれい）純米酒

純米酒/1.8ℓ ¥2018 720mℓ ¥1041/均為陸奧譽65%/14～15度

擁有純米酒的濃郁、淡麗風味與滑順口感的辛口型，適合冷飲～常溫。

日本酒度+5　酸度1.4	爽酒
吟釀香 ■□□□□	濃郁度 ■■□□□
原料香 ■■□□□	輕快度 ■■■■□

大吟釀「華想い（はなおもい）」

大吟釀酒/720mℓ ¥1769/均為華想50%/15～16度

可品嘗到低溫釀造的飽滿風味，以及吟釀釀造特有的口嘗香氣。

日本酒度+2　酸度1.3	薰酒
吟釀香 ■■■■□	濃郁度 ■■□□□
原料香 ■□□□□	輕快度 ■■■□□

陸奥八仙

八戸酒造株式会社
☎0178-33-1171　可直接購買
八戸市湊町本町9
安永4年（1775）創業

八仙，是喜愛飲酒、雲遊四海的中國民間故事中的8位神仙。以仙人們來到酒仙境地享受飲酒之樂的意境，因而誕生了「陸奥八仙」酒款。與同公司的姐妹品牌「陸奥男山」「陸奥田心」相比，特徵是擁有發揮酒米特性的芳醇風味。

代表酒名　陸奥八仙 特別純米中汲み無濾過生原酒

特定名稱　特別純米酒

希望零售價格　1.8ℓ ¥2800　720㎖ ¥1470

原料米和精米步合…　麴米 華吹雪55%／掛米 陸奥譽60%

酒精度………………　17～18度

聞起來有新鮮水果的甘甜香氣，淺嘗後為甜味和酸味在口中散開的濃醇甘口酒，是適合冷飲品嘗的佐餐酒。

日本酒度+2　酸度1.7　薰醇酒

吟釀香 ■■■□□　濃郁度 ■■■□□
原料香 ■■■□□　輕快度 ■■□□□

主要的酒品

陸奥八仙 いさり火特別純米無濾過生詰
特別純米酒／1.8ℓ ¥2625 720㎖ ¥1365／均為華吹雪60%／15～16度
可感受溫和香氣與酒米口感的辛口型，與海鮮料理很搭。適合常溫～溫熱飲。

日本酒度+5　酸度1.9　醇酒

吟釀香 ■□□□□　濃郁度 ■■■■□
原料香 ■■■■□　輕快度 ■■□□□

陸奥八仙 純米吟醸中汲み無濾過生原酒
純米吟釀酒／1.8ℓ ¥3150 720㎖ ¥1575／均為華吹雪55%／17～18度
甜味．酸味都恰到好處的芳醇甘口型。建議以葡萄酒杯冷飲品嘗。適合做為餐前酒、佐餐酒。

日本酒度+1　酸度1.8　薰酒

吟釀香 ■■■■□　濃郁度 ■■□□□
原料香 ■■□□□　輕快度 ■■■□□

陸奥八仙 吟醸中汲み無濾過生酒
吟釀酒／1.8ℓ ¥2678 720㎖ ¥1418／華吹雪55% 陸奥譽60%／16～17度
果實香加上調和的酒米風味和甜味，入口滑順、不會膩口。適合冷飲。

日本酒度 -1　酸度1.6　薰醇酒

吟釀香 ■■■□□　濃郁度 ■■■□□
原料香 ■■■□□　輕快度 ■■□□□

山本合名会社
☎0185-77-2311　不可直接購買
山本郡八峰町八森字八森269
明治34年（1901）創業

代表酒名	純米吟醸 山本（やまもと）
特定名稱	純米吟釀酒
希望零售價格	1.8ℓ ¥3200 720mℓ ¥1600

原料米和精米步合… 麹米 酒小町50%／掛米 酒小町55%

酒精度……………… 16.5～16.8度

從精米到搾取、釀酒的全部程序均由酒廠的山本杜氏負責執行的限定品生原酒。具有蘋果的芳香與溫和口感、入口滑順，適合冷飲。

日本酒度+2　酸度1.8　**薰酒**

吟釀香	■■■□□	濃郁度	■■□□□
原料香	■■□□□	輕快度	■■■□□

除了以世界遺產、白神山地引來之湧泉水釀造外，酒米也都是用此水自家栽培。只釀造特定名稱酒，而且年產量800石中純米酒就佔了9成。瓶裝火入、急速冷卻、低溫瓶貯藏等，以及搾酒後的處理、管理也都執行地很徹底。

主要的酒品

純米 白瀑
純米酒／1.8ℓ ¥2310 720mℓ ¥1260／均為酒小町60%／15.6度
特徵是擁有鮮明的酸味與柔和、滑順的酒米風味，以瓶裝火入。適合冷飲～溫熱飲。

日本酒度+2　酸度1.8　**醇酒**

吟釀香	■□□□□	濃郁度	■■■□□
原料香	■■■□□	輕快度	■■■□□

特別純米 白瀑
特別純米酒／1.8ℓ ¥2625 720mℓ ¥1365／均為吟之精55%／15.8度
使用芳香系酵母釀製而成的酒，為華麗型的佐餐酒，以瓶裝火入。適合冷飲～常溫。

日本酒度+1　酸度1.6　**爽酒**

吟釀香	■■□□□	濃郁度	■■□□□
原料香	■■□□□	輕快度	■■■■□

大吟醸 白瀑
大吟醸酒／1.8ℓ ¥3360 720mℓ ¥1785／美山錦45% 同47%／15.6度
華麗、味道濃郁，是CP值高的大吟釀酒，以瓶裝火入。適合冷飲。

日本酒度+3　酸度1.3　**薰酒**

吟釀香	■■■□□	濃郁度	■■□□□
原料香	■□□□□	輕快度	■■■□□

新政

新政酒造株式会社
018-823-6407 不可直接購買
秋田市大町6-2-35
嘉永5年（1852）創業

於幕末～維新時代創業的酒廠，「新政」之名是取自明治新政府執政大綱的「新政厚德」。以現存最古老的六號酵母之發元地聞名的酒廠，近年來在年輕指導者與杜氏的帶領之下，陸續發表了新款日本酒。本頁中介紹的「亞麻貓」就是其中之一。

代表酒名	白麹仕込特別純米酒 亜麻猫（しろこうじしこみ　あまねこ）
特定名稱	特別純米酒
希望零售價格	1.8ℓ ¥2800 720mℓ ¥1400

原料米和精米步合… 麴米 山田錦60%／掛米 吟之精60%
酒精度……………… 15度

由日本酒釀造用的黃麴和燒酒製造用的白麴，兩種均等分釀製而成的酒。含豐富奎寧酸、口感溫和。建議以葡萄酒杯搭配西餐享用。適合冷飲～常溫。

日本酒度+2 酸度2.2 **醇酒**
吟釀香 ■■□□□ 濃郁度 ■■■□□
原料香 ■■■□□ 輕快度 ■■■■■

主要的酒品

特別純米 六號（ろくごう）
特別純米酒/1.8ℓ ¥2415 720mℓ ¥1155/吟之精60% 美山錦60%/15度
發揮發祥於該酒廠的六號酵母特性，為口感極佳的佐餐酒。適合常溫～人體溫度。

日本酒度+2~+3 酸度1.4~1.6 **醇酒**
吟釀香 ■□□□□ 濃郁度 ■■■□□
原料香 ■■■□□ 輕快度 ■■■■□

純米大吟釀 佐藤卯兵衛（さとううへえ）
純米大吟釀酒/1.8ℓ ¥4600 720mℓ ¥2300/山田錦45% 酒小町45%/16度
冠上歷代的當家名，以酒質區分，每個季節販售、一年4次的限定商品。適合作為佐餐酒。

日本酒度+3 酸度1.5 **薫酒**
吟釀香 ■■■□□ 濃郁度 ■■□□□
原料香 ■□□□□ 輕快度 ■■■□□

山廃純米 とわずがたり（やまはい）
純米酒/1.8ℓ ¥2700 720mℓ ¥1350/吟之精65% 美山錦65%/15度
溫和的香氣、明顯的酸味，是對初飲者來說也很容易入口的山廃酒。最適合熱飲。

日本酒度+5 酸度1.6 **醇酒**
吟釀香 ■□□□□ 濃郁度 ■■■□□
原料香 ■■■□□ 輕快度 ■■■□□

販賣＝秋田清酒株式会社
酒廠＝刈穂酒造株式会社
☎0187-63-1224 可商談直接購買
大仙市戸地谷字天ヶ沢83-1
大正2年（1913）創業（刈穂酒造）

代表酒名	刈穂 山廃純米超辛口
特定名稱	特別純米酒
希望零售價格	1.8ℓ ¥2612 720mℓ ¥1310

原料米和精米步合… 麴米 美山錦60%／掛米 秋之精60%

酒精度……………… 16度

以刈穂酒廠傳承的山廃酛釀造，使其發酵到極限的超辛口酒。但並非僅有辛口感，濃縮後的酒米口感會在口中濃郁地散開。

日本酒度+12 酸度1.3 醇酒

吟釀香	■□□□□	濃郁度	■■■■□
原料香	■■■■□	輕快度	■■■■□

秋田縣內屈指的穀倉地帶・仙北平原產的米與雄物川水系地下水的中硬水，持續釀造出香氣和輕快度均佳的酒。酒廠採用自古以來的六樽木製槽，所有的酒都自槽內搾取，亦即槽搾。酒名取自天智天皇的詩歌「秋の田のかりほの庵の苫を荒みわが衣手は露に濡れつつ」。

主要的酒品

刈穂大吟釀 耕雲

大吟釀酒／1.8ℓ ¥10500 720mℓ ¥4200／均為山田錦35%／17度

酒名取自禪語的「耕雲種月」。擁有沉穩的口嘗香氣與厚重、鮮明的吟味。

日本酒度+1 酸度1.5 薰酒

吟釀香	■■■■■	濃郁度	■■□□□
原料香	■□□□□	輕快度	■■■□□

刈穂大吟釀

大吟釀酒／1.8ℓ ¥5040 720mℓ ¥2520／山田錦40% 美山錦45%／16度

擁有清爽的香氣以及獨特的中硬水特性，像是寒冬冷空氣般的輕快感很有魅力。

日本酒度+4 酸度1.1 薰酒

吟釀香	■■■■□	濃郁度	■■□□□
原料香	■□□□□	輕快度	■■■□□

刈穂 吟釀酒 六舟

吟釀酒／1.8ℓ ¥2415 720mℓ ¥1208／美山錦50% めんこいな57%／15度

將縣產米仔細研磨後、精心釀製，為全量在酒槽搾取的淡麗纖細酒品。

日本酒度+5 酸度1.3 爽酒

吟釀香	■■□□□	濃郁度	■■□□□
原料香	■□□□□	輕快度	■■■■□

田从

北海道・東北 **秋田縣**

舞鶴酒造株式会社
0182-24-1128　可直接購買
横手市平鹿町浅舞字浅舞184
大正7年（1918）創業

代表酒名	山廃仕込純米酒 田从（やまはいしこみ）
特定名稱	純米酒
希望零售價格	1.8ℓ ¥2730 720mℓ ¥1365

原料米和精米步合…… 麴米・掛米均為 一目惚60%
酒精度……………… 15～16度

山廃釀製的獨特酸味與強烈口感，深受重度日本酒迷的喜愛。從冷飲～熱飲可享受視溫度變化，味道也隨之變化的樂趣。

日本酒度＋6　酸度2.3　**醇酒**
吟釀香 ■□□□□　濃郁度 ■■■■□
原料香 ■■■■□　輕快度 ■■■□□

由縣內惟一一位女性杜氏為中心、由家族成員所釀造的酒，傳承自古以來的技術、以山廃釀製的純米酒。新酒的大半會經過熟成，酒質紮實的純米酒也能耐得住常溫長期貯藏。酒名「田从」，為聚集使用田野栽種的稻米釀酒的人之意。

主要的酒品

山廃仕込純米吟釀秘蔵古酒 田从（ひぞうこしゅ）
純米吟釀酒/1.8ℓ ¥12600 720mℓ ¥6300/均為吟之精55%/17～18度
酒廠內長期常溫貯藏的熟成酒，美麗的金黃色讓人愛不釋手。適合冷飲～溫熱飲。

日本酒度＋2.5　酸度1.7　**熟酒**
吟釀香 ■□□□□　濃郁度 ■■■■□
原料香 ■■■■■　輕快度 ■■■□□

純米吟釀 月下の舞（げっかのまい）
純米吟釀酒/1.8ℓ ¥2888 720mℓ ¥1575/均為美山錦50%/15～16度
有如純米吟釀酒般的清爽酸味與強烈味道，很適合當作佐餐酒。冷飲～溫熱飲為佳。

日本酒度＋5　酸度1.5　**薰酒**
吟釀香 ■■■□□　濃郁度 ■■□□□
原料香 ■□□□□　輕快度 ■■■□□

純米酒 田从
純米酒/1.8ℓ ¥2415 720mℓ ¥1260/均為秋田縣產米60%/15～16度
發揮酒米原本的風味，可輕易入口的純米酒。適合冷飲～熱飲。

日本酒度＋2　酸度1.7　**醇酒**
吟釀香 ■□□□□　濃郁度 ■■■□□
原料香 ■■■□□　輕快度 ■■■□□

浅舞酒造株式会社
☎0182-24-1030　可直接購買
横手市平鹿町浅舞字浅舞388
大正6年（1917）創業

天の戸

代表酒名　天の戸 美稲（うましね）

特定名稱　特別純米酒

希望零售價格　1.8ℓ ¥2751　720mℓ ¥1470

原料米和精米步合…　麹米 吟之精55%／掛米 美山錦55%

酒精度………………　15.7度

以「酒從田裡誕生」為信念，所以取名為美稻。以當地產的特別栽培米釀造的芳醇甘甜純米酒。是適合常溫～溫熱飲的佐餐酒。

日本酒度＋4　酸度1.7　醇酒
吟釀香 ■□□□□　濃郁度 ■■■■□
原料香 ■■■■□　輕快度 ■■■□□

夏田冬藏，夏天在田裡種稻，冬天於酒廠釀酒——此即象徵浅舞酒造釀酒的形容詞。酒米只使用酒廠周圍半徑5km內、契約農家與製酒師自己耕種的特別栽培米。為了發揮米的風味，包含本頁中介紹的4款酒在內，製品以無過濾酒居多。

主要的酒品

大吟釀 天の戸
大吟釀酒／1.8ℓ ¥6300 720mℓ ¥2625／均為秋田酒小町38%／16.5度
不僅有香氣，還同時擁有優雅口感和透明感的極寒手工釀造酒。適合冷飲。

日本酒度＋3　酸度1.3　薰酒
吟釀香 ■■■■□　濃郁度 ■□□□□
原料香 ■□□□□　輕快度 ■■■■□

純米吟釀 五風十雨（ごふうじゅうう）
純米吟釀酒／1.8ℓ ¥2992 720mℓ ¥1575／均為美山錦50%／16.5度
抱持著「雨和風都是上天的恩賜」為信念釀造，很值得品嘗的一品。適合冷飲、溫熱飲。

日本酒度＋5　酸度1.5　醇酒
吟釀香 ■■□□□　濃郁度 ■■■□□
原料香 ■■■□□　輕快度 ■■□□□

醇辛（じゅんから） 天の戸
純米酒／1.8ℓ ¥2625 720mℓ ¥1417／吟之精55% 美山錦60%／16.6度
輕快、完全發揮酒米風味的辛口型，亦即適合溫熱飲的酒款。

日本酒度＋9　酸度1.5　醇酒
吟釀香 ■■□□□　濃郁度 ■■□□□
原料香 ■■■□□　輕快度 ■■■□□

まんさくのはな

まんさくの花

日の丸釀造株式会社
0182-42-1335　可直接購買
橫手市增田町增田字七日町114-2
元祿2年（1689）創業

北海道・東北　秋田縣

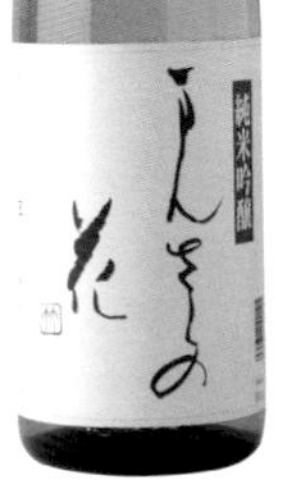

代表酒名	純米吟釀 まんさくの花
特定名稱	純米吟釀酒
希望零售價格	1.8ℓ ¥3465 720mℓ ¥1732

原料米和精米步合⋯ 麴米・掛米均為美山錦50%
酒精度⋯⋯⋯⋯⋯ 15～16度

當地產米經過仔細研磨後，以5℃的低溫瓶裝貯藏2年的熟成酒。擁有酒米風味的溫和口感、香氣調和，最適合作為佐餐酒。冷飲～溫熱飲為佳。

日本酒度+2.5　酸度1.3　**爽酒**
吟釀香 ■■□□□　濃郁度 ■■□□□
原料香 ■■□□□　輕快度 ■■■■□

酒廠名「日の丸」傳承自舊秋田藩主・佐竹氏的家徽「扇に日の丸」。酒廠位於積雪深厚的橫手盆地東南方，使用全量自家精米的當地產良質米，以及奧羽山脈栗駒山系伏流水的井水所精心釀造而成的純米吟釀酒。吟釀酒以上的酒款不貯藏在槽桶，皆以瓶裝低溫貯藏。

主要的酒品

大吟釀 まんさくの花
大吟釀酒/1.8ℓ ¥5250 720mℓ ¥2625/均為山田錦45%/15～16度
華麗的芳香，與冷飲時清爽俐落的口感，為該酒名的代表熟成酒。

日本酒度+3　酸度1.2　**薰酒**
吟釀香 ■■■□□　濃郁度 ■□□□□
原料香 ■□□□□　輕快度 ■■■□□

旨辛口（うまからくち）特別純米 うまからまんさく
特別純米酒/1.8ℓ ¥2730 720mℓ ¥1365/為秋之精55%/16～17度
酸味適中，酒米風味辛口，適合溫熱飲。依季節還有出產生酒和冷卸酒。

日本酒度+9　酸度1.6　**醇酒**
吟釀香 ■■□□□　濃郁度 ■■■□□
原料香 ■■■□□　輕快度 ■■■■□

特別純米酒 まんさくの花
特別純米酒/1.8ℓ ¥2551 720mℓ ¥1312/均為吟之精55%/15～16度
溫和的口嘗香氣、柔順的酒米口感，風味濃郁。適合冷飲～溫熱飲。

日本酒度+3　酸度1.5　**爽酒**
吟釀香 ■■□□□　濃郁度 ■■□□□
原料香 ■■□□□　輕快度 ■■■■□

秋田銘釀株式会社
℡0183-73-3161　可直接購買
湯沢市大工町4-23
大正12年（1923）創業

爛漫

代表酒名	とびっきり自然（しぜん）な純米酒
特定名稱	純米酒
希望零售價格	1.8ℓ ¥2625　720mℓ ¥1260

原料米和精米步合…　麴米・掛米均為有機米秋田小町65%

酒精度………………　15～16度

「爛漫」100%使用契約栽培・自家精米的JAS認定有機米秋田小町。為稍微辛口、注重安全性的自然酒。適合冷飲～溫熱飲。

日本酒度+2.5　酸度1.5　**醇酒**

吟釀香 ■□□□□　濃郁度 ■■■□□
原料香 ■■■□□　輕快度 ■■■□□

基於將雪國秋田的酒販售到全國的信念，由縣內的釀酒家、財政界人士齊資所設立的酒廠。從日本髮・和服姿——東鄉青兒的女性畫、吉永小百合與多岐川裕美一直到現在的外國名模，於海報、電視CM上連載的「美酒爛漫的美女路線」，連不愛喝酒的人也很熟悉。

主要的酒品

花（はな）爛漫

吟釀酒/1.8ℓ ¥2513 720mℓ ¥1318/均為秋田酒小町55%/15～16度

100%使用當地產秋田酒小町，於雪與冷氣中釀製而成的淡麗寒造酒。適合冷飲～溫熱飲。

日本酒度+1.5　酸度1.2　**爽酒**

吟釀香 ■■□□□　濃郁度 ■■□□□
原料香 ■□□□□　輕快度 ■■■■□

生酛特醸（きもととくじょう）

本釀造酒/1.8ℓ ¥1998/720mℓ ¥961/秋田酒小町65% 秋田小町65%/15～16度

發揮生酛釀造的優點，以濃郁圓潤的口感為特徵。適合溫熱飲。

日本酒度±0　酸度1.2　**醇酒**

吟釀香 ■□□□□　濃郁度 ■■■□□
原料香 ■■■□□　輕快度 ■■■□□

大吟釀 花（はな）爛漫小町（こまち）

大吟釀酒/720mℓ ¥2084/均為秋田酒小町40%/15～16度

於冬天釀製、低溫長期發酵使其慢慢熟成，為口感柔順、優雅甘口的酒質。

日本酒度+3.5　酸度1　**薰酒**

吟釀香 ■■■□□　濃郁度 ■□□□□
原料香 ■□□□□　輕快度 ■■■□□

雪の茅舎

株式会社齋彌酒造店
℡0184-22-0536 可直接購買
由利本荘市石脇字石脇53
明治35年（1902）創業

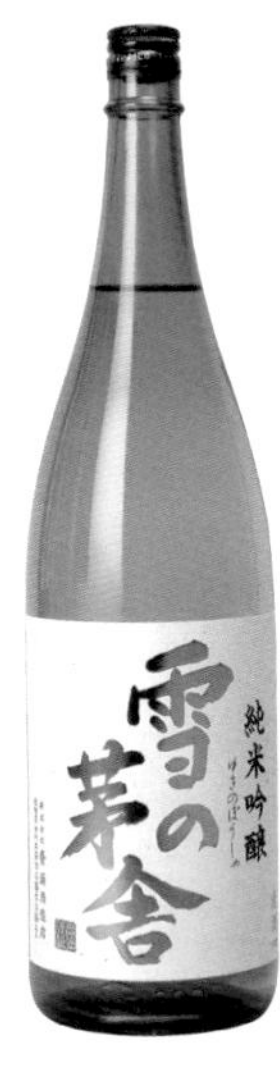

在杜氏「不瞭解米就無法釀造酒」的理念下，約一半使用的酒米都是由杜氏下面的製酒師們負責栽種。自家產的酒米、鳥海山系伏流水的自社內湧水以及自家培養的酵母，以這三大基石，加上高低差約6m、稀有的高酒倉釀造出纖細、濃郁、味道鮮明的酒質。

代表酒名 雪の茅舎 純米吟釀

特定名稱 純米吟釀酒

希望零售價格 1.8ℓ ¥2940 720mℓ ¥1575

原料米和精米步合…麹米 山田錦55%／掛米 秋田酒小町55%

酒精度……………… 16度

由出身杜氏的故鄉——秋田縣山內村的名杜氏所釀造，擁有恰到好處的清爽果香、入口舒暢的優雅無過濾原酒。適合冷飲或常溫。

日本酒度+2 酸度1.5 薫酒
吟釀香■■■□□ 濃郁度■■□□□
原料香■■□□□ 輕快度■■■■□

主要的酒品

雪の茅舎 大吟釀
大吟釀酒／1.8ℓ ¥5145 720mℓ ¥2625／山田錦45% 秋田酒小町45%／16度
清淡的香氣，擁有酒米本身纖細風味的無過濾原酒。適合冷飲～溫熱飲。

日本酒度+2 酸度1.3 薫酒
吟釀香■■■□□ 濃郁度■■□□□
原料香■■□□□ 輕快度■■■□□

雪の茅舎 秘伝山廃（ひでんやまはい）
純米吟釀酒／1.8ℓ ¥3570 720mℓ ¥1785／山田錦55% 秋田酒小町55%／16度
無過濾原酒，均衡的酸味、風味與口感的餘韻佳。適合冷飲～溫熱飲。

日本酒度±0 酸度1.7 醇酒
吟釀香■■□□□ 濃郁度■■■□□
原料香■■■□□ 輕快度■■■□□

雪の茅舎 山廃純米
純米酒／1.8ℓ ¥2415 720mℓ ¥1260／山田錦65% 秋田酒小町65%／16度
酒米口感濃郁、入口舒暢，帶適度酸味的無過濾原酒。適合冷飲～溫熱飲。

日本酒度+1 酸度1.9 醇酒
吟釀香■□□□□ 濃郁度■■■■□
原料香■■■■□ 輕快度■■■■□

株式会社飛良泉本舗
☎0184-35-2031　可直接購買
にかほ市平沢字中町59
長享元年（1487）創業

飛良泉

代表酒名	飛良泉 山廃（やまはい）純米酒
特定名稱	特別純米酒
希望零售價格	1.8ℓ ¥2940 720mℓ ¥1628

原料米和精米步合… 麹米・掛米均為美山錦60%

酒精度……………… 15度

擁有山廃獨特明顯酸味的個性酒款，香氣清新、口感濃郁。與肉類或中國菜等豐富味道的料理尤其搭。適合冷飲或溫熱飲。

日本酒度+4　酸度1.9　醇酒

吟醸香 ■□□□□　濃郁度 ■■■■□
原料香 ■■■■□　輕快度 ■■■■□

歷史悠久，創業於室町時代、銀閣寺建立的兩年前，目前當家已傳承至第26代，是秋田縣內最古老的酒廠。使用鳥海山系伏流水的硬水，如今依舊固守自古來的山廃釀製法。在小酒廠內以手工釀造的山廃酒，風味豐郁、酸味輕快，酒質豐厚、毫不膩口。

主要的酒品

飛良泉 大吟醸 欅蔵（けやきぐら）
大吟醸酒/1.8ℓ ¥10500 720mℓ ¥5040/均為山田錦38%/15度
華麗的吟醸香、入口清爽，為該酒廠的最高級酒。適合作為餐前酒，冷飲為佳。

日本酒度+5　酸度1.3　薫酒

吟醸香 ■■■■□　濃郁度 ■□□□□
原料香 ■□□□□　輕快度 ■■■□□

飛良泉 純米吟醸酒
純米大吟醸酒/720mℓ ¥3675/均為山田錦40%/16度
圓潤的果實香、纖細的甜味，適合作為餐前酒、佐餐酒。冷飲、常溫為佳。

日本酒度+4　酸度1.4　薫酒

吟醸香 ■■■■□　濃郁度 ■■□□□
原料香 ■□□□□　輕快度 ■■■□□

飛良泉 山廃本醸造
特別本醸造酒/1.8ℓ ¥2415/均為美山錦60%/15度
日本酒的王道，酸味與圓潤口感調和，擁有山廃特有的沉穩風味。適合熱飲。

日本酒度+3　酸度1.5　醇酒

吟醸香 ■□□□□　濃郁度 ■■■□□
原料香 ■■■□□　輕快度 ■■■□□

南部美人

北海道・東北　岩手縣

株式会社南部美人
☎0195-23-3133　可直接購買
二戸市福岡字上町13
明治35年（1902）創業

代表酒名	南部美人 特別純米酒
特定名稱	特別純米酒
希望零售價格	1.8ℓ ¥2415 720mℓ ¥1365

原料米和精米步合…　麴米・掛米均為吟乙女 55%
酒精度………………　15.5度

「南部美人」的主力酒。不影響風味的自然香氣、輕淡的甜味，完全發揮出當地產米的獨特味道。適合冷飲～溫熱飲。

日本酒度＋5　酸度1.5　**爽酒**
吟釀香 ■■□□□　濃郁度 ■■□□□
原料香 ■■□□□　輕快度 ■■■■□

主要的酒品

南部美人 大吟釀
大吟釀酒/720mℓ ¥2730/均為吟乙女40%/16.5度
將特等吟乙女研磨後、於嚴寒期釀製而成的大吟釀酒，酒質極佳。適合冷飲。

日本酒度＋4　酸度1.3　**薰酒**
吟釀香 ■■■□□　濃郁度 ■■□□□
原料香 ■□□□□　輕快度 ■■■□□

南部美人 純米吟釀
純米吟釀酒/1.8ℓ ¥2761 720mℓ ¥1543/吟乙女50% 美山錦55%/15.8度
與特別純米酒並列的主力酒。味道和香氣帶有南部美人風的柔和土味。適合冷飲～溫熱飲。

日本酒度＋8　酸度1.5　**薰酒**
吟釀香 ■■■□□　濃郁度 ■■□□□
原料香 ■■□□□　輕快度 ■■■□□

南部美人 愛山（あいやま） 純米吟釀
純米吟釀酒/1.8ℓ ¥4500 720mℓ ¥2200/均為愛山50%/16.5度
在口中散開的濃郁酒米風味，入口滑順、味道鮮明。適合冷飲。

日本酒度＋5　酸度1.6　**薰醇酒**
吟釀香 ■■■□□　濃郁度 ■■□□□
原料香 ■■■□□　輕快度 ■■■□□

酒廠位於岩手縣最北端的二戶市，蒙受來自山海大自然恩惠的小城市。幾乎均為縣產的酒米、折爪馬仙峽伏流水的中硬水，以及南部流手工釀造技術釀製而成的酒，以鮮明風味與酒質均衡度佳為特徵。完全不經過活性碳過濾，生酒全量冰溫貯藏，特定名稱酒均冷藏保存在5℃以下。

株式会社あさ開
☎019-652-3111　可直接購買
盛岡市大慈寺町10-34
明治4年（1871）創業

あさ開

代表酒名	あさ開 極上 純米大吟醸 旭扇
特定名稱	純米大吟釀酒
希望零售價格	1.8ℓ ¥10500 720mℓ ¥5250

原料米和精米步合… 麹米・掛米均為山田錦40%

酒精度……………… 16～17度

以酒廠的註冊商標「旭日之扇」為酒名，亦即「あさ開」的顛峰之作。由傳統吊袋法釀製的雫酒，擁有溫和的口嘗香氣與清爽口感。適合常溫。

日本酒度＋1　酸度1.4　薰酒
吟釀香 ■■■■■　濃郁度 ■■□□□
原料香 ■□□□□　輕快度 ■■■□□

「あさ開」是「漕ぎ出る」的枕詞，為柿本人麻呂的古歌，有祝福一帆風順之意。在社史中明載於明治初期、放棄武士身分轉為製酒的初代當家，以揭開明治新時代之意命名。為注重實質的南部之酒，連續19年入圍全國新酒鑑評會，其中榮獲16座金獎、評價甚高。

主要的酒品

あさ開 南部流 手造り大吟醸
大吟釀酒/1.8ℓ ¥3150 720mℓ ¥1575/均為吟銀河50%/15～16度

馥郁華麗的果實香、輕快辛口，與海鮮料理很搭。適合冷飲。

日本酒度＋4　酸度1.35　薰酒
吟釀香 ■■■□□　濃郁度 ■□□□□
原料香 ■□□□□　輕快度 ■■■□□

あさ開 純米大辛口 水神
純米酒/1.8ℓ ¥2100 720mℓ ¥1260/均為縣產酒造米70%/16～17度

酒米的風味就彷彿液體般滲入體內，是最適合作為佐餐酒的辛口型。常溫～溫熱飲為佳。

日本酒度＋4　酸度1.35　醇酒
吟釀香 ■□□□□　濃郁度 ■■■□□
原料香 ■■■□□　輕快度 ■■■■□

あさ開 南部流 生酛造り 特別純米酒
特別純米酒/1.8ℓ ¥2625 720mℓ ¥1313/均為一目惚60%/15～16度

100%使用無農藥米的生酛釀製酒，口感穩重紮實。適合常溫～溫熱飲。

日本酒度＋2　酸度1.5　醇酒
吟釀香 ■□□□□　濃郁度 ■■■□□
原料香 ■■■■□　輕快度 ■■■□□

東北泉

北海道・東北 山形縣

合資会社高橋酒造店
℡0234-77-2005 不可直接購買
飽海郡遊佐町吹浦字一本木57
明治35年（1902）創業

代表酒名 東北泉 大吟釀 斗瓶囲（とびんがこい）

特定名稱 大吟釀酒

希望零售價格 1.8ℓ ¥10290 720mℓ ¥5145

原料米和精米步合… 麴米・掛米均為山田錦35%

酒精度……………… 17～18度

以斗瓶裝盛吊袋搾取的雫酒，火入後就以斗瓶直接冷藏保存在零下5度的限定流通商品。溫和的吟釀香、穩重的口感，適合冷飲或常溫。

日本酒度+6 酸度1.2 薰酒

吟釀香 ■■■■□ 濃郁度 ■□□□□
原料香 ■□□□□ 輕快度 ■■■□□

位於山形縣的最北端、名峰鳥海山麓的酒廠，由女性社長與年輕杜氏合作釀造出具透明感的清澈酒款。從本釀造到大吟釀、每一款精心釀製的酒，不偏向甘口或辛口任一方，與鳥海山系伏流水相似的清澈風味，和當地日本海捕獲的魚料理十分搭配。

主要的酒品

東北泉 特別純米
純米吟釀酒／1.8ℓ ¥3045 720mℓ ¥1575／均為美山錦50%／15.5度
可充分感受酒米風味的口嘗香氣，同時兼具清爽的口感。適合冷飲～溫熱飲。

日本酒度+2 酸度1.3 醇酒

吟釀香 ■■□□□ 濃郁度 ■■□□□
原料香 ■■■□□ 輕快度 ■■■□□

東北泉 雄町（おまち）純米
特別純米酒／1.8ℓ ¥2625 720mℓ ¥1365／均為雄町55%／15.5度
雄町特有的柔和口感很明顯，是CP值很高的酒款。適合冷飲～熱飲。

日本酒度+2 酸度1.4 醇酒

吟釀香 ■□□□□ 濃郁度 ■■■□□
原料香 ■■■□□ 輕快度 ■■■□□

東北泉 特別本釀造
特別本釀造酒／1.8ℓ ¥2100 720mℓ ¥1155／均為美山錦60%／15.5度
口感溫和、收尾俐落的佐餐酒。適合冷飲或溫熱飲。

日本酒度+2 酸度1.0 爽酒

吟釀香 ■■□□□ 濃郁度 ■■□□□
原料香 ■□□□□ 輕快度 ■■□□□

酒田酒造株式会社
0234-22-1541　不可直接購買
酒田市日吉町2-3-25
昭和21年（1946）創業

代表酒名	上喜元 純米吟釀 超辛（ちょうから）
特定名稱	純米吟釀酒
希望零售價格	1.8ℓ ¥2940 720mℓ ¥1470

原料米和精米步合… 麴米・掛米均為不公開50%

酒精度……………… 16～17度

擁有華麗吟釀香的芳醇辛口。入口暢快，還能享受餘韻，是很出色的超辛口型酒。冷飲時能促進食欲。

日本酒度+15　酸度1.3　薫酒
吟釀香 ■■■□□　濃郁度 ■■□□□
原料香 ■■□□□　輕快度 ■■■■□

由酒田市內5家製酒屋合併後成立的酒廠。酒名含有「喝酒可讓心情愉悅」之意。基於少量、高品質的理念，以吟釀酒和純米酒為主，生產量的近9成皆為本釀造以上的特別名稱酒，並以生酛釀造法等自古以來的技術手工釀造。

主要的酒品

上喜元 限定（げんてい） 大吟釀
大吟釀酒/720mℓ ¥3675/均為兵庫縣產山田錦35%/16～17度
以吊袋法搾取的上喜元最高級酒。優雅的吟釀香、清爽的口感。適合冷飲～常溫。

日本酒度+2　酸度1.2　薫酒
吟釀香 ■■■■□　濃郁度 ■■□□□
原料香 ■□□□□　輕快度 ■■■□□

上喜元 純米吟釀 米（こめ）ラベル
純米吟釀酒/1.8ℓ ¥2856 720mℓ ¥1428/均為富山縣產雄山錦55%/16～17度
酒米來自日本屈指的名農場・富山縣南砺產，為酒米風味與酸味調合的佐餐酒。

日本酒度+5　酸度1.5　爽酒
吟釀香 ■■□□□　濃郁度 ■■□□□
原料香 ■□□□□　輕快度 ■■■■□

上喜元 純米 出羽の里（でわのさと）
純米酒/1.8ℓ ¥2090 720mℓ ¥1045/均為山形縣產出羽之里80%/16～17度
以低度精白、但卻味道鮮明的出羽之里釀製而成，為CP值很高的純米酒。

日本酒度+3　酸度1.4　醇酒
吟釀香 ■□□□□　濃郁度 ■■■□□
原料香 ■■■■□　輕快度 ■■■□□

楯野川

楯の川酒造株式会社
℃0234-52-2323 不可直接購買
酒田市山楯字清水田27
天保3年（1832）創業

「楯野川」的酒名，是源自大力讚揚此酒款的舊庄內藩主・酒井忠勝所命名。全部使用量的8～9成採用庄內產的米（全量自家精米）與鳥海山系伏流水釀製而成的特定名稱酒，其中又以純米酒和純米吟釀酒為大宗。以限定吸水和蓋麴法製麴、瓶裝火入等傳統技術完全純手工釀造。

代表酒名	楯野川 中取り純米 美山錦
特定名稱	特別純米酒
希望零售價格	1.8ℓ ¥2625 720mℓ ¥1365

原料米和精米步合… 麴米・掛米均為庄內町產美山錦55%
酒精度……………… 15～16度

擁有溫和的撲鼻香氣，味道類似美山錦的俐落感，酒質豐厚、飽滿。從纖細的和食到豪快的肉類料理都很搭，能增進食慾。

日本酒度+4 酸度1.4~1.5 **醇酒**
吟釀香 ■□□□□ 濃郁度 ■■■□□
原料香 ■■■□□ 輕快度 ■■■□□

主要的酒品

楯野川 特選純米吟釀 山田錦
純米吟釀酒／1.8ℓ ¥3360／均為兵庫縣產山田錦55%／15～16度
以小量釀製而成，以優雅的吟釀香與山田錦的濃郁口感為特徵。

日本酒度+3~+4 酸度1.4~1.5 **薰酒**
吟釀香 ■■■□□ 濃郁度 ■■■□□
原料香 ■□□□□ 輕快度 ■■■□□

楯野川 本流辛口 純米吟釀
純米吟釀酒／1.8ℓ ¥2940 720mℓ ¥1575／均為庄內町產出羽燦燦50%／15～16度
沉穩的香氣與均衡的酒質、餘韻佳，很適合當作佐餐酒。

日本酒度+8 酸度1.5 **爽酒**
吟釀香 ■■□□□ 濃郁度 ■■□□□
原料香 ■■□□□ 輕快度 ■■■■□

楯野川 中取り純米 出羽燦々
特別純米酒／1.8ℓ ¥2625 720mℓ ¥1365／均為庄內町產出羽燦燦55%／15～16度
擁有「出羽燦燦」的飽滿風味與優雅香氣，是很有人氣的一品。

日本酒度+2~+3 酸度1.4~1.5 **醇酒**
吟釀香 ■■□□□ 濃郁度 ■■■□□
原料香 ■■■□□ 輕快度 ■■■□□

東北銘釀株式会社
0234-31-1515　可直接購買
酒田市十里塚字村東山125-3
明治26年（1893）創業

初孫

代表酒名	初孫 魔斬 純米本辛口
特定名稱	特別純米酒
希望零售價格	1.8ℓ ¥2481 720mℓ ¥1244

原料米和精米步合…　麴米・掛米均為美山錦55%

酒精度……………… 15.5度

獨特的發酵技術和生酛釀造的濃郁風味，以及乾淨俐落的口感，適合冷飲～溫熱飲，與壽司和生魚片很搭。「魔斬」指的是漁民所使用的銳利小刀。

日本酒度+8　酸度1.5　醇酒
吟釀香 ■□□□□　濃郁度 ■■■□□
原料香 ■■■□□　輕快度 ■■■■□

原本經營運輸船屋的初代當家，跟舊庄內藩主・酒井家學習釀酒技術後成立了酒廠。創業當時的酒名為「金久」，昭和初期在酒廠誕生了男嬰後才改名為「初孫」。生酛釀造的酒質穩重紮實，收尾口感俐落，與料理的搭配度很高。

主要的酒品

初孫 純米大吟釀 祥瑞

純米大吟釀酒/1.8ℓ ¥5193 720mℓ ¥2602/均為山田錦50%/16.5度

充滿官能性的華麗香氣與厚重的優雅口感。適合冷飲。

日本酒度+4　酸度1.3　薰酒
吟釀香 ■■■□□　濃郁度 ■■□□□
原料香 ■□□□□　輕快度 ■■■□□

初孫 生酛 純米酒

特別純米酒/1.8ℓ ¥2204 720mℓ ¥1139/均為美山錦60%/15.5度

品嘗過程中不斷湧出的風味與柔順的餘韻，不愧是生酛釀造酒。適合常溫、溫熱飲。

日本酒度+3　酸度1.4　醇酒
吟釀香 ■□□□□　濃郁度 ■■■□□
原料香 ■■■■□　輕快度 ■■■□□

初孫 伝承生酛

本釀造酒/1.8ℓ ¥1725/均為山拔70%/15.5度

生酛釀製的濃醇甘口酒，富特徵的酸味在溫熱飲時會更顯風味。

日本酒度±0　酸度1.5　醇酒
吟釀香 ■□□□□　濃郁度 ■■■□□
原料香 ■■■□□　輕快度 ■■■■□

麓井酒造株式会社
0234-64-2002 不可直接購買
酒田市麓字横道32
明治27年（1894）創業

代表酒名 フモト井 純米酒 Trad & Current

特定名稱 純米酒

希望零售價格 720mℓ ¥1890

原料米和精米步合… 麴米・掛米均為出羽燦燦65%

酒精度……………… 18度

酸味強烈、厚重的純米酒在常溫下經過1年熟成，為不追求華麗、清爽口感而是講究酒米本身風味的酒款。適合用葡萄酒杯冷飲品嘗，熱飲也可。

日本酒度±0 酸度2.3 醇酒
吟釀香 ■□□□□ 濃郁度 ■■■□□
原料香 ■■■□□ 輕快度 ■■■■□

酒廠位於米、水、氣候都受到大自然恩惠的鳥海山南麓，米、水、麴、酵母、藏人全部取之於當地。堅持以費時、費工的生酛釀製法，全生產量中特定名稱酒就佔了90%以上。該酒廠的生酛酒口感紮實，與酒米風味相互調和，以能感受到端麗的風味為特徵。

主要的酒品

麓井の圓 生酛純米本辛
純米酒/1.8ℓ ¥2548 720mℓ ¥1121/均為美山錦55%/16度
自發售以來就很有人氣的辛口酒，與所有的和食、尤其是壽司最搭，適合冷飲～溫熱飲。

日本酒度+7～+10 酸度1.4～1.5 醇酒
吟釀香 ■□□□□ 濃郁度 ■■■□□
原料香 ■■■□□ 輕快度 ■■■■□

麓井 酒門特撰 生酛純米吟釀「山長」
純米吟釀酒/1.8ℓ ¥3059 720mℓ ¥1575/均為雄町50%/17度
不使用會產生香氣的酵母，以生酛釀造法製成的純米吟釀，質實剛健又流暢華麗。

日本酒度+2～+4 酸度1.4～1.6 醇酒
吟釀香 ■■□□□ 濃郁度 ■■■□□
原料香 ■■■□□ 輕快度 ■■■□□

麓井の圓 大吟釀
大吟釀酒/720mℓ ¥3059/均為山田錦35%/17度
華麗的吟釀香、滑順的味道，為該酒廠開始被認定為吟釀酒廠的酒款。

日本酒度±0～+3 酸度1.2～1.4 薫酒
吟釀香 ■■■■□ 濃郁度 ■□□□□
原料香 ■□□□□ 輕快度 ■■■□□

羽根田酒造株式会社
0235-33-2058 可商談直接購買
鶴岡市大山2-1-15
文祿元年（1592）創業

羽前白梅
うぜんしらうめ

代表酒名　羽前白梅 純米大吟釀

特定名稱　純米大吟釀酒

希望零售價格　1.8ℓ ¥6510 720mℓ ¥3200

原料米和精米步合…　麴米・掛米均為山田錦40%

酒精度………………　16.8度

剛啜飲時的口感，比大吟釀來得清爽。即使熟成後也擁有鮮明的酒米風味與柔和香氣，可說是羽前白梅的特徵。適合常溫～溫熱飲。

日本酒度+5　酸度1.3　薰酒

吟釀香 ■■■■□　濃郁度 ■■□□□
原料香 ■□□□□　輕快度 ■■■□□

全年生產量400石、規模小，但悠久的歷史為國內有數。酒廠由杜氏帶頭釀造作業，自古以來就使用蒸籠蒸米、過濾時不使用碳，是典型的高品質少量生產、手工釀造的酒廠。酒名裡有的俵雪一詞，指的是被風吹起的極細的雪在雪原上滾動形成的稻草包形狀的雪塊。

主要的酒品

羽前白梅 山廃（やまはい） 純米吟釀
純米吟釀酒/1.8ℓ ¥3745 720mℓ ¥2140/山田錦50% 美山錦50%/16.5度
口感輕快、溫和，入喉後散發出來的酸味很出色。適合常溫～熱飲。

日本酒度+4　酸度1.6　醇酒

吟釀香 ■■□□□　濃郁度 ■■■□□
原料香 ■■■■□　輕快度 ■■■□□

羽前白梅 純米吟釀 俵雪（たわらゆき）
純米吟釀酒/1.8ℓ ¥3087 720mℓ ¥1648/山田錦50% 雪化粧50%/16.8度
經過一個夏天熟成後的風味很適合熱飲，冬季販售的姐妹品・俵雪しぼりたて則適合冷飲。

日本酒度+2　酸度1.4　醇酒

吟釀香 ■■□□□　濃郁度 ■■□□□
原料香 ■■■□□　輕快度 ■■■□□

羽前白梅 ちろり 純米吟釀
純米吟釀酒/1.8ℓ ¥3250/山田錦50% 美山錦50%/15.4度
上槽後經過2年熟成才出貨，適合常溫～熱飲。溫和的口感在熱飲下會比較明顯。

日本酒度+5　酸度1.3　醇酒

吟釀香 ■■□□□　濃郁度 ■■■□□
原料香 ■■■■□　輕快度 ■■■□□

はくろすいしゅ
白露垂珠

北海道・東北 山形縣

竹の露合資会社
0235-62-2209 不可直接購買
鶴岡市羽黒町猪俣新田字田屋前133
安政5年（1858）創業

代表酒名	黒純大 はくろすいしゅ 出羽燦々33%
特定名稱	純米大吟釀酒
希望零售價格	1.8ℓ ¥7000 720mℓ ¥3330

原料米和精米步合… 麴米・掛米均為出羽燦燦33%

酒精度……………… 17.5度

100%使用杜氏栽培的酒米，並奢侈地將精米研磨掉67%。擁有輕柔的香氣，口中佈滿著酒米的芳醇，適合冷飲。

日本酒度±0 酸度1.2 **薰酒**

吟釀香 ■■■■□ 濃郁度 ■□□□□
原料香 ■□□□□ 輕快度 ■■■□□

鄰近地區自古以來就是竹子產地，酒廠現在也被竹林環繞，因此在這個酒廠釀製的美酒就被命名為「竹の露」。藏前羽黑產酒米、月山深層水、羽黑藏人眾、羽黑之風─米、水、人、神均出自當地的真正地酒，是一家堅持「地護酒」、標榜「地讚地匠」的酒廠。

主要的酒品

純米大吟釀 はくろすいしゅ 出羽燦々40
純米大吟釀酒/1.8ℓ ¥4515 720mℓ ¥2625/均為羽黑產出羽燦燦40%/16.5度
榮獲International Wine Challenge 2009大獎。口感清爽、餘韻佳。

日本酒度+1 酸度1.2 **薰酒**

吟釀香 ■■■□□ 濃郁度 ■■□□□
原料香 ■□□□□ 輕快度 ■■■□□

純米吟釀 白露垂珠 美山錦55
純米吟釀酒/1.8ℓ ¥2982 720mℓ ¥1680/均為羽黑產美山錦55%/15.5度
擁有溫和、輕透的口感以及俐落的入喉感。適合冷飲～熱飲。

日本酒度±0 酸度1.1 **爽酒**

吟釀香 ■■□□□ 濃郁度 ■■□□□
原料香 ■□□□□ 輕快度 ■■■□□

白露垂珠 純米吟釀原酒 出羽の里
純米吟釀酒/1.8ℓ ¥3255 720mℓ ¥1890/均為羽黑產出羽之里55%/17.5度
清柔的香氣、芳醇的風味在口中散開來，為療癒系的酒款。適合常溫～熱飲。

日本酒度 -4 酸度1.35 **薰酒**

吟釀香 ■■■□□ 濃郁度 ■■□□□
原料香 ■■□□□ 輕快度 ■■■□□

高木酒造株式会社
℡0237-57-2131　不可直接購買
村山市大字富並1826
元和元年（1615）創業

十四代（じゅうよんだい）

代表酒名	十四代 本丸（ほんまる）
特定名稱	特別本釀造酒
希望零售價格	1.8mℓ ¥2047

原料米和精米步合…　麴米・掛米均為美山錦55%

酒精度………………　15度

口感溫和，入喉輕快。具有優雅、新鮮與明顯的香氣，為「十四代」最具代表的酒款。

日本酒度+1　酸度1.1　**薰醇酒**

吟釀香	■■■□□	濃郁度	■■■□□
原料香	■■■□□	輕快度	■■■□□

創業當時的酒名為「朝日鷹」，到了十四代當家時才將主酒名改為「十四代」。現在有「日本酒界的鈴木一朗」之稱的十五代當家・高木顯統常務董事，以杜氏的身分站在釀酒第一線，以芳醇甘口、輕快的酒款為主，運用傳統技術與現代技法釀製出「用心品嘗會感動的酒」。

主要的酒品

十四代 中取り（なかど）純米

特別純米酒/1.8ℓ ¥2835/山田錦55% 愛山55%/15度

撲鼻香氣清爽宜人，口感均衡，是沒有過濾、無特殊味道的甘口酒。

日本酒度+1　酸度1.4　**醇酒**

吟釀香	■■□□□	濃郁度	■■□□□
原料香	■■■□□	輕快度	■■■□□

十四代 中取り純吟（じゅんぎん） 山田錦（やまだにしき）

純米吟釀酒/1.8ℓ ¥3675/均為山田錦50%/16度

溫和的撲鼻香氣、弱酸味與甜味調和，可享受吟香味的餘韻。

日本酒度+1　酸度1.3　**薰酒**

吟釀香	■■■□□	濃郁度	■■□□□
原料香	■□□□□	輕快度	■■■□□

十四代 純米吟釀 龍（たつ）の落（お）とし子（ご）

純米吟釀酒/1.8ℓ ¥3370/均為龍の落とし子50%/16度

酒米均使用自社開發的「龍の落とし子」，口感柔和、優雅。

日本酒度+1　酸度1.4　**薰酒**

吟釀香	■■■□□	濃郁度	■■□□□
原料香	■■□□□	輕快度	■■■□□

出羽桜

出羽桜酒造株式会社
023-653-5121 不可直接購買
天童市一日町1-4-6
明治25年（1892）創業

當地的製酒師以當地的米和水釀造，提供給當地人飲用的當地酒——這份態度自創業以來就沒有改變過。另一方面，早在吟釀酒還是評鑑會用酒的時代，就已經展現販售吟釀酒的積極性，近幾年也開發出低溫長期熟成酒和發泡性日本酒等。

代表酒名	出羽桜 桜花（おうか）吟醸酒
特定名稱	吟釀酒
希望零售價格	1.8ℓ ¥2631 720mℓ ¥1313

原料米和精米步合…… 麴米·掛米均為山形縣產米50%

酒精度……………… 15.5度

為淡麗辛口的吟釀酒，擁有清冽的果實香與豐郁的風味。對吟釀酒的普及很有貢獻，稱得上是地酒界的代表基本款。適合冷飲。

日本酒度+5 酸度1.2 薫酒

吟釀香 ■■■□□ 濃郁度 ■■□□□
原料香 ■□□□□ 輕快度 ■■■□□

主要的酒品

出羽桜 純米大吟醸 一路（いちろ）

純米大吟釀酒/720mℓ ¥2800/均為山田錦45%/15.5度

榮獲International Wine Challenge 2008最優秀獎。適合冷飲，可品嘗優雅的香氣和甜味。

日本酒度+4 酸度1.3 薫酒

吟釀香 ■■■■□ 濃郁度 ■■□□□
原料香 ■□□□□ 輕快度 ■■■□□

出羽桜 出羽燦々（でわさんさん）誕生記念（本生（ほんなま））

純米吟釀酒/1.8ℓ ¥2909 720mℓ ¥1428/均為出羽燦燦50%/15.5度

酒米、酵母、麴等全部原料均為山形縣當地產。擁有豐郁的口感和香氣，適合冷飲。

日本酒度+4 酸度1.4 薫酒

吟釀香 ■■■□□ 濃郁度 ■■□□□
原料香 ■■□□□ 輕快度 ■■■■□

出羽桜 大吟醸 雪漫々（ゆきまんまん）

大吟釀酒/1.8ℓ ¥5743/均為山田錦45%/15.7度

飲用前，請先享受清爽宜人的果香味。口感極佳，會讓人忍不住一口接一口。適合冷飲。

日本酒度+5 酸度1.2 薫酒

吟釀香 ■■■■□ 濃郁度 ■□□□□
原料香 ■□□□□ 輕快度 ■■□□□

株式会社小嶋総本店
☎0238-23-4848　不可直接購買
米沢市本町2-2-3
慶長2年（1597）創業

洌

代表酒名	洌 純米吟釀
特定名稱	純米吟釀酒
希望零售價格	1.8ℓ ¥2625 720mℓ ¥1313

原料米和精米步合… 麴米・掛米均為山田錦40%

酒精度……………… 16～17度

以0℃以下的低溫貯藏後出廠的熟成酒。輕淡清爽的撲鼻香氣、凜冽豐郁的質感，口感乾脆輕快。很適合作為佐餐酒，冷飲～溫熱飲。

日本酒度+9　酸度1.4	薰酒
吟釀香 ■■■□□	濃郁度 ■□□□□
原料香 ■□□□□	輕快度 ■■■□□

以「東光」聞名的酒廠，由目前的第二十三代當家所釀製、亦即秘藏之酒。同時展現出完全相反的兩種酒質——濃郁的口感、入喉的輕快感，而且完成度之高。清新的香氣、富饒的酒米質感，入喉時就像短跑選手般的輕快俐落，之後於鼻腔處則可感受到清洌的餘韻猶存。

主要的酒品

洌 純米

純米酒/1.8ℓ ¥2205 720mℓ ¥1103/均為山形縣產米50%/16～17度

濃郁的米香佈滿口中，入喉的清爽感也很出色。適合冷飲、常溫、溫熱飲。

日本酒度+9　酸度1.1	醇酒
吟釀香 ■■□□□	濃郁度 ■■■□□
原料香 ■■■□□	輕快度 ■■■■□

洌 純米吟釀無濾過生原酒

純米吟釀酒/1.8ℓ ¥2900 720mℓ ¥1450/均為山田錦40%/17度

口感不僅清新，也很紮實。為經過3個月低溫貯藏的季節限定酒，每年6月販售。

日本酒度+10　酸度1.5	薰醇酒
吟釀香 ■■■■□	濃郁度 ■■■□□
原料香 ■■■□□	輕快度 ■■■□□

有限会社新藤酒造店
℡0238-28-3403 不可直接購買
米沢市大字竹井1331
明治3年（1870）中興

代表酒名 大吟醸生詰 雅山流 如月

特定名稱 大吟釀酒

希望零售價格 1.8ℓ ¥3360 720mℓ ¥1680

原料米和精米步合… 麹米・掛米均為自社田產出羽燦燦50%

酒精度……………… 14～15度

基於「希望讓年輕人也能品嘗大吟釀」的念頭而釀製的酒款，華麗的香氣、新鮮清涼的酒質顯得朝氣蓬勃。從清淡到香辣料理都很搭。

日本酒度+3 酸度1.2 薫酒

吟釀香 ■■■□□ 濃郁度 ■■□□□
原料香 ■□□□□ 輕快度 ■■■□□

「雅山流」是使用吾妻山系伏流水的井水，以及製酒師在自社田地栽種的山形產酒米「出羽燦燦」所釀製而成。釀製出的醪幾近純白色，香氣高、無特殊味道的發酵為其特徵。並以雅山流的概念為基礎，發揮更自由的想法誕生了「裏雅山流」。

主要的酒品

袋取り純米大吟醸 雅山流 極月

純米大吟釀酒/1.8ℓ ¥4410 720mℓ ¥2205/均為自社田產出羽燦燦40%/16～17度

為「雅山流」系列中香氣與味道均衡度最高的酒款，適合純飲或搭配法國料理享用。

日本酒度+1 酸度1.4 薫酒

吟釀香 ■■■■□ 濃郁度 ■■□□□
原料香 ■□□□□ 輕快度 ■■■□□

本醸造生詰 裏雅山流 香華

本釀造酒/1.8ℓ ¥自由定價/均為出羽之里65%/14～15度

新鮮、香氣濃郁，吟釀風的酒質適合所有人的口味。與和食和義大利料理均搭。

日本酒度+2 酸度1 爽酒

吟釀香 ■□□□□ 濃郁度 ■□□□□
原料香 ■■□□□ 輕快度 ■■■■□

純米酒生詰 裏雅山流 楓華

純米酒/1.8ℓ ¥自由定價/均為山田錦65%/14～15度

華麗的香氣與一致的口感，不愧是純米大吟釀酒。與中國菜和肉類料理很搭。

日本酒度±0 酸度1.4 醇酒

吟釀香 ■■□□□ 濃郁度 ■■■□□
原料香 ■■■□□ 輕快度 ■■■□□

金の井酒造株式会社
0228-54-2115　不可直接購買
栗原市一迫字川口町浦1-1
大正4年（1915）創業

綿屋

代表酒名　綿屋 特別純米酒 幸之助院殿（こうのすけいんでん）

特定名稱　特別純米酒

希望零售價格　1.8ℓ ¥2940 720mℓ ¥1470

原料米和精米步合… 麹米・掛米均為一目惚 55%

酒精度……………… 15度

淡淡的米香、口感溫和，微微的甜味、沒有特殊味道。舌根處散發的酒米風味舒暢宜人，與料理很搭。適合常溫～溫熱飲。

日本酒度+3　酸度1.7　爽酒
吟釀香 ■■□□□　濃郁度 ■■□□□
原料香 ■■□□□　輕快度 ■■■■□

酒廠名「金の井」是創業當時的酒名。現任董事・三浦幹典發表了冠上三浦家屋號的新品牌「綿屋」，馬上就受到愛酒人士的喜愛。正如酒名，如棉花般的柔和、圓潤口感與極佳的香氣，與各式料理都可搭配。

主要的酒品

綿屋 特別純米酒 美山錦（みやまにしき）
特別純米酒/1.8ℓ ¥2940 720mℓ ¥1470/均為美山錦55%/15度
清涼的酸味加上酒米的風味，為口感輕快、搭配度廣泛的佐餐酒。適合常溫～溫熱飲。

日本酒度+4　酸度1.6　醇酒
吟釀香 ■■□□□　濃郁度 ■■■□□
原料香 ■■■□□　輕快度 ■■■■□

綿屋 純米吟釀 蔵の華（くらのはな）
純米吟釀酒/1.8ℓ ¥3150 720mℓ ¥1575/均為藏之華50%/15度
100%使用與釀造水同水系之水栽培的酒米，風味濃郁。適合冷飲～常溫。

日本酒度+3　酸度1.5　爽酒
吟釀香 ■■□□□　濃郁度 ■■□□□
原料香 ■■□□□　輕快度 ■■■□□

綿屋 純米大吟醸 山田錦（やまだにしき）45
純米大吟醸酒/1.8ℓ ¥4725 720mℓ ¥2250/均為阿波山田錦45%/15度
恰到好處的香氣與山田錦的溫和甜味很調和，適合作為佐餐酒。冷飲～常溫為佳。

日本酒度+3　酸度1.5　薰酒
吟釀香 ■■■□□　濃郁度 ■■□□□
原料香 ■□□□□　輕快度 ■■■□□

一ノ蔵

株式会社一ノ蔵
☎0229-55-3322 不可直接購買
大崎市松山千石字大欅14
昭和48年（1973）創業

代表酒名	一ノ蔵 特別純米酒 辛口
特定名稱	特別純米酒
希望零售價格	1.8ℓ ¥2420 720mℓ ¥1130

原料米和精米步合… 麴米・掛米均為笹錦・藏之華55%
酒精度……………… 15～16度

100%使用宮城縣產米。均衡調和了酒米原本的風味，成為濃郁優雅的辛口酒。冷飲～熱飲均可帶出料理的風味。

日本酒度+1～+3 酸度1.3～1.5 **醇酒**
吟釀香 ■□□□□ 濃郁度 ■■□□□
原料香 ■■■□□ 輕快度 ■■■■□

主要的酒品

一ノ蔵「笙鼓」純米大吟釀
純米大吟釀酒/1.8ℓ ¥10500 720mℓ ¥4300/均為山田錦35%/15～16度
擁有大吟釀獨特的高貴、纖細香氣與優雅圓潤的口感。適合冷飲～常溫。

日本酒度−1～+1 酸度1.2～1.4 **薰酒**
吟釀香 ■■■■□ 濃郁度 ■■□□□
原料香 ■□□□□ 輕快度 ■■□□□

有機米仕込 特別純米酒 一ノ蔵
特別純米酒/1.8ℓ ¥3500 720mℓ ¥1700/均為一目惚55%/14～15度
發揮出宮城縣產有機栽培米的風味，滋味豐富。常溫～溫熱飲時能更添風味。

日本酒度-1～+1 酸度1.3～1.5 **醇酒**
吟釀香 ■□□□□ 濃郁度 ■■■□□
原料香 ■■■□□ 輕快度 ■■■□□

一ノ蔵 無鑑查本釀造辛口
本釀造酒/1.8ℓ ¥1980 720mℓ ¥870/均為豐錦等65%/15～16度
該酒名的長銷酒款，沉穩的香氣、滑順柔和的口感。適合冷飲～熱飲。

日本酒度+4～+6 酸度1.1～1.3 **爽酒**
吟釀香 ■□□□□ 濃郁度 ■□□□□
原料香 ■■□□□ 輕快度 ■■■■□

昭和48年由四家酒廠組合成企業，隔年開始「一ノ蔵」酒款的製造、販售。「無鑑查本釀造辛口」自昭和52年發售以來，就是廣受好評的長銷酒款。平成4年宣言「只釀造特定名稱酒、新商品只開發純米酒」，清楚確立了企業的態度。

株式会社新澤釀造店
0229-52-3002　不可直接購買
大崎市三本木字北町63
明治6年（1873）創業

伯楽星

代表酒名	伯楽星 純米吟醸
特定名稱	純米吟釀酒
希望零售價格	1.8ℓ ¥2940 720mℓ ¥1575

原料米和精米步合… 麴米・掛米均為藏之華55%

酒精度……………… 15.8度

為以究極的佐餐酒為主題的「伯楽星」旗艦酒。散發的米香在通過喉嚨的同時會完全消失，為既纖細又紮實的辛口酒。

日本酒度+4　酸度1.7　薰酒
吟釀香 ■■■□□　濃郁度 ■■□□□
原料香 ■■□□□　輕快度 ■■■■□

以前生產量的9成均為普通酒，從第五代的現任常務董事・新澤巖夫杜氏開始，搖身一變成為約9成均生產純米酒的酒廠。致力研發適合佐餐的酒質、不會膩口的酒，於平成14年發表了「伯楽星」。由新澤杜氏與年輕製酒師為中心所釀製的酒，後來被譽為「究極的佐餐酒」。

主要的酒品

伯楽星 純米大吟醸
純米大吟釀酒/1.8ℓ ¥5145 720mℓ ¥2625/均為雄町40%/16.5度

香氣溫和、優雅的酸味佈滿舌間，越喝越能感受到濃郁的風味，為該酒名的最顛峰之作。

日本酒度+5　酸度1.7　薰酒
吟釀香 ■■■■□　濃郁度 ■■□□□
原料香 ■■□□□　輕快度 ■■■□□

ひと夏(なつ)の恋(こい) 純米吟醸
純米吟釀酒/1.8ℓ ¥2856 720mℓ ¥1785/均為一目惚55%/15.8度

6～8月限定發售，濃縮後的新鮮酸味很適合在盛夏期間飲用。

日本酒度+4　酸度1.8　爽酒
吟釀香 ■■□□□　濃郁度 ■■□□□
原料香 ■□□□□　輕快度 ■■■■□

愛宕(あたご)の松(まつ) 別仕込(べつしこみ)本醸造
特別本釀造酒/1.8ℓ ¥2100 720mℓ ¥1050/均為山田錦60%/15.8度

為詩人・土井晚翠喜愛的酒款，淡麗辛口、酒米的風味也很鮮明。適合冷飲、熱飲。

日本酒度+3　酸度1.8　爽酒
吟釀香 ■□□□□　濃郁度 ■■□□□
原料香 ■■□□□　輕快度 ■■■■□

墨廼江

墨廼江酒造株式会社
☎0225-96-6288 不可直接購買
石巻市千石町8-43
弘化2年（1845）創業

代表酒名	墨廼江 純米吟醸 山田錦（やまだにしき）
特定名稱	純米吟釀酒
希望零售價格	1.8ℓ ¥3045

原料米和精米步合… 麴米・掛米均為兵庫縣產山田錦55%
酒精度……………… 16.5度

擁有淡淡、甘甜的米香，清爽的辛口就是極品美酒的口感，之後在口中還會散發出比辛口感更爽快的豐郁感。10～12月販售。

日本酒度+3 酸度1.6 **薫酒**

吟釀香 ■■■□□ 濃郁度 ■■□□□
原料香 ■□□□□ 輕快度 ■■■□□

原本為海產、穀物批發店的初代當家，接下冠上舊地名酒名的當地酒廠後創業，兼任杜氏的現任當家為第六代。生產量的8成以上為特定名稱酒，而且如右所述，即使同樣為純米吟釀酒也會搭配不同酒米在不同的季節發售，釀酒的態度相當細膩。

主要的酒品

墨廼江 純米吟醸 八反錦（はったんにしき）

純米吟釀酒/1.8ℓ ¥2940/均為廣島縣產八反錦55%/16.5度
100%使用廣島縣產八反錦，具有優雅的香氣與溫和的口感。3～4月販售。

日本酒度+4 酸度1.6 **爽酒**

吟釀香 ■■□□□ 濃郁度 ■■□□□
原料香 ■□□□□ 輕快度 ■■■■□

墨廼江 純米吟醸 雄町（おまち）

純米吟釀酒/1.8ℓ ¥3045/均為岡山縣產雄町55%/16.5度
100%使用備前雄町，濃郁的風味與獨特的清涼感極佳。5～6月販售。

日本酒度+3 酸度1.7 **醇酒**

吟釀香 ■■□□□ 濃郁度 ■■□□□
原料香 ■■■□□ 輕快度 ■■■□□

墨廼江 純米吟醸 五百万石（ごひゃくまんごく）

純米吟釀酒/1.8ℓ ¥2835/均為福井縣產五百萬石55%/16.5度
100%使用福井縣產五百萬石，柔順與輕快的口感極佳。7～8月販售。

日本酒度+3 酸度1.7 **爽酒**

吟釀香 ■■□□□ 濃郁度 ■■□□□
原料香 ■■□□□ 輕快度 ■■■■□

株式会社佐浦
📞022-362-4165
可直接購買　可介紹酒店
塩竈市本町2-19
享保9年（1724）創業

浦霞

うらかすみ

代表酒名	純米吟醸 浦霞禅（ぜん）
特定名稱	純米吟釀酒
希望零售價格	720mℓ ¥2268

原料米和精米步合… 麹米 山田錦50% / 掛米 豐錦 50%
酒精度……………… 15～16度

據說原本是為了要外銷法國才商品化的酒款。恰到好處的香氣與圓潤的口感相互調和，很適合作為佐餐酒。建議請冷藏在8℃前後。

日本酒度+1.0~+2.0　酸度1.3　爽酒
吟釀香 ■■□□□　濃郁度 ■■□□□
原料香 ■■□□□　輕快度 ■■■□□

「浦霞」是當時為了要獻納給身為攝政宮的昭和天皇，於大正14年（1925）誕生的酒款，酒名取自塩竈歌頌源實朝的和歌「塩竈の浦の松風霞むなり八十島かけて春や立つらむ」。熱門款的「浦霞禪」在發售之初為吟釀酒，到昭和50年代中期才改為現在的純米吟釀。

主要的酒品

特別純米酒 生一本（きいっぽん）浦霞
特別純米酒/1.8ℓ ¥2835 720mℓ ¥1365/均為笹錦60%/15～16度
100%使用當地產米。酸味與酒米風味具有適當的熟成感，為稍微濃醇的類型。適合溫熱飲。

日本酒度±0~+1.0　酸度1.4　醇酒
吟釀香 ■□□□□　濃郁度 ■■■□□
原料香 ■■■□□　輕快度 ■■■■□

山田錦（やまだにしき）純米大吟醸 浦霞
純米大吟釀酒/720mℓ ¥3150/均為山田錦45%/16～17度
芬芳的果實香與熟成的酒米風味相當調和。適合冷飲。

日本酒度+1.0~+2.0　酸度1.5　薫酒
吟釀香 ■■■■□　濃郁度 ■■■□□
原料香 ■□□□□　輕快度 ■■■□□

山廃（やまはい）特別純米酒 浦霞
特別純米酒/1.8ℓ ¥2730 720mℓ ¥1302/均為笹錦60%/15～16度
山廢風味的紮實酒米口感與酸味喝起來很舒服。適合熱飲。

日本酒度±0~+1.0　酸度1.5　醇酒
吟釀香 ■□□□□　濃郁度 ■■■□□
原料香 ■■■■□　輕快度 ■■■□□

仙台伊達家 勝山酒造(株) 仙台伊達家御用蔵 勝山
☎022-348-2611 可直接購買
仙台市泉区福岡二又25-1
元禄元年(1688)創業

代表酒名	純米大吟釀 勝山 暁(あかつき)
特定名稱	純米大吟釀酒
希望零售價格	720ml ¥10500

原料米和精米步合… 麴米・掛米均為兵庫縣產山田錦55%

酒精度……………… 16度

藉由「離心搾取」的方法，不接觸空氣、以低溫高純度抽出日本酒的精華後直接裝瓶，酒米的甘甜與風味、酸味與吟釀香渾然為一體。

日本酒度+1 酸度1.4 **薰酒**

吟釀香 ■■■■□ 濃郁度 ■■□□□
原料香 ■■□□□ 輕快度 ■■■□□

繼承獨眼龍・伊達政宗公時代以來仙台伊達家的「殿樣酒」，唯一的御用酒廠。現在只生產純米大吟釀酒、純米吟釀酒、純米酒之類的高品質酒，而且是以手工釀造。瓶裝全部統一為黑色，據說是源自仙台伊達家的黑色甲胄而來。

主要的酒品

純米大吟釀 勝山 伝(でん)

純米大吟釀酒/720ml ¥5250/均為山田錦35%/16度

高度的吟釀香、像純米般的鮮明口感，為濃郁厚實、較適合男性飲用的酒。

日本酒度+1 酸度1.4 **薰酒**

吟釀香 ■■■■□ 濃郁度 ■■□□□
原料香 ■■□□□ 輕快度 ■■■□□

純米大吟釀 勝山 元(げん)

純米大吟釀酒/720ml ¥11000・只在ANA Shop販售/均為山酒4號50%/15度

胺基酸度比貴腐葡萄酒還要高10倍，與味道濃郁的料理很搭。

日本酒度 -65 酸度3 **薰醇酒**

吟釀香 ■■■□□ 濃郁度 ■■■□□
原料香 ■■■□□ 輕快度 ■■■□□

特別純米 勝山 戦勝政宗(せんしょうまさむね)

特別純米酒/720ml ¥1500・地域限定販售/均為一目惚55%/15度

雜味少，藉由完全發酵讓酒米發揮原本的輕快口感。

日本酒度 -2 酸度1.5 **醇酒**

吟釀香 ■■□□□ 濃郁度 ■■■□□
原料香 ■■■□□ 輕快度 ■■■□□

有限会社大沼酒造店
0224-83-2025　不可直接購買
柴田郡村田町大字村田字町56-1
正徳2年（1712）創業

乾坤一

代表酒名	乾坤一 特別純米辛口（からくち）
特定名稱	特別純米酒
希望零售價格	1.8ℓ ¥2625 720mℓ ¥1260

原料米和精米步合…　麹米・掛米均為宮城縣產笹錦55%

酒精度……………… 15.5度

使用米飯用的笹錦釀製而成，成果讓人見識到技術之卓越。米的風味調和，礦物質感強烈，餘韻佳。適合冷飲～溫熱飲。

日本酒度+4　酸度1.7	醇酒
吟釀香 ■□□□□	濃郁度 ■■■□□
原料香 ■■■□□	輕快度 ■■■■□

有「陸奧的小京都」之稱、原本為伊達家的直轄地，從麴開始全部手工製造，以傳統寒造技術釀製出高品質的酒。沒有雜味，能感受豐郁酒米風味、輕快口感的酒，均以1000kg以下的小量釀製。酒名取自不管如何都要奮力一搏之意的「乾坤一擲」。

主要的酒品

乾坤一 超辛口（ちょうからくち）純米吟釀 原酒（げんしゅ）

純米吟釀酒/1.8ℓ ¥3150/均為美山錦50%/17.3度

香氣輕淡，但酒米風味濃郁，口感輕快俐落。適合冷飲。

日本酒度+14~+15　酸度1.7	醇酒
吟釀香 ■■□□□	濃郁度 ■■■□□
原料香 ■■■□□	輕快度 ■■■■■

乾坤一 純米吟釀 雄町（おまち）

純米吟釀酒/1.8ℓ ¥3150/均為雄町50%/17.5度

擁有雄町的風味與麴的特性，鮮明的酸味、口感清爽。適合冷飲、溫熱飲。

日本酒度+3　酸度1.7	薰酒
吟釀香 ■■■□□	濃郁度 ■■■□□
原料香 ■■□□□	輕快度 ■■■□□

乾坤一 純米酒

純米酒/1.8ℓ ¥2345 720mℓ ¥1225/均為笹錦60%/15.5度

優雅的香氣與笹錦的優點融合成溫和的酒質。適合常溫～熱飲。

日本酒度+2　酸度1.8	爽酒
吟釀香 ■□□□□	濃郁度 ■■■□□
原料香 ■■□□□	輕快度 ■■■■□

奈良萬

北海道・東北 福島縣

夢心酒造株式会社
0241-22-1266 不可直接購買
喜多方市字北町2932
明治10年（1877）創業年

代表酒名	純米大吟釀 奈良萬
特定名稱	純米大吟釀酒
希望零售價格	1.8ℓ ¥5250 720mℓ ¥2625

原料米和精米步合… 麴米・掛米均為五百萬石48%

酒精度……………… 17度

飽滿、風味、濃郁等三樣俱全，為該酒名的最高等級酒。餘韻清爽，適合當做佐餐酒。冷飲、熱飲皆宜，尤其是熱飲曾經獲得燗酒比賽中的第一名。

日本酒度+3 酸度1.3 **薰酒**

吟釀香 ■■■□□ 濃郁度 ■■□□□
原料香 ■■□□□ 輕快度 ■■■□□

當地契約栽培的低農藥五百萬石，平成名水百選之一、熱塩地區的栂峰溪流水，福島縣開發出的うつくしま夢酵母，「奈良萬」即以這三位一體釀製而成。是從頭到尾均為喜多方當地誕生的高品質佐餐酒，全部商品裝瓶後急速冷卻、低溫貯藏，所以出貨時為最佳狀態。

主要的酒品

純米酒 奈良萬

純米酒/1.8ℓ ¥2415 720mℓ ¥1313/均為五百萬石55%/15度

甘口與辛口調和的基本款純米酒，冷飲時清爽，熱飲時則有隱約的香氣。

日本酒度+4 酸度1.2 **爽酒**

吟釀香 ■□□□□ 濃郁度 ■■□□□
原料香 ■■□□□ 輕快度 ■■■■□

純米酒 奈良萬 無濾過瓶火入れ

純米酒/1.8ℓ ¥2730 720mℓ ¥1365/均為五百萬石55%/16度

可感受酒米原本的豐郁風味，口感強烈濃厚。適合冷飲、熱飲。

日本酒度+3 酸度1.5 **醇酒**

吟釀香 ■□□□□ 濃郁度 ■■■□□
原料香 ■■■□□ 輕快度 ■■■□□

純米生酒 奈良萬 無濾過生原酒

純米酒/1.8ℓ ¥2730 720mℓ ¥1365/均為五百萬石55%/17度

優雅的果實香與生酒特有的柔和風味予人清新感，適合冷飲。

日本酒度+3 酸度1.6 **醇酒**

吟釀香 ■■□□□ 濃郁度 ■■■□□
原料香 ■■■□□ 輕快度 ■■■□□

合資会社廣木酒造本店
☎0242-83-2104　不可直接購買
河沼郡会津坂下町字市中二番甲3574
文化文政年間（1804～30）創業

飛露喜

代表酒名　特別純米 生詰 飛露喜

特定名稱　特別純米酒

希望零售價格　1.8ℓ ¥2678

原料米和精米步合…　麹米 山田錦50%／掛米 五百萬石55%

酒精度………………　16.3度

該酒名唯一、全年販售的熱門商品，濃縮的酒米風味在口中層次豐富，入喉清爽。出色的風味讓人驚豔。

日本酒度+2.5　酸度1.6	薫醇酒
吟醸香 ■■■□□	濃郁度 ■■■□□
原料香 ■■■□□	輕快度 ■■■□□

創業時的酒名為以當地人為導向的「泉川」，「飛露喜」據說是「曾經也考慮放棄」的現任酒廠杜氏——廣木健司於平成11年所發表的自信之作。發售後隨即以「具濃密的透明感、存在感的酒」擄獲了地酒愛好者的心，現在是最難買得到的人氣酒款之一。

主要的酒品

無濾過生原酒 飛露喜
特別純米酒／1.8ℓ ¥2552／山田錦50% 五百萬石55%／17.4度
厚重、芳醇的口感，也可稱得上是飛露喜的原點。12～3月限定發售。

日本酒度+2　酸度1.7	醇酒
吟醸香 ■□□□□	濃郁度 ■■■■□
原料香 ■■■■□	輕快度 ■■■□□

純米吟醸 飛露喜
純米吟醸酒／1.8ℓ ¥3360／山田錦50% 有機五百萬石50%／16.2度
輕快華麗的口感，同時還能感受酒米的豐郁風味。8～10月限定發售。

日本酒度+3　酸度1.4	爽酒
吟醸香 ■■□□□	濃郁度 ■■□□□
原料香 ■■□□□	輕快度 ■■■□□

特撰純米吟醸 飛露喜
純米吟醸酒／720mℓ ¥2625／山田錦40% 同50%／16.1度
沉穩、優雅的香氣讓人感到很有格調，是華麗、典雅兼俱的一品。

日本酒度+2　酸度1.3	薫酒
吟醸香 ■■■□□	濃郁度 ■□□□□
原料香 ■□□□□	輕快度 ■■■□□

会津娘

髙橋庄作酒造店
0242-27-0108 不可直接購買
会津若松市門田町一ノ堰755
明治8年(1875)創業

代表酒名	会津娘 芳醇(ほうじゅん)純米酒
特定名稱	純米酒
希望零售價格	1.8ℓ ¥2730 720㎖ ¥1470

原料米和精米步合… 麴米・掛米均為會津產五百萬石60%

酒精度……………… 17度

100%使用會津產五百萬石。照片中的「一火」是於裝瓶時火入,急冷後冷藏保存,適合冷飲～溫熱飲。依季節有時還會出產生酒或火入酒。

日本酒度+2～+3　酸度1.5～1.7　醇酒

吟釀香 ■■□□□　濃郁度 ■■□□□
原料香 ■■■□□　輕快度 ■■■□□

主要的酒品

会津娘 純米酒
純米酒/1.8ℓ ¥2310 720㎖ ¥1260/均為會津產五百萬石60%/15度
100%使用會津產五百萬石,為發揮酒米本身風味的淳樸酒款。適合冷飲～溫熱飲。

日本酒度+2～+3　酸度1.4～1.6　醇酒

吟釀香 ■□□□□　濃郁度 ■■■□□
原料香 ■■■□□　輕快度 ■■■■□

会津娘 特別純米酒 無為信(むいしん)
特別純米酒/1.8ℓ ¥3360 720㎖ ¥1785/均為會津產五百萬石60%/15度
也包含自家栽培米在內、100%使用無農藥有機米五百萬石的稀有酒款。適合冷飲～溫熱飲。

日本酒度+2～+3　酸度1.4～1.6　爽酒

吟釀香 ■□□□□　濃郁度 ■■□□□
原料香 ■■□□□　輕快度 ■■■■□

会津娘 純米吟釀酒
純米吟釀酒/1.8ℓ ¥3990 720㎖ ¥1995/均為會津產五百萬石50%/16度
100%使用雄町。冷溫熟成後販售,適合冷飲、常溫。另外還有以山田錦、八反錦、山田穗等釀製的酒款。

日本酒度±0～+3　酸度1.4～1.6　薰酒

吟釀香 ■■■□□　濃郁度 ■■■□□
原料香 ■■□□□　輕快度 ■■■□□

以土產土法的製酒—當地的人以當地的手法使用當地的米和水釀酒—為基本原則,從米開始均為自家栽培的酒廠。被稻田環繞的酒廠乍看之下就像是一般的農家。自家稻田裡有鯉魚悠遊,栽種著無農藥的五百萬石。全年生產量約300石的全部均為特定名稱酒,其中的9成以上為純米酒。

宮泉銘醸株式会社
0242-27-0031　不可直接購買
会津若松市東栄町8-7
昭和39年（1964）創業

寫樂

代表酒名　純愛仕込（じゅんあいしこみ） 純米酒 寫樂

特定名稱　純米酒

希望零售價格　1.8ℓ ¥2310 720mℓ ¥1150

原料米和精米步合…　麹米・掛米均為會津產夢之香60%

酒精度……………… 16.1度

果實般的口嘗香氣在口中散開來，隨即與酒米的酸味刺激後形成均衡的口感。餘韻清爽，是與任何料理都很搭的佐餐酒。適合冷飲。

日本酒度+2.2　酸度1.4　爽酒

吟釀香 ■■□□□　濃郁度 ■■□□□
原料香 ■■□□□　輕快度 ■■■■□

只用會津籍製酒師、會津米和水進行製酒作業的酒廠，自創業當時的主酒名就是與社名相同的「宮泉」。「寫樂」原本是繼承宮森家本家流派的東山酒造之品牌，於宮泉第四代時重新生產，是從製米、釀酒一直到愛酒人士手上為止前都很講究的一品。

主要的酒品

純愛仕込 純米吟釀 寫樂
純米吟釀酒／1.8ℓ ¥2940 720mℓ ¥1470／均為會津五百萬石50%／16.4度
以沉靜的撲鼻香氣、果實般的口嘗香氣為特徵，比純米酒的香氣・風味都來得濃郁。適合冷飲。

日本酒度+1　酸度1.4　薰酒

吟釀香 ■■■□□　濃郁度 ■■□□□
原料香 ■■□□□　輕快度 ■■■□□

純愛仕込 純米酒 本生（ほんなま） 寫樂
純米酒／1.8ℓ ¥2520 720mℓ ¥1260／均為會津產夢之香60%／17.8度
冬季限定。剛搾取的新鮮度、新酒獨特的甜味均佳，適合作為餐前酒。適合冷飲。

日本酒度+2.3　酸度1.4　爽酒

吟釀香 ■■□□□　濃郁度 ■■□□□
原料香 ■■□□□　輕快度 ■■□□□

國權

国権酒造株式会社
☎0241-62-0036 可直接購買
南会津郡南会津町田島字上町甲4037
明治10年（1877）創業

代表酒名 純米大吟釀 國權

特定名稱 純米大吟釀酒

希望零售價格 1.8ℓ ¥5250 720mℓ ¥2625

原料米和精米步合… 麴米 山田錦40%／掛米 美山錦40%

酒精度……………… 16度

以福島縣原創之煌酵母釀製而成，擁有華麗香氣、嚴選酒米的溫和口感和輕柔風味。餘韻清爽，為舒暢的辛口酒。適合冷飲～常溫。

日本酒度+2 酸度1.3 薰酒

吟釀香 ■■■■□ 濃郁度 ■■□□□
原料香 ■□□□□ 輕快度 ■■■□□

主要的酒品

純米吟釀 國權 銅ラベル
純米吟釀酒／1.8ℓ ¥2993 720mℓ ¥1490／山田錦40% 美山錦60%／15度
華麗的吟釀香、紮實的風味與清爽的口感。適合冷飲～常溫，溫熱飲也可。

日本酒度+3 酸度1.4 薰酒

吟釀香 ■■■□□ 濃郁度 ■■□□□
原料香 ■□□□□ 輕快度 ■■■□□

特別純米 國權 夢の香
特別純米酒／1.8ℓ ¥2415 720mℓ ¥1260／均為夢之香60%／15度
只採用當地素材釀製，溫和的口嘗香氣和輕柔的口感很適合作為佐餐酒。冷飲～常溫為佳。

日本酒度+3 酸度1.4 醇酒

吟釀香 ■□□□□ 濃郁度 ■■□□□
原料香 ■■■□□ 輕快度 ■■■■□

特別純米 山廃仕込み 國權
特別純米酒／1.8ℓ ¥3098 720mℓ ¥1500／均為五百萬石50%／15度
以等同吟釀酒的精米方式釀製而成。為2年以上熟成、口感極佳的純米酒，適合熱飲。

日本酒度+3 酸度1.6 醇酒

吟釀香 ■□□□□ 濃郁度 ■■■■□
原料香 ■■■■□ 輕快度 ■■■□□

位於深山雪深的南會津，只釀造手工製造、少量生產的特定名稱酒，為南東北代表的酒廠之一。每一款酒都有溫和的香氣，微甜味與酸味調和、口感俐落，近幾年在首都圈擁有很高的人氣。酒名據說是由明治時代，修行途中於酒廠逗留的僧侶所命名。

花泉酒造合名会社
0241-73-2029　不可直接購買
南会津郡南会津町界字中田646-1
大正9年（1920）創業

代表酒名　ロ万 無濾過一回火入れ（むろかいっかいひいれ）

特定名稱　不公開（基本上為純米酒）

希望零售價格　1.8ℓ ¥2850

原料米和精米步合… 麹米 五百萬石 不公開／掛米 高嶺實・四段米＝姫糯米 不公開

酒精度……………… 16度

典雅的撲鼻香氣與華麗的口嘗香氣，濃醇的口感與獨特四段式釀製的特性鮮明。全年販售，適合冷飲或溫熱飲。

日本酒度 不公開　酸度 不公開　醇酒

吟釀香 ■□□□□　濃郁度 ■■■□□
原料香 ■■■□□　輕快度 ■■■■□

全商品採四段式釀製、並於第四段釀製時加入糯米，為該酒廠的特徵。主酒名「花泉」是長期以來受到當地人士喜愛的佐餐酒。新酒名「ロ万」為純米酒，是以當地農家栽培的酒米、水源之森百選名水——高清水、福島縣開發的「うつくしま夢酵母」釀製而成。

主要的酒品

ロ万 かすみ生原酒（なまげんしゅ）
不公開（基本為純米酒）／1.8ℓ ¥2950／夢之香 不公開 夢之香・四段米＝姫糯米 不公開／18度
上方清澄的部分有清澈甜味與鮮明的口嘗香氣，下方殘渣飛舞的濁酒對舌頭的刺激則是一種享受。

日本酒度 不公開　酸度 不公開　醇酒

吟釀香 ■□□□□　濃郁度 ■■■□□
原料香 ■■■□□　輕快度 ■■■■□

一ロ万 初しぼり（ひと はつ） 無濾過生原酒
不公開（基本為純米酒）／1.8ℓ ¥4650 720mℓ ¥2650／五百万萬石　不公開 姫糯米・四段米＝姫糯米 不公開／18度
口感濃郁、餘韻悠長，12月底販售。

日本酒度 不公開　酸度 不公開　醇酒

吟釀香 ■□□□□　濃郁度 ■■■□□
原料香 ■■■□□　輕快度 ■■■□□

瑞祥 花泉 純米酒 四段仕込み（ずいしょう はないずみ よだんしこ）
純米酒／1.8ℓ ¥2750 720mℓ ¥1370／五百萬石 65% 高嶺實・四段米＝姫糯米65%／16度
「花泉」的熱門商品。與各式料理均搭、適合晚酌。以常溫為主，冷飲和熱飲也可。

日本酒度±0　酸度2.3　醇酒

吟釀香 ■□□□□　濃郁度 ■■■□□
原料香 ■■■□□　輕快度 ■■■□□

※今後可能會更換原料米以提升品質。

えいせん

榮川

北海道・東北　福島縣

榮川酒造株式会社
☎0242-73-2300　可直接購買
耶麻郡磐梯町大字更科字中曽根平6841-11
明治2年（1869）創業

代表酒名　榮川 特釀酒（とくじょうしゅ）

特定名稱　普通酒

希望零售價格　1.8ℓ ¥1747　720mℓ ¥725

原料米和精米步合…　麴米 山田錦70%／掛米 一般掛米70%

酒精度………………　15.2度

雖然是普通酒，但卻不添加糖類・酸味料，連酒精添加量都有限制，是一款別有風味的晚酌酒。口感溫和、微微的甜味與酸味在舌間化開來。適合冷飲～熱飲。

日本酒度±0～+1.0　酸度1.2～1.3　爽酒

吟釀香 ■□□□□　濃郁度 ■■□□□
原料香 ■■□□□　輕快度 ■■■■□

正如來自中國故事「穎川洗耳」由來的酒名，以「釀造清爽的酒，讓喝酒的人感到放鬆」為目標。酒廠位於被森林與清泉圍繞的磐梯西山麓。使用開放式酒槽與泡沫酵母，邊確認醪的泡沫模樣與香氣、風味、邊管理發酵的狀況等，分別以視覺、聽覺、嗅覺、味覺和觸覺進行釀酒作業。

主要的酒品

榮川 大吟釀 榮四郎（えいしろう）
大吟釀酒／1.8ℓ ¥10500 720mℓ ¥5250／均為山田錦40%／16.3度
冠上創業者之名的最上位大吟釀酒。擁有豐麗的吟釀香、圓滑輕快的口感。適合冷飲。

日本酒度+4.0～+5.0　酸度1.1～1.2　薰酒

吟釀香 ■■■■□　濃郁度 ■□□□□
原料香 ■□□□□　輕快度 ■■■□□

榮川 純米吟釀
純米吟釀酒／1.8ℓ ¥3000 720mℓ ¥1500／均為山田錦55%／15.5度
100%使用山田錦。沉穩的香氣、紮實的口感，很值得一喝。適合冷飲～溫熱飲。

日本酒度+3～+4　酸度1.2～1.3　爽酒

吟釀香 ■■□□□　濃郁度 ■■□□□
原料香 ■■□□□　輕快度 ■■■□□

榮川 特別純米酒
特別純米酒／1.8ℓ ¥2600 720mℓ ¥1300／美山錦60% 同55%／15.3度
所有原料均為會津產。堅果風的香氣、紮實的口感，適合冷飲～溫熱飲。

日本酒度+2～+3　酸度1.3～1.4　醇酒

吟釀香 ■□□□□　濃郁度 ■■■□□
原料香 ■■■□□　輕快度 ■■■□□

大七酒造株式会社
☎0243-23-0007 可直接購買
二本松市竹田1-66
宝暦2年（1752）創業

代表酒名	純米大吟釀雫原酒 妙花闌曲（しずくげんしゅ みょうかランぎょく）
特定名稱	純米大吟釀酒
希望零售價格	720mℓ ¥12600

原料米和精米步合… 麹米・掛米均為山田錦超扁平精米50%

酒精度……………… 16度

由生酛釀製、長期低溫熟成，為該酒廠最高位酒。華麗濃郁的口嘗香氣與強烈複雜的口感，曾入選洞爺湖高峰會晚宴時的乾杯酒。適合以10～13℃的溫度飲用。

日本酒度 不公開　酸度 不公開　薫酒
吟醸香 ■■■■□ 濃郁度 ■■■□□
原料香 ■■□□□ 輕快度 ■■■□□

主要的酒品

大七 純米生酛（きもと）
純米酒/1.8ℓ ¥2580 720mℓ ¥1290/五百萬石扁平精米65% 千代錦等與扁平精米69% /15～16度
象徵「生酛釀製的大七」、濃郁與酸味完美融合的一品。適合常溫、熱飲。

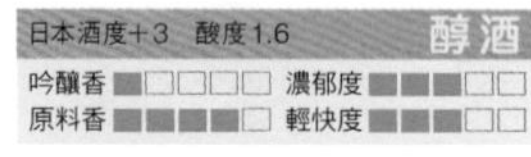

純米大吟釀 箕輪門（みのわもん）
純米大吟釀酒/1.8ℓ ¥8400 720mℓ ¥3675/均為山田錦超扁平精米50%/15～16度
沉穩的優雅撲鼻香、具透明感輕柔風味的生酛釀製酒。適合微涼飲用。

日本酒度+2　酸度1.3　薫酒
吟醸香 ■■■■□ 濃郁度 ■■□□□
原料香 ■■□□□ 輕快度 ■■■□□

純米吟釀 大七皆伝（かいでん）
純米吟釀酒/1.8ℓ ¥5250 720mℓ ¥2625/均為五百萬石超扁平精米58%/15～16度
生酛釀製。擁有讓人懷念的口嘗香氣，豐郁、華麗的口感。適合微涼、溫熱飲品嘗。

日本酒度+2　酸度1.4　薫醇酒
吟醸香 ■■■□□ 濃郁度 ■■■□□
原料香 ■■■□□ 輕快度 ■■■□□

坐落受惠於日本三井之一「日影の井戸」等名水的安達太良山麓，創業已250年餘，以固守生酛釀製的酒廠聞名。經由生酛釀製特有的作業、山卸釀製而成的酒，有特別清澈、口感俐落的特徵，該酒廠的酒均具備這樣的特性。

おくのまつ

奥の松

北海道・東北 福島縣

奥の松酒造株式会社
☎0243-22-2153 可直接購買
二本松市長命69
享保元年（1716）創業

酒廠坐落於安達太良山麓，擁有最適合釀酒的豐富伏流水。明治維新後曾經以「千石酒屋」之名繁榮一時，昭和初期以酒質程度之高而冠上那時的當家名，稱為「伊兵衛吟釀藏」。除了傳統的技術，還具備革新性、導入了全國首座殺菌設備（裝瓶後火入的設備）。

代表酒名 純米大吟醸 プレミアムスパークリング

特定名稱 純米大吟釀酒

希望零售價格 1.8ℓ ¥10500 720mℓ ¥5250

原料米和精米步合… 麴米・掛米均為五百萬石50%

酒精度……………… 11度

亦即香檳的日本酒版。醪在瓶內與二氧化碳進行並行複發酵，形成氣泡的清涼感與清淡的甜味。不用贅言當然是以冷飲最佳。

日本酒度 -25 酸度 2.5 **發泡性**

主要的酒品

奥の松 特別純米

特別純米酒／1.8ℓ ¥2272 720mℓ ¥1035／均為千代錦・夢之香60%／15度

溫和的香氣、略帶酸味，喝起來毫不膩口。以常溫為主，也適合冷飲、溫熱飲。

日本酒度±0 酸度 1.4 **醇酒**

吟釀香 ■□□□□ 濃郁度 ■■■□□
原料香 ■■■□□ 輕快度 ■■■□□

大吟釀雫酒 十八代伊兵衛

大吟釀酒／1.8ℓ ¥10500 720mℓ ¥5250／均為山田錦40%／17度

為冠上前任社長的名字、擁有纖細風味與芳醇吟釀香的雫酒，適合冷飲。

日本酒度+3 酸度 1.3 **薰酒**

吟釀香 ■■■■□ 濃郁度 ■■□□□
原料香 ■□□□□ 輕快度 ■■■□□

奥の松 純米大吟釀

純米大吟釀酒／1.8ℓ ¥5212 720mℓ ¥2610／均為山田錦40%／15度

研磨後的山田錦具有鮮明、豐郁的吟釀香與暢快的辛口感。適合冷飲～常溫。

日本酒度+1 酸度 1.4 **薰酒**

吟釀香 ■■■■□ 濃郁度 ■■■□□
原料香 ■□□□□ 輕快度 ■■■□□

株式会社檜物屋酒造店
☎0243-23-0164　可直接購買
二本松市松岡173
明治7年（1874）創業

せんこうなり
千功成

代表酒名	千功成 大吟醸袋吊り（ふくろつ）
特定名稱	大吟釀酒
希望零售價格	720㎖ ¥3150

原料米和精米步合…　麴米・掛米均為山田錦40%
酒精度………………　17～18度

將低溫慢慢發酵的醪裝入袋中、倒吊在竿上一滴一滴搾取出來的大吟釀酒，豐富的果實香、滑順的口感不在話下。適合冷飲、微涼品嘗。

日本酒度+4　酸度1.4	薰酒
吟釀香 ■■■■□	濃郁度 ■■□□□
原料香 ■□□□□	輕快度 ■■■□□

採用舊二本松藩主・丹羽公的君主—豐臣秀吉的旗印「千成瓢簞」圖案，當初的酒名為「千成」，昭和初期才改為現在的「千功成」，代表成就功績之意。以安達太良山系伏流水與當地產酒米為主，連釀製普通酒也是以吊袋上槽搾取等沿襲以往的手工釀造方式。

主要的酒品

千功成 純米吟釀
純米大吟釀酒/1.8ℓ ¥3568 720㎖ ¥1733/均為五百萬石50%/17～18度
清爽的果實香、優雅的口感，不愧是低溫熟成的純米大吟釀。適合冷飲、微涼品嘗。

日本酒度+4　酸度1.4	薰酒
吟釀香 ■■■□□	濃郁度 ■■□□□
原料香 ■□□□□	輕快度 ■■■□□

千功成 純米
純米酒/1.8ℓ ¥2243 720㎖ ¥1020/均為千代錦60%/16～17度
濃郁的風味適合以常溫、溫熱飲品嘗。酒標上的文字出自日本書家・大山忠作之筆。

日本酒度+3　酸度1.6	醇酒
吟釀香 ■□□□□	濃郁度 ■■■■□
原料香 ■■■□□	輕快度 ■■■□□

千功成 吟釀酒
大吟釀酒/1.8ℓ ¥5607 720㎖ ¥2243/均為山田錦40%/17～18度
以富含果實香、口感佳為特徵，此款也是以低溫發酵的大吟釀酒。適合冷飲、微涼品嘗。

日本酒度+4　酸度1.4	薰酒
吟釀香 ■■■■□	濃郁度 ■■□□□
原料香 ■□□□□	輕快度 ■■■□□

關東·甲信越

Kanto·Koshinetsu

さとのほまれ

鄉乃譽

須藤本家株式会社
☎0296-77-0152　可直接購買
笠間市小原2125
永治元年（1141）創業

代表酒名	純米吟釀 鄉乃譽
特定名稱	純米吟釀酒
希望零售價格	1.8ℓ ¥2600 720mℓ ¥1300

原料米和精米步合…　麴米・掛米均為夢常陸58%

酒精度…………………　15～16度

榮獲International Wine Challenge 2007金獎。口感與入喉的感覺均為紮實的辛口型，與各式料理的搭配度很高。適合冷飲、常溫、溫熱飲。

日本酒度+5　酸度1.3　**爽酒**

吟釀香 ■■□□□　濃郁度 ■■□□□
原料香 ■■□□□　輕快度 ■■■■□

創業逾870年，是日本最古老的酒廠。綠意盎然的腹地內還殘留平城土壘的該酒廠，只以獨自傳承的古法釀製純米吟釀與純米大吟釀，不製造任何需要添加酒精的酒。酒米均由契約農家栽培，只使用收割後5個月以內的國產新米。

主要的酒品

鄉乃譽 山桜桃 無濾過生々

純米大吟釀酒/1.8ℓ ¥4500 720mℓ ¥2250/均為夢常陸48%/15～16度

品質高、濃郁厚實的辛口型，與魚、肉類料理、乳酪等都很對味。

日本酒度+5　酸度1.3　**薫酒**

吟釀香 ■■■■□　濃郁度 ■□□□□
原料香 ■□□□□　輕快度 ■■■□□

鄉乃譽 霞山 無濾過生々

純米吟釀酒/1.8ℓ ¥3000 720mℓ ¥1500/均為夢常陸58%/15～16度

榮獲IWC2008金獎。生酛酒的風味強烈，為口感極佳的佐餐酒。

日本酒度+3　酸度1.4　**醇酒**

吟釀香 ■■□□□　濃郁度 ■■■□□
原料香 ■■■□□　輕快度 ■■■□□

鄉乃譽 生酛純米吟釀酒

純米吟釀酒/1.8ℓ ¥6000 720mℓ ¥3000/均為夢常陸48%/15～16度

顛覆以往的印象、讓人眼睛為之一亮的生酛釀製酒，有紮實的風味與輕快的口感。

日本酒度+4　酸度1.4　**醇酒**

吟釀香 ■■□□□　濃郁度 ■■■□□
原料香 ■■■□□　輕快度 ■■■□□

つくば

筑波

石岡酒造株式会社
℡0299-26-3331　可直接購買
石岡市東大橋2972
昭和48年（1973）創業

代表酒名　大吟釀 筑波 紫の峰

特定名稱　大吟釀酒

希望零售價格　1.8ℓ ¥10500 720㎖ ¥5250

原料米和精米步合…　麹米・掛米均為山田錦35%

酒精度………………　17度

酒名源自筑波山的美稱「紫峰」與「石岡酒造的至寶」，為鑑評會出品用的斗瓶裝原酒。均衡的果實香很出色，適合常溫、冷飲。

日本酒度+5　酸度1.1　薰酒

吟釀香 ■■■■□　濃郁度 ■■□□□
原料香 ■□□□□　輕快度 ■■■□□

受惠於筑波山系的湧水與同山麓優質米的石岡，以往就是關東有數的知名釀酒地。石岡酒造只使用生產履歷清楚的檢驗合格米，並堅持全量自家精米、自家釀造。昭和63年開始酒米的契約栽培，自平成22年開始由社員親手種植酒米。

主要的酒品

大吟釀 筑波 天平の峰

大吟釀酒/1.8ℓ ¥5250 720㎖ ¥2625/均為山田錦35%/15度

微微的香氣、圓潤的口感，是一款能滲透至身心的優質酒。

日本酒度+4　酸度1.1　薰酒

吟釀香 ■■■■□　濃郁度 ■■□□□
原料香 ■□□□□　輕快度 ■■■□□

純米大吟釀 筑波 豊穣の峰

純米大吟釀酒/1.8ℓ ¥6132 720㎖ ¥3066/均為山田錦35%/15度

經過2年的貯藏熟成，口感強烈豐郁，是與所有和食都能對應的佐餐酒。

日本酒度+1　酸度1.4　薰酒

吟釀香 ■■■■□　濃郁度 ■■■□□
原料香 ■■□□□　輕快度 ■■■□□

特別純米 筑波

特別純米酒/1.8ℓ ¥2646 720㎖ ¥1323/山田錦・雄町58% 五百萬石・美山錦58%/15度

甜味、酸味均衡，味道豐富、口感清爽。適合冷飲、尤其是溫熱飲。

日本酒度+3　酸度1.1　醇酒

吟釀香 ■□□□□　濃郁度 ■■■□□
原料香 ■■■□□　輕快度 ■■■□□

菊の里酒造株式会社
0287-98-3477　不可直接購買
大田原市片府田302-2
慶応2年（1866）創業

大那

代表酒名　大那 純米吟釀 那須五百万石

特定名稱　純米吟釀酒

希望零售價格　1.8ℓ ¥2940　720mℓ ¥1470

原料米和精米步合… 麹米 那須五百萬石50%／
掛米 那須五百萬石55%

酒精度……………… 16.3度

使用契約栽培米。撲鼻的吟釀香、柑橘系的口嘗香氣也很清新，酒米加上優雅的酸味呈現濃郁的風味。適合人體溫度～溫熱飲。

日本酒度+2　酸度1.7　薫醇酒
吟釀香 ■■■□□　濃郁度 ■■□□□
原料香 ■■■□□　輕快度 ■■■□□

全年生產量300石，由3世代家族與工作人員組成的小酒廠所釀製的「大那」，酒名取自深感受惠於那須的豐饒大地而來。以那須山系伏流水與當地契約農家栽種的五百萬石為主，目標是釀製出擁有酒米風味與酸味、清爽口感的究極佐餐酒。

主要的酒品

大那 純米吟釀 那須美山錦
純米吟釀酒／1.8ℓ ¥3000 720mℓ ¥1500／均為那須產美山錦53%／16.3度
使用有機少農藥栽培的那須產美山錦。呈現美山錦風味的冷冽口感。適合人體溫度～溫熱飲。

日本酒度+2　酸度1.7　薫醇酒
吟釀香 ■■■□□　濃郁度 ■■■□□
原料香 ■■■□□　輕快度 ■■■□□

大那 純米大吟釀 那須五百万石 特等米2008
純米大吟釀酒／1.8ℓ ¥3780 720mℓ ¥2100／均為那須產五百萬石45%／16.8度
春天以生酒方式、秋天則經過火入後才出貨的限定品，100%使用嚴選稻田所培育的特等米。

日本酒度+3　酸度1.7　薫醇酒
吟釀香 ■■■□□　濃郁度 ■■■□□
原料香 ■■■□□　輕快度 ■■■□□

大那 本釀造 あかまる
本釀造酒／1.8ℓ ¥1785／五百萬石65% 日本晴65%／15.6度
該酒廠的熱門商品。清爽、恰到好處的風味，口感也很輕快俐落。適合冷飲～溫熱飲、尤其是溫熱飲。

日本酒度+5　酸度1.5　爽酒
吟釀香 ■□□□□　濃郁度 ■■□□□
原料香 ■■□□□　輕快度 ■■■■□

まつのことぶき

松の寿

株式会社松井酒造店
0287-47-0008 不可直接購買
塩谷郡塩谷町船生3683
慶応元年（1865）創業

代表酒名 松の寿 純米吟醸 雄町（おまち）

特定名稱 純米吟釀酒

希望零售價格 1.8ℓ ¥3150 720mℓ ¥1575

原料米和精米步合… 麴米・掛米均為雄町55%

酒精度……………… 16.4度

果實般的輕柔撲鼻香氣，甜味、酸味均衡溫和、具透明感的口感。適合冷飲，但切勿過冷。

日本酒度+3.5 酸度1.3 薰酒
吟釀香 ■■■□□ 濃郁度 ■■■□□
原料香 ■■□□□ 輕快度 ■■■□□

相傳身為越後杜氏流派的初代當家，為了追求良水而從新潟移居至此地。第五代的現任當家在習得技藝後，於平成18年被認定為第1期下野杜氏，是一位年紀還很輕的酒廠杜氏。該當家以酒廠後方杉林湧出的超軟水釀製成的酒，每一款都極其優雅，毫無雜味的俐落口感很出色。

主要的酒品

松の寿 純米吟醸 山田錦（やまだにしき）
純米吟醸酒/1.8ℓ ¥3360 720mℓ ¥1680/均為山田錦55%/16.4度
隱約的撲鼻香氣很高雅，沉穩的風味給人安心感。適合冷飲。

日本酒度+2.5 酸度1.5 薰酒
吟釀香 ■■■□□ 濃郁度 ■■□□□
原料香 ■■□□□ 輕快度 ■■■□□

松の寿 吟醸 山田錦（やまだにしき）
吟醸酒/1.8ℓ ¥3045 720mℓ ¥1522/均為山田錦55%/16.4度
彷彿蘭花般的清淡口嘗香氣、俐落口感，讓人讚不絕口。適合冷飲。

日本酒度+5.5 酸度1.35 薰酒
吟釀香 ■■■□□ 濃郁度 ■■□□□
原料香 ■□□□□ 輕快度 ■■■□□

松の寿 特別純米 美山錦（みやまにしき）
特別純米酒/1.8ℓ ¥2835 720mℓ ¥1417/均為美山錦58%/16.4度
味道鮮明的酒質，微微的酸味更添風味。適合微涼、常溫、溫熱飲。

日本酒度+3.5 酸度1.35 醇酒
吟釀香 ■■□□□ 濃郁度 ■■□□□
原料香 ■■■□□ 輕快度 ■■■□□

株式会社せんきん
028-681-0011 不可直接購買
さくら市馬場106
文化3年（1806）創業

代表酒名 木桶仕込み 純米大吟醸 亀ノ尾19% 出品酒

特定名稱 純米大吟釀酒

希望零售價格 1.8ℓ ¥Open 720mℓ ¥Open（自由定價）

原料米和精米步合… 麴米・掛米均為亀之尾19%

酒精度……………… 17度

酒廠自稱是「世界上最異常、顛覆常識的究極之品」，以吊袋搾取、瓶裝的無過濾生原酒。精米步合的比例之高讓人訝異。適合5～10℃飲用。

日本酒度±0 酸度1.5 薰醇酒
吟釀香■■■■□ 濃郁度■■■■□
原料香■■■■□ 輕快度■□□□□

由原本是酒侍師的哥哥與學習釀造日本酒的弟弟兩兄弟經營的酒廠，生產純米、木桶釀造、吊袋搾取、無濾過生原酒以及回歸傳統釀製法生產的個性十足酒款。酒質多為負日本酒度、酸度2.0以上，具強烈甜味與酸味為特徵。平成19年以新品牌亮相。

主要的酒品

木桶仕込み 生酛純米吟醸 無濾過生原酒 雄町
純米吟釀酒／1.8ℓ ¥3100 720mℓ ¥1550／均為雄町55%／17度
極度的負日本酒度與極度的酸味，屬於濃郁醇厚型酒。適合冷飲～溫熱飲。

日本酒度 -5 酸度2.4 薰醇酒
吟釀香■■■□□ 濃郁度■■■□□
原料香■■■□□ 輕快度■□□□□

木桶仕込み 山廃純米 無濾過生原酒 亀ノ尾
純米酒／1.8ℓ ¥3000 720mℓ ¥1500／均為亀之尾80%／17度
強烈口感、芳醇風味的超級濃郁醇厚型酒。適合常溫～溫熱飲。

日本酒度 -3 酸度2.6 醇酒
吟釀香■□□□□ 濃郁度■■■■□
原料香■■■■□ 輕快度■□□□□

純米吟醸 中取り無濾過生原酒 亀ノ尾
純米吟釀酒／1.8ℓ ¥3000 720mℓ ¥1500／均為亀之尾55%／17度
美味、濃醇的口感，是最能感受「仙禽」風味的酒款。適合8～15℃飲用。

日本酒度 -5 酸度2.5 薰醇酒
吟釀香■■■□□ 濃郁度■■■□□
原料香■■■□□ 輕快度■□□□□

つじぜんべえ

辻善兵衛

株式会社辻善兵衛商店
℡0285-82-2059　不可直接購買
真岡市田町1041-1
宝暦4年（1754）創業

關東・甲信越　栃木縣

代表酒名　辻善兵衛 純米吟釀 五百万石（ごひゃくまんごく）

特定名稱　純米吟釀酒

希望零售價格　1.8ℓ ¥2900　720mℓ ¥1450

原料米和精米步合…　麴米・掛米均為栃木縣產五百萬石53%

酒精度……………　15.5度

堅持使用當地的米、水、技術釀製，亦即栃木的真正地酒。香氣與風味的均衡度佳、容易入口，是下野杜氏所推薦的一品。

日本酒度+2　酸度1.6　爽酒

吟釀香 ■■□□□　濃郁度 ■■□□□
原料香 ■■□□□　輕快度 ■■■□□

以主要酒款「櫻川」聞名，是縣內有數的歷史悠久酒廠。採用當地的米、水、技術，由第16代當家的酒廠杜氏為首、年輕製酒師以「從小耳濡目染的手工釀造味道」為座右銘，釀製出充滿特色的栃木酒。「辻善兵衛」是平成11年冠上初代當家名字的少量生產限定酒。

主要的酒品

辻善兵衛 純米大吟釀 山田錦（やまだにしき）

純米大吟釀酒/1.8ℓ ¥3800 720mℓ ¥1900/均為山田錦50%/17.5度

以「最高級的佐餐酒」為概念釀製而成，具有沉穩的香氣、溫和紮實的口感。

日本酒度+2　酸度1.7　薰酒

吟釀香 ■■■□□　濃郁度 ■■□□□
原料香 ■□□□□　輕快度 ■■■□□

辻善兵衛 純米吟釀 雄町（おまち） 槽口直汲み生（ふなくちじかぐみなま）

純米吟釀酒/1.8ℓ ¥3300 720mℓ ¥1650/均為岡山縣產雄町56%/17.5度

3月販售的季節限定酒。不過濾、不火入，有新搾酒的濃郁果香。

日本酒度+1　酸度1.7　薰醇酒

吟釀香 ■■■□□　濃郁度 ■■■□□
原料香 ■■■□□　輕快度 ■■■□□

辻善兵衛 純米酒 五百万石（ごひゃくまんごく）

純米酒/1.8ℓ ¥2650 720mℓ ¥1350/均為栃木縣產五百萬石53%/16.5度

微微的香氣，沉穩類型的辛口型。適合冷飲～溫熱飲，是與各式料理都很搭的佐餐酒。

日本酒度+4　酸度1.8　醇酒

吟釀香 ■□□□□　濃郁度 ■■□□□
原料香 ■■■□□　輕快度 ■■■■□

小林酒造株式会社
0285-37-0005　不可直接購買
小山市卒島743-1
明治5年（1872）創業

鳳凰美田

代表酒名	鳳凰美田 芳(かんばし)
特定名稱	純米吟釀酒
希望零售價格	1.8ℓ ¥3000 720mℓ ¥1800

原料米和精米步合… 麴米・掛米均為JAS規格若水55%

酒精度……………… 16.8度

100% 使用有機無農藥米・若水。稍微冷藏後，隨著慢慢品嘗、越接近常溫時，吟釀酒的獨特香氣和甜味、酒米的溫和質感也會隨之增加。

日本酒度+1　酸度1.5　薫酒
吟釀香 ■■■□□　濃郁度 ■■□□□
原料香 ■■□□□　輕快度 ■■■□□

取自創業時之酒名「鳳凰金賞」「美田鶴」的「鳳凰美田」，現在是栃木縣代表的全國性品牌。米是自社或契約農家栽培的若水和龜粹等，水為日光山系伏流水。發揮當地米和水之特性釀製酒的這家小酒廠，是全生產量均為吟釀酒的吟釀酒廠。

主要的酒品

鳳凰美田 Phoenix(フェニックス)
純米大吟釀酒/1.5ℓ ¥8000/均為愛山45%/17～18度
南國果實般的口嘗香氣，與強烈酸味交織而成的醇厚口感。適合冷飲～常溫。

日本酒度+2　酸度1.4　薫酒
吟釀香 ■■■■□　濃郁度 ■■■□□
原料香 ■■□□□　輕快度 ■■■□□

鳳凰美田 髭判(ひげばん)
純米吟釀酒/1.8ℓ ¥2800/均為龜粹50%/16.8度
100%使用龜之尾系的夢幻酒米・龜粹，強而有力、高貴典雅。適合冷飲～常溫。

日本酒度+2　酸度1.5　薫酒
吟釀香 ■■■□□　濃郁度 ■■□□□
原料香 ■■□□□　輕快度 ■■■□□

鳳凰美田 劔(つるぎ)
純米酒/1.8ℓ ¥2500/山田錦45% 五百萬石55%/6～17度
以辛口純米的甘甜口感與入喉清爽俐落為特徵。適合常溫。

日本酒度+6　酸度1.4　爽酒
吟釀香 ■■□□□　濃郁度 ■■□□□
原料香 ■■□□□　輕快度 ■■■■□

むすびと

結人

關東・甲信越　群馬縣

柳澤酒造株式会社
027-285-2005　不可直接購買
前橋市粕川町深津104-2
明治10年（1877）創業

特定名稱　純米吟醸 中取り生酒 結人

特定名稱　純米吟醸酒

希望零售價格　1.8ℓ ¥2730 720mℓ ¥1420

原料米和精米步合…　麹米・掛米均為五百萬石55%

酒精度………………　16.8度

淡淡的香氣、含在口中就會化開，溫和的甜味與輕柔的濃醇感，入喉輕快、能促進食欲。隨著冷～常溫的變化，口感會越來越清爽。適合冷飲。

日本酒度+2　酸度1.5　薰酒
吟醸香 ■■■□□　濃郁度 ■■□□□
原料香 ■■□□□　輕快度 ■■■□□

使用糯米、四段式釀製的「桂川」為主要酒款。第四代現任當家的長男與次男著手純米酒的開發，經過數年間的反覆失敗終於成功釀造出「結人」，自平成16年開始對外販售。生酒與火入會改變酵母，剛釀造好的生酒擁有高度的香氣，火入後則呈現豐郁、沉穩的風味。

主要的酒品

あらばしり 純米吟醸 結人

純米吟醸酒/1.8ℓ ¥2835/均為五百萬石55%/16.8度

在瓶內經過二次發酵的微碳酸酒。冬季為新酒，自5月開始為夏のあらばしり。適合冷飲。

日本酒度+2　酸度1.5　爽酒
吟醸香 ■■□□□　濃郁度 ■■□□□
原料香 ■■□□□　輕快度 ■■■■□

特別純米 結人

特別純米酒/1.8ℓ ¥2290/五百萬石55% 同58%/16.8度

以瓶裝火入的無過濾原酒。有隱約的香氣與豐富的味道、清爽俐落的口感。適合冷飲、溫熱飲。

日本酒度+2　酸度1.7　醇酒
吟醸香 ■■□□□　濃郁度 ■■■□□
原料香 ■■■□□　輕快度 ■■■■□

純米吟醸 火入 結人

純米吟醸酒/1.8ℓ ¥2625 720mℓ ¥1365/均為五百萬石55%/15.8度

無過濾，以瓶裝火入。沉穩的口嘗香氣與輕快口感，適合冷飲～溫熱飲，尤其是溫熱飲。

日本酒度+2　酸度1.5　爽酒
吟醸香 ■■□□□　濃郁度 ■■□□□
原料香 ■■□□□　輕快度 ■■■■□

柴崎酒造株式会社
☎0279-54-1141　可直接購買
北群馬郡吉岡町大字下野田649-1
大正4年（1915）創業

代表酒名	船尾瀧 本醸造辛口（からくち）
特定名稱	本醸造酒
希望零售價格	1.8ℓ ¥1770

原料米和精米步合… 麹米 群馬若水70%／掛米 群馬加工70%

酒精度……………… 15.3度

熱門的晚酌酒，為該酒名代表的辛口酒。口感清爽、餘韻輕快，豪不膩口，從10～15℃的冷飲到55℃的熱飲均宜。

日本酒度＋5　酸度1.5　爽酒
吟釀香 ■□□□□　濃郁度 ■■□□□
原料香 ■■□□□　輕快度 ■■■■□

「群馬有知名的瀑布和酒」，知名瀑布指的是船尾山西北麓、匯集榛名山系的湧水，高低落差達60ｍ的船尾瀑布。以此瀑布為名的酒款，是以位於下游的美田米與榛名山系伏流水釀製而成。酒質整體毫無雜味、稍微辛口，口感清新涼爽。

主要的酒品

船尾瀧 特別本醸造酒
特別本醸造酒／1.8ℓ ¥1825 720mℓ ¥820／均為美山錦60%／15.5度
口感柔和、清爽俐落，與各式料理都很搭。適合微涼～熱飲。

日本酒度＋4　酸度1.4　爽酒
吟釀香 ■■□□□　濃郁度 ■■□□□
原料香 ■■□□□　輕快度 ■■■■□

船尾瀧 吟醸酒
吟醸酒／720mℓ ¥1300／均為美山錦55%／15.5度
與瓶身的設計感一致、擁有優雅的撲鼻香氣與芳醇的口感。適合冷飲。

日本酒度＋5　酸度1.5　薫酒
吟釀香 ■■■□□　濃郁度 ■■□□□
原料香 ■□□□□　輕快度 ■■■□□

船尾瀧 特別本醸造デラックス
特別本醸造酒／1.8ℓ ¥2045 720mℓ ¥1000／均為美山錦60%／16.3度
溫和豐厚的口感，入喉後暢快俐落。適合冷飲～熱飲。

日本酒度＋4　酸度1.4　爽酒
吟釀香 ■■□□□　濃郁度 ■■□□□
原料香 ■■□□□　輕快度 ■■■■□

群馬泉

島岡酒造株式会社
0276-31-2432　不可直接購買
太田市由良町375-2
文久3年（1863）創業

代表酒名	群馬泉 山廃本釀造
特定名稱	本釀造酒
希望零售價格	1.8ℓ ¥1900 720mℓ ¥950

原料米和精米步合…麴米 若水60%／掛米 若水・朝日之夢60%
酒精度………………15.2度

該酒廠代表的招牌酒，為不太像本釀造的濃郁醇厚型酒，能以這樣的價格品嘗、讓人驚豔。山廢般的熟成感完全在口中散開來。適合溫熱飲或溫熱後放涼飲用。

日本酒度+3　酸度1.6　醇酒
吟釀香■□□□□　濃郁度■■■□□
原料香■■■■□　輕快度■■■■□

酒廠一帶正如新田莊寶泉鄉的舊地名，以新田義貞等新田一族的發祥地而廣為人知。以硬水的赤城山系伏流水與當地契約農家栽培的若水釀製的「群馬泉」，其中的大部分均以能發揮硬水特性的生酛系山廢釀製而成，可享受清爽的酸味與鮮明的濃郁風味。

主要的酒品

群馬泉 超特選純米（ちょうとくせん）
純米酒／1.8ℓ ¥2880 720mℓ ¥1440／均為若水50%／15.2度
清爽的酸味與酒米的口感調和、熟成味十足的山廢純米。適合常溫～溫熱飲。

日本酒度+3　酸度1.7　醇酒
吟釀香■□□□□　濃郁度■■■□□
原料香■■■□□　輕快度■■■■□

群馬泉 淡緑（うすみどり）
純米吟釀酒／1.8ℓ ¥3500 720mℓ ¥1700／均為若水50%／15.2度
擁有若水般的豐郁與柔和酸味的溫雅酒質。適合冷飲～常溫，尤其是冷飲。

日本酒度+3　酸度1.5　薰酒
吟釀香■■■□□　濃郁度■■□□□
原料香■■□□□　輕快度■■■□□

群馬泉 山廃酛純米（もと）
純米酒／1.8ℓ ¥2380 720mℓ ¥1190／若水60% 若水・朝日之夢60%／15.2度
山廢特有的強力口感經過熟成後，形成圓潤沉穩的佐餐酒。適合冷飲～溫熱飲。

日本酒度+3　酸度1.7　醇酒
吟釀香■□□□□　濃郁度■■■□□
原料香■■■■□　輕快度■■■■□

きっこうはなびし
亀甲花菱

清水酒造株式会社
☎0480-73-1311　不可直接購買
加須市戸室1006
明治7年（1874）創業

代表酒名　亀甲花菱 純米無濾過生原酒 美山錦

特定名稱　純米酒

希望零售價格　1.8ℓ ¥2625 720mℓ ¥1312

原料米和精米步合…　麹米・掛米均為美山錦60%

酒精度………………　17度

芳醇的撲鼻香氣，讓人期待漸增。味道鮮明，清澈的酸味在舌間漫舞。同時擁有豐郁和凜冽的特質，是一款精華之酒，CP值高，適合冷飲。

日本酒度+3　酸度2　醇酒
吟釀香■■□□□　濃郁度■■■□□
原料香■■■□□　輕快度■■■□□

位於琦玉縣東北部、遼闊田野中央被防風林環繞，年生產量200石左右的小酒廠。商品大多是無過濾的生原酒——不炫耀、不裝飾的酒質。以傳統小量・寒造釀製出來的酒，每種酒質穩重紮實，香氣和風味都很濃郁。

主要的酒品

亀甲花菱 純米吟釀無濾過生原酒 山田錦
純米吟釀酒/1.8ℓ ¥3486 720mℓ ¥1743/均為山田錦50%/17度
含在口中瞬間的甜味感讓酸味顯得清爽許多，每一杯都很清新爽口。CP值高，適合冷飲。

日本酒度+3　酸度2.1　薰酒
吟釀香■■■□□　濃郁度■■■□□
原料香■■□□□　輕快度■■■□□

亀甲花菱 純米吟釀無濾過生原酒 美山錦
純米吟釀酒/1.8ℓ ¥2940 720mℓ ¥1470/均為美山錦50%/17度
恰到好處的吟釀香、濃郁纖細的風味、餘韻佳。CP值高，適合冷飲。

日本酒度+3　酸度1.7　薰酒
吟釀香■■■□□　濃郁度■■□□□
原料香■■□□□　輕快度■■■□□

亀甲花菱 吟造り本釀造 上槽即日瓶詰
特別本釀造酒/1.8ℓ ¥2380/美山錦60%
日本晴60%/18度
撲鼻香氣、口嘗香氣溫和，雖口感厚實但入喉滑順。CP值高，適合冷飲。

日本酒度+3　酸度1.7　爽酒
吟釀香■■□□□　濃郁度■■□□□
原料香■■□□□　輕快度■■■■□

しんかめ

神亀

神亀酒造株式会社
📞048-768-0115　可直接購買　可介紹酒店
蓮田市馬込1978
嘉永元年（1848）創業

關東・甲信越　琦玉縣

代表酒名	神亀 純米辛口
特定名稱	純米酒
希望零售價格	1.8ℓ ¥2855 720mℓ ¥1430

原料米和精米步合…　麴米・掛米均為酒造好適米60%

酒精度……………　15～15.9度

適合溫熱飲的2年熟成酒。隱約甜味的熟成風味與酒米的濃醇口感在舌間蔓延，越喝越能感受清爽的酸味與辛口在喉間流暢。

日本酒度＋6　酸度1.6　**醇酒**

吟醸香 ■□□□□　濃郁度 ■■■■□
原料香 ■■■■□　輕快度 ■■■■□

酒名「神亀」是源自棲息於酒廠後方天神池的「神之使者——龜」。只釀造純米酒，使用秩父山系荒川伏流水的硬水與以「酒由米生」之信念嚴選的優質米，為酒質濃郁醇厚的辛口型。商品大多數為呈現酒米芳醇風味的熟成酒。

主要的酒品

神亀 上槽中汲純米

純米酒/1.8ℓ ¥4350 720mℓ ¥2175/均為山田錦55%～60%/17～17.9度

能感受新鮮度與酒米本身濃醇風味的高品質酒，適合冷飲～常溫。

日本酒度＋7　酸度1.5　**醇酒**

吟醸香 ■□□□□　濃郁度 ■■■□□
原料香 ■■■■□　輕快度 ■■■■□

神亀 活性にごり

純米酒/1.8ℓ ¥3300 720mℓ ¥1650/均為酒造好適米60%/17～17.9度

濁酒喝起來口感也很出色，也可開栓後只選取上方清澈的酒飲用。適合冷飲。

日本酒度—　酸度—　**發泡性**

神亀 搾りたて生酒

純米酒/1.8ℓ ¥3380 720mℓ ¥1690/均為酒造好適米55～60%/18～18.9度

厚實的口感適合內行人，但若加冰塊喝連初飲者也能享受箇中風味。適合冷飲，但請勿過冷。

日本酒度＋6　酸度1.7　**醇酒**

吟醸香 ■■□□□　濃郁度 ■■■□□
原料香 ■■■□□　輕快度 ■■■□□

橫田酒造株式会社
048-556-6111 可直接購買
行田市桜町2-29-3
文化2年（1805）創業

代表酒名	日本橋 大吟釀
特定名稱	大吟釀酒
希望零售價格	1.8ℓ ¥10500 720mℓ ¥5250

原料米和精米步合… 麴米・掛米均為山田錦40%

酒精度……………… 17～18度

由南部杜氏手工釀製的酒，於過去12年的全國新酒鑑評會上榮獲11屆的金獎、成績斐然。充分展現出山田錦的風味，餘韻佳的芳醇辛口型。適合常溫～溫熱飲。

日本酒度+5 酸度1.3	薰酒
吟釀香 ■■■■□	濃郁度 ■■□□□
原料香 ■□□□□	輕快度 ■■■□□

主要的酒品

日本橋 純米大吟釀
純米大吟釀酒/1.8ℓ ¥5250 720mℓ ¥3150/均為美山錦40%/17.5度
香氣清淡，擁有酒米本來的濃郁風味與恰到好處的餘韻。適合常溫～溫熱飲。

日本酒度+3 酸度1.8	薰酒
吟釀香 ■■■■□	濃郁度 ■■□□□
原料香 ■□□□□	輕快度 ■■■□□

日本橋 純米酒 江戸の宴（えどのうたげ）
純米酒/720mℓ ¥1575/均為朝之光70%/15.5度
使用日本最古老的酵母，為江戸時代的復刻版酒，甜味與酸味的調和度極佳。

日本酒度-6 酸度2.5	醇酒
吟釀香 ■□□□□	濃郁度 ■■■□□
原料香 ■■■■□	輕快度 ■■□□□

浮城さきたま古代酒（うきしろ・こだいしゅ）
—/300mℓ ¥1050/朝之光70% 古代赤米85%/17.5度
使用古代種的赤米釀製，清澈的紅色就像是美麗的紅酒。微甜口感的餐前酒，適合冷飲。

日本酒度-6 酸度1.6	醇酒
吟釀香 ■□□□□	濃郁度 ■■■□□
原料香 ■■■■□	輕快度 ■■□□□

來自秩父山系荒川伏流水的忍之名水——自家水井・福壽泉屬於弱軟水，經過緩慢的發酵後適合釀造圓潤飽滿風味的酒款。初代創業時，以五街道的起點・日本橋，在近江商人「賣方有利、買方有利、世間有利」「不可忘記初衷」的信念下，將酒名取為「日本橋」。

琵琶のさゝ浪

麻原酒造株式会社
℡049-298-6010　可直接購買
入間郡毛呂山町毛呂本郷94
明治15年（1882）創業

代表酒名	純米酒 琵琶のさゝ浪
特定名稱	純米酒
希望零售價格	1.8ℓ ¥2100 720mℓ ¥1050

原料米和精米步合…… 麴米・掛米均為八反錦70%

酒精度………………… 15～16度

濃醇的果實香、佈滿口中的酒米風味，毫無雜味的滑順口感。只取無過濾的中取酒，為該酒廠的招牌純米酒。適合冷飲、常溫。

日本酒度+6　酸度1.6　**醇酒**

吟釀香 ■□□□□　濃郁度 ■■□□□
原料香 ■■■□□　輕快度 ■■■■□

初代當家出生於琵琶湖附近，經歷東京、青梅酒廠20餘年的習藝後在當地新設的酒廠。酒名的由來，是希望用心釀造的酒能讓大家口耳相傳、像漣漪般地廣為流傳以及思念家鄉的心情。照片中的酒標是當時的設計，可一窺當時創業的氣魄、讓人懷念。

主要的酒品

純米吟釀 琵琶のさゝ浪
純米吟釀酒/1.8ℓ ¥2625 720mℓ ¥1312/均為八反錦60%/15～16度
果實系的撲鼻香氣與清爽的酸味，餘韻佳，冷藏後放至室溫左右是最佳飲用溫度。

日本酒度+6~+7　酸度1.7　**爽酒**

吟釀香 ■■□□□　濃郁度 ■■□□□
原料香 ■■□□□　輕快度 ■■■■□

純米酒 武蔵野（むさしの）
純米酒/1.8ℓ ¥2100 720mℓ ¥1050/均為八反錦60%/15～16度
很像成熟的香蕉風味，甘甜芳醇的撲鼻香氣很吸引人，適合常溫以下飲用。

日本酒度+5　酸度1.7　**爽酒**

吟釀香 ■■□□□　濃郁度 ■■□□□
原料香 ■■□□□　輕快度 ■■■■□

純米吟釀 武蔵野
純米吟釀酒/1.8ℓ ¥2625 720mℓ ¥1312/均為美山錦50%/15～16度
香氣濃郁紮實，溫和的果實酸更增添風味。適合冷飲～常溫。

日本酒度+5　酸度1.6　**薰酒**

吟釀香 ■■■□□　濃郁度 ■■□□□
原料香 ■□□□□　輕快度 ■■■□□

てんらんざん

天覧山

琦玉縣　關東・甲信越

五十嵐酒造株式会社
050-3785-5680　可直接購買
飯能市川寺667-1
明治30年（1897）創業

代表酒名	天覧山 大吟醸
特定名稱	大吟醸酒
希望零售價格	1.8ℓ ¥5250 720mℓ ¥2625

原料米和精米步合… 麹米 山田錦40%／掛米 山田錦50%

酒精度……………… 16～17度

使用兵庫縣產山田錦，「於飯能市的美麗綠意和溪流下釀製而成」的大吟釀。果實系的撲鼻香氣、柔和的口感彷彿白葡萄酒般。適合冷飲。

日本酒度+3　酸度1.6　薫酒

吟釀香 ■■■□□　濃郁度 ■■□□□
原料香 ■□□□□　輕快度 ■■■□□

主要的酒品

天覧山 純米吟醸
純米吟醸酒／1.8ℓ ¥2782 720mℓ ¥1333／美山錦55% 吟銀河55%／15～16度

發揮酒米特性、可品嘗豐郁酒米風味的沉穩酒質。適合冷飲～常溫。

日本酒度+2　酸度1.6　爽酒

吟釀香 ■■□□□　濃郁度 ■■■□□
原料香 ■■□□□　輕快度 ■■■■□

天覧山 純米酒
純米酒／1.8ℓ ¥2205 720mℓ ¥1102／均為美山錦65%／15～16度

美山錦特有的明顯香氣、味道、清爽俐落的口感。適合冷飲～溫熱飲。

日本酒度+1　酸度1.7　醇酒

吟釀香 ■□□□□　濃郁度 ■■■□□
原料香 ■■■■□　輕快度 ■■■□□

DOVE（ダブ）
純米酒／1ℓ ¥2000／均為吟銀河65%／15～16度

為了避免酒溢出來，所以將1ℓ的酒裝在1.8ℓ瓶內的酸甜口味濁酒。為期間限定酒。

日本酒度+2　酸度1.6　醇酒

吟釀香 ■□□□□　濃郁度 ■■■□□
原料香 ■■■□□　輕快度 ■■□□□

創業者出身於新潟縣，曾擔任東京・青梅小澤酒造（p.106）的杜氏，獨立後在名栗川與成木川匯流處、擁有秩父山系伏流水之清澈井水的該地開設酒廠。附近的羅漢山，在明治天皇登上進行演習閱兵後就改稱為天覽山，酒名即此由來。

ふくいわい

福祝

藤平酒造合資会社
☎0439-27-2043　可直接購買
君津市久留里市場147
享保年間（1716～36）創業

關東・甲信越　千葉縣

由兄弟三人與母親經營、全年生產300石左右的酒廠。將精米、洗米、浸漬等均以秒為單位計算的嚴選酒米，用以「久留里之名水」聞名的清澄山系伏流水井水釀製而成。酒質以清淡的酸味，香氣、口感均衡，餘韻清爽的淡麗辛口為主。

代表酒名　福祝 山田錦（やまだにしき）50純米吟釀

特定名稱　純米吟釀酒

希望零售價格　1.8ℓ ¥3360　720mℓ ¥1680

原料米和精米步合…　麴米・掛米均為兵庫縣產山田錦50%

酒精度………………　15～16度

山田錦特有的微甜撲鼻香與優雅、濃郁的口感，辛口的背後還帶有淡淡的甜味，入喉清爽。冷飲○、常溫◎、溫熱飲◎。

日本酒度+1　酸度1.4　薰酒

吟釀香■■■□□　濃郁度■■□□□
原料香■□□□□　輕快度■■■□□

主要的酒品

福祝 渡舟（わたしぶね）70超辛（ちょうから）純米
純米酒/1.8ℓ ¥2940 720mℓ ¥1470/均為滋賀縣產渡舟70%/16～17度
撲鼻香氣、口嘗香氣都很溫和，為口感濃醇的佐餐酒。冷飲○、常溫◎、溫熱飲◎。

日本酒度+10　酸度1.1　醇酒

吟釀香■□□□□　濃郁度■■■□□
原料香■■■■□　輕快度■■■■□

福祝 特別純米酒
特別純米酒/1.8ℓ ¥2570 720mℓ ¥1417/兵庫縣產山田錦55% 滋賀縣產玉榮55%/15～16度
香氣清爽、濃郁的酒米風味，餘韻佳。冷飲○、常溫◎。

日本酒度+1　酸度1.5　爽酒

吟釀香■□□□□　濃郁度■■□□□
原料香■■□□□　輕快度■■■■□

福祝 雄町（おまち）50純米大吟釀
純米大吟釀酒/1.8ℓ ¥3990 720mℓ ¥2050/均為岡山縣產雄町50%/15～16度
優美的香氣、酒米的甜味濃醇，餘韻清爽俐落。冷飲○、常溫◎。

日本酒度 -1　酸度1.4　薰酒

吟釀香■■■□□　濃郁度■■□□□
原料香■□□□□　輕快度■■■□□

さわのい
澤乃井

東京都 | 關東・甲信越

小澤酒造株式会社
℡0428-78-8215　可直接購買
青梅市沢井2-770
元禄15年（1702）創業

代表酒名	澤乃井 純米大辛口（だいからくち）
特定名稱	純米酒
希望零售價格	1.8ℓ ¥2352 720mℓ ¥1176

原料米和精米步合…　麹米 曙65%／掛米 秋光65%

酒精度……………… 15～16度

紮實的口感，就像是挺直背脊般的年輕武士般。酸味與酒米風味的豐郁濃醇，於入口後會更加鮮明。適合冷飲～溫熱飲。

日本酒度+9~+11　酸度1.6~1.8　醇酒

吟釀香 ■□□□□　濃郁度 ■■■□□
原料香 ■■■□□　輕快度 ■■■■■

酒廠位於綠意盎然的奧多摩，是東京代表性的酒款之一。創業於赤穗浪士殺入吉良官邸的同一年，充滿濃厚的江戶風。酒名取自附近的舊村名「澤井」，正如其名、在這片豐富水源土地上，從以前到現在都是以挖掘自秩父古生層的岩盤、從洞窟深處湧出的水來釀酒。

主要的酒品

澤乃井 大吟釀 梵（ぼん）

大吟釀酒／1.8ℓ ¥10500 720mℓ ¥5250／均為山田錦35%／16～17度

以追求至純之酒釀製而成，擁有柔順的風味、像絹絲般口感的特別限定酒。適合冷飲。

日本酒度+4~+6　酸度1.2~1.4　薰酒

吟釀香 ■■■■□　濃郁度 ■□□□□
原料香 ■□□□□　輕快度 ■■■□□

澤乃井 純米吟釀 蒼天（そうてん）

純米吟釀酒／1.8ℓ ¥3150 720mℓ ¥1575／五百萬石55%—／15～16度

為酒廠發下「純米吟釀的結論」的豪語，香氣與風味均衡度極佳的自信之作。適合冷飲。

日本酒度±0~+2　酸度1.6~1.8　薰酒

吟釀香 ■■■□□　濃郁度 ■■■□□
原料香 ■■□□□　輕快度 ■■■□□

澤乃井 木桶仕込 彩は（きおけしこみ いろ）

純米酒／720mℓ ¥1733／均為野條穗65%／15～16度

以生酛釀製、木桶釀製與傳統技術製成的純米酒，有種雍容大度、讓人懷念的風味。適合溫熱飲。

日本酒度 -2~±0　酸度2.0~2.2　醇酒

吟釀香 ■□□□□　濃郁度 ■■■■□
原料香 ■■■■□　輕快度 ■■■□□

喜正

野崎酒造株式会社
042-596-0123　可直接購買
あきる野市戸倉63
明治17年（1884）創業

代表酒名	喜正 純米酒
特定名稱	特別純米酒
希望零售價格	1.8ℓ ¥2310 720mℓ ¥1155

原料米和精米步合…　麴米・掛米均為美山錦60%

酒精度………………　15～16度

華麗的香味、溫和的口嘗香氣等，不愧是以手工釀造的酒廠。可感受到酒米本身的風味，深受愛酒人士喜愛的濃醇純米酒。適合冷飲～溫熱飲、尤其是溫熱飲。

日本酒度＋4　酸度1.5　**醇酒**

吟釀香 ■■□□□　濃郁度 ■■□□□
原料香 ■■■□□　輕快度 ■■■■□

正如酒廠所云「『喜正』與其說是東京、不如說是秋川的地酒」，生產量的95%均為當地消費。酒廠的正面、戸倉城山伏流水的中軟水，鐵、錳的含量少所以是最適合釀酒的水，這裡的水即酒廠的寶藏。以蒸籠蒸米、裝瓶火入、低溫熟成等上槽後的縝密管理現在依舊。

主要的酒品

喜正 大吟釀
大吟釀酒/1.8ℓ ¥5607 720mℓ ¥3056/均為山田錦35%/16～17度
擁有華麗香氣、纖細口感的大吟釀酒，為南部杜氏集技術之大成的自信之作。適合冷飲。

日本酒度＋7　酸度1.4　**薫酒**

吟釀香 ■■■■□　濃郁度 ■□□□□
原料香 ■□□□□　輕快度 ■■■□□

喜正 純米吟釀
純米吟釀酒/1.8ℓ ¥3056 720mℓ ¥1533/均為五百萬石50%/15～16度
以小槽桶手工釀造，香味、口感調和的溫和酒質。適合冷飲、溫熱飲。

日本酒度＋3　酸度1.5　**爽酒**

吟釀香 ■■□□□　濃郁度 ■■□□□
原料香 ■□□□□　輕快度 ■■■■□

喜正 しろやま桜
吟釀酒/1.8ℓ ¥2646 720mℓ ¥1323/均為五百萬石50%/15～16度
讓人聯想到奧多摩的綠風、紮實的辛口型吟釀酒，在當地很有人氣。適合冷飲。

日本酒度＋3　酸度1.4　**爽酒**

吟釀香 ■■□□□　濃郁度 ■■□□□
原料香 ■□□□□　輕快度 ■■■■■

まるしんまさむね

丸眞正宗

東京都　關東・甲信越

小山酒造株式会社
03-3902-3451　可直接購買
北区岩淵町26-10
明治11年（1878）創業

代表酒名	丸眞正宗 大吟醸
特定名稱	大吟釀酒
希望零售價格	1.8ℓ ¥9000 500mℓ ¥3000

原料米和精米步合… 麹米・掛米均為美山錦40%

酒精度……………… 16度

高度精白的山田錦於冬天進行釀製作業，經過低溫發酵、仔細以手工釀製而成的最高級酒。擁有優雅的撲鼻香、纖細的口嘗香氣、溫和口感等鮮明的特徵。適合冷飲。

日本酒度+5　酸度1.1　薰酒

吟醸香 ■■■■□　濃郁度 ■■□□□
原料香 ■□□□□　輕快度 ■■■□□

東京23區內唯一的酒廠。以「清爽淡麗的風味、入口滑順、寒造」為基礎，由「江戶的藏人用江戶的氣魄釀製而成的江戶地酒」。「大吟釀和吟釀以玻璃杯，其餘的以木盒酒杯（木枡）品嘗」是最道地的方式。還有當地北區酒販店生產的「田端文士村」「王子」「滝野川」等。

主要的酒品

丸眞正宗 純米大吟醸

純米大吟醸酒/1.8ℓ ¥8000 500mℓ ¥2600/均為五百萬石50%/15度

奢華的大吟釀香與純米特有的香氣均衡調和，口感極佳。適合冷飲、溫熱飲。

日本酒度+2　酸度1.5　薰酒

吟醸香 ■■■□□　濃郁度 ■■□□□
原料香 ■□□□□　輕快度 ■■■□□

丸眞正宗 吟醸辛口（からくち）

吟醸酒/1.8ℓ ¥2730 720mℓ ¥1370/均為曙60%/15度

吟釀香與自然的酒米風味，各自共存又不會過與不及。適合冷飲、溫熱飲。

日本酒度+5　酸度1.5　爽酒

吟醸香 ■■□□□　濃郁度 ■■□□□
原料香 ■□□□□　輕快度 ■■■■□

丸眞正宗 純米吟醸

純米吟醸酒/1.8ℓ ¥2600 720mℓ ¥1350/均為曙60%/14度

以傳統技術帶出酒米的香氣與風味，口感清淡爽快。適合冷飲、溫熱飲。

日本酒度±0　酸度1.5　爽酒

吟醸香 ■■□□□　濃郁度 ■■□□□
原料香 ■□□□□　輕快度 ■■■□□

てんせい
天青

關東・甲信越　神奈川縣

熊澤酒造株式会社
0467-52-6118　不可直接購買
茅ヶ崎市香川7-10-7
明治5年（1872）創業

代表酒名	天青 千峰（せんぽう）
特定名稱	純米吟釀酒
希望零售價格	1.8ℓ ¥2993 720mℓ ¥1575

原料米和精米步合… 麴米・掛米均為山田錦50%
酒精度…………… 15～16度

山田錦特有的酒米風味與口感調和均衡的中口型酒，有清爽的甘甜香氣、餘韻佳。酒標的文字出自作家・陳舜臣之手。適合冷飲～常溫。

日本酒度+2　酸度1.2　薰酒
吟釀香 ■■■□□　濃郁度 ■■□□□
原料香 ■□□□□　輕快度 ■■■□□

湘南唯一的酒廠，限定販售的「天青」系列只有本頁所列出的這4款。酒名是源自中國・五代十國時代的後周黃帝・世宗，比喻理想青瓷的一段詩文「雨過天青雲破處」。以丹澤山系伏流水釀製的酒，擁有圓潤飽滿的口感與雨後青空般的涼爽特徵。

主要的酒品

天青 雨過（うか）
純米大吟釀酒/1.8ℓ ¥8400 720mℓ ¥4200/均為山田錦35%/16～17度
600kg規模的小量釀製經過長期發酵後，再使其熟成12個月，是很耗費時間的極品佐餐酒。

日本酒度+2.5　酸度1.3　薰酒
吟釀香 ■■■■□　濃郁度 ■□□□□
原料香 ■■□□□　輕快度 ■■■□□

天青 吟望（ぎんぼう）
特別純米酒/1.8ℓ ¥2520 720mℓ ¥1313/均為五百萬石60%/14～15度
以純米酒般的釀製方式，呈現出圓潤飽滿的風味與香氣。適合常溫～溫熱飲。

日本酒度+3　酸度1.4　醇酒
吟釀香 ■□□□□　濃郁度 ■■□□□
原料香 ■■■□□　輕快度 ■■■□□

天青 風露（ふうろ）
特別本釀造酒/1.8ℓ ¥1995 720mℓ ¥1050/均為五百萬石60%/15～16度
是從冷飲到溫熱飲均宜，與和食、西餐、中餐等多樣料理都能對應的萬能酒款。

日本酒度+2.5　酸度1.3　爽酒
吟釀香 ■□□□□　濃郁度 ■■□□□
原料香 ■■□□□　輕快度 ■■■■□

久保田酒造株式会社
042-784-0045　可直接購買
相模原市緑区根小屋702
弘化元年（1844）創業

代表酒名　相模灘 純米吟醸 無濾過瓶囲い（むろかびんがこ）

特定名稱　純米吟釀酒

希望零售價格　1.8ℓ ¥2900 720mℓ ¥1450

原料米和精米步合… 麴米・掛米均為美山錦50%

酒精度……………… 16.9度

為「相模灘」無過濾瓶裝系列的主要酒款，以呈現出美山錦特有之溫和口感為目標。風味濃郁，冷、溫熱飲均佳。

日本酒度+2　酸度1.6　薰酒
吟釀香 ■■■□□　濃郁度 ■■□□□
原料香 ■■□□□　輕快度 ■■■□□

由年輕兄弟經營的酒廠、合起來只有4位製酒師，以「搾取時不需要過濾的酒」為基本，釀造出發揮酒米的原本風味、甜味與酸味調和均衡、口感清爽的佐餐酒。採用全量酒造好適米・限定吸水的耗時製造方法，所以全年生產量僅有250石，也沒有增加酒款的計劃。

主要的酒品

相模灘 純米吟釀 無濾過瓶囲い 雄町（おまち）
純米吟釀酒/1.8ℓ ¥3400 720mℓ ¥1700/均為雄町50%/16.9度
研磨掉50%、呈現出雄町特性的酒款，甜味與酸味的口感強烈、華麗。

日本酒度+2　酸度1.6　薰酒
吟釀香 ■■■□□　濃郁度 ■■□□□
原料香 ■□□□□　輕快度 ■■■□□

相模灘 特別純米 無濾過瓶囲い
特別純米酒/1.8ℓ ¥2700 720mℓ ¥1350/均為美山錦55%/16.7度
據說是以白飯為概念釀製而成的酒，口感均衡、喝了不會膩口。適合冷飲、溫熱飲。

日本酒度+2　酸度1.6　爽酒
吟釀香 ■■□□□　濃郁度 ■■□□□
原料香 ■■□□□　輕快度 ■■■■□

相模灘 特別本醸造 無濾過瓶囲い
特別本釀造酒/1.8ℓ ¥2200 720mℓ ¥1100/均為美山錦60%/16.3度
為本系列中少數的酒精添加酒，超越本釀造酒的優雅口感讓人驚豔。適合冷飲。

日本酒度+2　酸度1.5　爽酒
吟釀香 ■□□□□　濃郁度 ■■□□□
原料香 ■■□□□　輕快度 ■■■■□

りゅう

隆

關東・甲信越　神奈川縣

合資会社川西屋酒造店
☎0465-75-0009　不可直接購買
足柄上郡山北町山北250
明治30年（1897）創業

代表酒名　隆 白ラベル 生酒

特定名稱　純米吟釀酒

希望零售價格　1.8ℓ ¥2993　720mℓ ¥1491

原料米和精米步合…　麴米・掛米均為足柄產若水55%

酒精度………………　16.8度

使用當地足柄產的米・若水，為該酒廠的代表酒款。與所有魚類料理均搭的佐餐酒，雖為生酒，但比起冷藏、常溫更能突顯稍微辛口的清新風味。

日本酒度+4　酸度1.6　爽酒

吟釀香 ■■□□□　濃郁度 ■■□□□
原料香 ■■□□□　輕快度 ■■■■□

主要的酒品

隆 美山錦55% 火入れ

純米吟釀酒/1.8ℓ ¥2940 720mℓ ¥1470/均為美山錦55%/15.8度

發揮米芯風味的隱約甜味，加上清爽的口感，適合常溫、溫熱飲。

日本酒度+4　酸度1.6　薰酒

吟釀香 ■■■□□　濃郁度 ■■□□□
原料香 ■■□□□　輕快度 ■■■■■

隆 赤紫ラベル 火入れ

純米吟釀酒/1.8ℓ ¥3150 720mℓ ¥1575/均為五百萬石50%/15.8度

擁有五百萬石特有的口感、毫無雜味，不會影響料理風味的酒款。適合常溫、溫熱飲。

日本酒度+4　酸度1.8　爽酒

吟釀香 ■■□□□　濃郁度 ■■□□□
原料香 ■■□□□　輕快度 ■■■■□

隆 黒ラベル 火入れ

純米大吟釀酒/1.8ℓ ¥10500 720mℓ ¥5250/均為德島產山田錦40%/16～17度

裝瓶後經過2年熟成，很適合作為佐餐酒的純米大吟釀。常溫下以葡萄酒杯品嘗，溫熱的話則以人體溫度為宜。

日本酒度+9　酸度1.3　薰酒

吟釀香 ■■■□□　濃郁度 ■■□□□
原料香 ■■□□□　輕快度 ■■■□□

「丹澤山」的姐妹品牌，以「酒與料理相互襯托的最佳佐餐酒」為信念的商品化產品、只提供特約店的限定酒款。高度精白卻只帶點清淡的吟釀香，纖細酒米風味的酒最適合搭配料理享用，毫不膩口、風味典雅。以常溫為主，冷飲、溫熱飲也適合。

武の井酒造株式会社
☎0551-47-2277 不可直接購買
北杜市高根町箕輪1450
慶応元年（1865）創業

代表酒名 青煌 純米吟釀 雄町（おまち） つるばら酵母（こうぼ）仕込み

特定名稱 純米吟釀酒

希望零售價格 1.8ℓ ¥3300 720mℓ ¥1680

原料米和精米步合… 麹米・掛米均為雄町50%

酒精度……………… 15〜16度

有花酵母獨特的華麗撲鼻香氣、豐郁的甜味，以及雄町濃醇、溫和的口感。冷藏後通常容易變得難以品嘗味道，但此款酒為特例、請冷藏後享用。

日本酒度+5 酸度1.6 薰酒

吟釀香 ■■■□□ 濃郁度 ■■□□□
原料香 ■■□□□ 輕快度 ■■■□□

※日本酒度、酸度は年により変動あり

主要的酒品

青煌 純米酒 美山錦（みやまにしき） つるばら酵母仕込み
純米酒/1.8ℓ ¥2400 720mℓ ¥1280/均為長野縣產美山錦60%/15〜16度
冷飲、溫熱飲皆宜的熱門商品，厚實的風味和酸味與肉類料理也很搭。

日本酒度+4 酸度1.6 醇酒

吟釀香 ■■□□□ 濃郁度 ■■□□□
原料香 ■■■□□ 輕快度 ■■■□□

青煌 純米酒 五百万石（ごひゃくまんごく） つるばら酵母仕込み
純米酒/1.8ℓ ¥2600 720mℓ ¥1300/均為新潟縣產五百萬石60%/15〜16度
為五百萬石般的清爽類型，圓潤的風味與輕柔的餘韻相當出色。適合冷飲。

日本酒度+2 酸度1.5 爽酒

吟釀香 ■■□□□ 濃郁度 ■■□□□
原料香 ■■□□□ 輕快度 ■■■■□

青煌 純米吟釀袋吊り（ふくろづ） 雄町 つるばら酵母仕込み
純米吟釀酒/1.8ℓ ¥3600 720mℓ ¥1800/均為岡山縣產雄町50%/17度
以斗瓶盛裝雫酒、數量限定的生原酒，可品嘗新搾酒的新鮮香味。

日本酒度+2 酸度1.8 薰酒

吟釀香 ■■■□□ 濃郁度 ■■□□□
原料香 ■■□□□ 輕快度 ■■■□□

年輕酒廠杜氏於平成18年獨立著手開發的「青煌」，只生產純米、純米吟釀酒，全商品均使用花酵母，從洗米、釀製到貯藏為止幾乎都出自杜氏一人之手。外觀和口感都很圓潤飽滿、閃爍著藍色的酒，具有花酵母特有的清爽甜味、凜冽酸味，溫和的餘韻與極佳的暢快感。

しゅんのうてん

春鶯囀

株式会社萬屋醸造店
☎0556-22-2103　直接注文 可
南巨摩郡富士川町青柳町1202-1
寛政2年（1790）創業

代表酒名	春鶯囀 大吟醸 春鶯囀のかもさる、蔵（くら）
特定名稱	大吟釀酒
希望零售價格	1.8ℓ ¥6516 720mℓ ¥3258

原料米和精米步合…　麴米・掛米均為山田錦40%

酒精度………………　15.5度

採用南阿爾卑斯山的最南端・櫛形山的伏流水，以低溫發酵慢慢釀製而成的大吟釀酒。有著淡淡的香氣、清爽的口感、豐郁的風味，適合微涼飲用。

日本酒度+4　酸度1.3　**爽酒**

吟釀香 ■■■□□　濃郁度 ■■□□□
原料香 ■□□□□　輕快度 ■■■□□

於昭和8年與丈夫・鐵幹一起造訪該酒廠的著名詩人與謝野晶子歌頌出「法隆寺などゆく如し甲斐の御酒 春鶯囀のかもさる、蔵」後，酒名才從原來的「一力正宗」改為「春鶯囀」。由於酒廠認為「純米酒才是日本酒」，因此純米酒的佔有率高達總生產量的69%。

主要的酒品

春鶯囀 純米吟醸 富嶽（ふがく）

純米吟釀酒/1.8ℓ ¥2809 720mℓ ¥1573/均為美山錦60%/16.4度

由釩元素豐富的富士山系湧水釀製而成的酒，舒暢宜人的濃郁風味與酸味。適合常溫、溫熱飲。

日本酒度+3　酸度1.7　**爽酒**

吟釀香 ■■□□□　濃郁度 ■■□□□
原料香 ■□□□□　輕快度 ■■■□□

春鶯囀 純米酒

純米酒/1.8ℓ ¥2378 900mℓ ¥1236/玉榮63%朝日之夢63%/15.5度

入口溫和、濃郁，餘韻清爽的佐餐酒。適合冷飲、溫熱飲。

日本酒度+3　酸度1.6　**爽酒**

吟釀香 ■■□□□　濃郁度 ■■□□□
原料香 ■□□□□　輕快度 ■■■■□

春鶯囀 純米酒 鷹座巣（たかざす）

純米酒/1.8ℓ ¥2539 720mℓ ¥1224/均為玉榮60%/15.5度

使用當地青柳町產的玉榮，為厚實的辛口型、口感舒暢俐落的男酒。適合溫熱飲。

日本酒度+5　酸度1.6　**醇酒**

吟釀香 ■□□□□　濃郁度 ■■■□□
原料香 ■■■□□　輕快度 ■■■■□

明鏡止水

大澤酒造株式会社
☎0267-53-3100　不可直接購買
佐久市茂田井2206
元禄2年（1689）創業

代表酒名	純米吟釀 明鏡止水
特定名稱	純米吟釀酒
希望零售價格	1.8ℓ ¥2752 720mℓ ¥1375

原料米和精米步合… 麴米 長野縣產美山錦50%／掛米 長野縣產美山錦55%

酒精度……………… 16～17度

「明鏡止水」的熱門酒款，吟釀香、口嘗香氣、酒米風味相互均衡調和。春～夏適合冷飲～常溫，秋～冬適合常溫、溫熱飲。

日本酒度+4　酸度1.5　薰酒
吟釀香 ■■■□□　濃郁度 ■■□□□
原料香 ■■□□□　輕快度 ■■■□□

位於可遙望北邊淺間山與南邊蓼科山的舊中山道休息站・茂田井。超過320年的酒廠，由負責經營的哥哥與擔任杜氏的弟弟兩兄弟挑起大樑。正如酒名般，經過仔細研磨後的清澄酒質，溫和的果實香與低酸味相互調和，讓初飲日本酒的人也大為讚賞。還有與當季美食搭配的各式酒款。

主要的酒品

本釀造 明鏡止水 お燗(かん)にしよっ。

本釀造酒／1.8ℓ ¥1995／均為長野縣產美山錦59%／15～16度

連不喜歡溫熱飲的人也適合的一品，溫和的口感、清爽的風味，適合溫熱飲～熱飲。

日本酒度+5　酸度1.3　爽酒
吟釀香 ■□□□□　濃郁度 ■■□□□
原料香 ■■□□□　輕快度 ■■■■□

純米 槽(ふね)しぼり 明鏡止水 垂氷(たるひ)

純米酒／1.8ℓ ¥2520 720mℓ ¥1134／兵庫縣產山田錦60%同65%／16～17度

正如垂氷＝冰柱的酒名，是於嚴寒季節釀造的酒。均衡度佳、有透明感。適合冷飲～溫熱飲。

日本酒度+4　酸度1.6　醇酒
吟釀香 ■□□□□　濃郁度 ■■■□□
原料香 ■■■□□　輕快度 ■■■□□

純米大吟釀 明鏡止水 m'09(エムゼロきゅー) 酒門(しゅもん)の会(かい)

純米大吟釀酒／1.8ℓ ¥3500 720mℓ ¥1575／兵庫縣產山田錦40% 同45%／16～17度

為酒門之會的會員限定酒。華麗的香氣與口感很適合在酒宴中享用。冷飲為佳。

日本酒度+4　酸度1.5　薰酒
吟釀香 ■■■■□　濃郁度 ■■□□□
原料香 ■□□□□　輕快度 ■■■□□

みこつる

御湖鶴

關東・甲信越　長野縣

菱友釀造株式会社
℡0266-27-8109　不可直接購買
諏訪郡下諏訪町3205-17
大正元年（1912）創業

代表酒名　御湖鶴 純米大吟釀 山田錦（やまだにしき）45%

特定名稱　純米大吟釀酒

希望零售價格　1.8ℓ ¥4620 900mℓ ¥2783

原料米和精米步合…　麴米・掛米均為山田錦45%

酒精度………………　16.5度

經過高度精白後增加纖細風味，呈現山田錦特有的溫和豐郁，與新鮮酸味間的調和也很出色。口嘗香氣像是巨峰葡萄般的風味。適合冷飲、常溫。

日本酒度±0　酸度2　**薰酒**

吟釀香 ■■■■□　濃郁度 ■■□□□
原料香 ■□□□□　輕快度 ■■■□□

主要的酒品

御湖鶴 純米吟釀 Girasole（ジラソーレ）
純米吟釀酒／1.8ℓ ¥3150 900mℓ ¥1890／均為山田錦55%／16.5度
Girasole即向日葵。透明感的酸味與甜味相互調和、感覺很清涼。適合冷飲～溫熱飲。

日本酒度+2　酸度1.9　**爽酒**

吟釀香 ■■□□□　濃郁度 ■■□□□
原料香 ■■□□□　輕快度 ■■■□□

御湖鶴 純米吟釀 La Terra（ラ・テッラ）
純米吟釀酒／1.8ℓ ¥3200 900mℓ ¥1920／均為金紋錦55%／16.5度
La Terra為大地之意。長野大地孕育出的金紋錦，其特有的酸味很出色。適合冷飲～溫熱飲。

日本酒度±0　酸度1.9　**爽酒**

吟釀香 ■■□□□　濃郁度 ■■□□□
原料香 ■■□□□　輕快度 ■■■□□

御湖鶴 山田錦 純米酒
純米酒／1.8ℓ ¥2300 720mℓ ¥1250／均為山田錦65%／15.5度
芳醇、圓潤的酸味，呈現出山田錦特有的豐富口感。適合冷飲～溫熱飲。

日本酒度+4　酸度1.9　**醇酒**

吟釀香 ■□□□□　濃郁度 ■■■□□
原料香 ■■■□□　輕快度 ■■■□□

酒廠位於諏訪湖畔、諏訪大社下社的跟前，酒名以在諏訪湖休憩的鶴為形象。採用黑曜石的產地・和田峠湧出的軟水──黑曜天然水，釀製出以酸味為基調、加上甜味與濃醇度變化的酒。依照酒米本身的風味不同，酒標顏色也隨之改變的表現方式很有意思。

宮坂釀造株式会社
☎0266-52-6161　可直接購買
諏訪市元町1-16
寛文2年（1662）創業

代表酒名	真澄 純米大吟釀 七號（ななごう）
特定名稱	純米大吟釀酒
希望零售價格	720ml ¥3045

原料米和精米步合… 麴米・掛米均為長野縣產美山錦45%

酒精度……………… 16度

使用該酒廠發源的七號酵母、縣產的美山錦，以傳統山廃釀造法所釀製而成的一品。擁有山廃獨特的優雅酸味、口感紮實，喝了不會生膩。適合冷飲。

日本酒度 -1前後　酸度1.8前後　薫酒

吟釀香■■■■□　濃郁度■■□□□
原料香■■□□□　輕快度■■■■□

生產出香氣與風味均衡的酒款，為七號酵母的發源酒廠。全量自家精米的酒米，只使用產地明確的新米——美山錦、人心地、山田錦等3種。原則上「不希望出現微生物的工程以機械作業，無微生物憂慮的則以手工作業」，釀造出符合該土地特色的清澄酒款。

主要的酒品

真澄 吟釀 あらばしり
吟釀酒/720ml ¥1313/人心地55% 美山錦55%/18度

沒有經過加水或加熱處理即裝瓶的新搾生原酒。適合冷飲。

日本酒度 -3前後　酸度1.6前後　爽酒

吟釀香■■■□□　濃郁度■■□□□
原料香■□□□□　輕快度■■■□□

真澄 吟釀 生酒（なまざけ）
吟釀酒/720ml ¥1313/均為美山錦55%/15度

冬天釀造的新酒以低溫熟成後，形成適合夏天飲用的酒質，有新鮮的香氣與清爽的風味。適合冷飲。

日本酒度±0前後　酸度1.2前後　爽酒

吟釀香■■□□□　濃郁度■■□□□
原料香■□□□□　輕快度■■■□□

真澄 純米吟釀 辛口生一本（からくちきいっぽん）
純米吟釀酒/1.8ℓ ¥2699 720ml ¥1365/均為美山錦55%/15度

日本酒度相較下較為甘甜，有透明感、不殘留餘味。適合冷飲～常溫。

日本酒度+5前後　酸度1.4前後　爽酒

吟釀香■□□□□　濃郁度■■□□□
原料香■□□□□　輕快度■■■□□

ほうか
豐香

株式会社豊島屋
0266-23-1123　可直接購買
岡谷市本町3-9-1
慶応3年（1867）創業

關東・甲信越　長野縣

代表酒名　豐香 純米原酒 生一本（げんしゅ きいっぽん）

特定名稱　純米酒

希望零售價格　1.8ℓ ¥2100　720mℓ ¥1155

原料米和精米步合… 麴米 長野縣產白樺錦65%／
掛米 長野縣產米代70%

酒精度…… 17度

豐富的香氣以及於八岳山麓契約栽培的米代本身的濃醇風味，與酸味相互調和、具透明感。

日本酒度+4　酸度1.4　醇酒

吟釀香 ■□□□□　濃郁度 ■■■□□
原料香 ■■■□□　輕快度 ■■■□□

為酒款豐富、主酒名「神渡」之副品牌的限定流通商品。酒廠以30幾歲的年輕杜氏、製酒師為中心，堅持使用長野縣產米，釀製出不愧於酒名的豐郁香氣、原料米本身的濃醇風味以及清爽俐落口感的酒質，為個性十足、CP值高的魅力之作。

主要的酒品

豐香 秋あがり（あき） 別囲い（べつかこ）純米生一本（きいっぽん）
純米酒／1.8ℓ ¥2310／長野縣產白樺錦65% 長野縣產米代65%／17度
以低溫靜置一個夏天後，成為增添溫和酸味與輕快口感的沉穩大人風酒質。

日本酒度+4.5　酸度1.5　醇酒

吟釀香 ■□□□□　濃郁度 ■■□□□
原料香 ■■■□□　輕快度 ■■■□□

豐香 辛口（からくち）吟釀
吟釀酒／1.8ℓ ¥2520／長野縣產美山錦・人心地59%／15度
100%使用縣產米，美山錦、人心地各一半，為口感俐落的辛口型，香氣豐盈。

日本酒度+6　酸度1.4　爽酒

吟釀香 ■■□□□　濃郁度 ■■□□□
原料香 ■□□□□　輕快度 ■■■■□

豐香 純米吟釀原酒
純米吟釀酒／1.8ℓ ¥2730／均為長野縣產白樺錦59%／17度
發揮白樺錦的特性，擁有豐郁的撲鼻香氣、酒米的風味與鮮明的透明感。適合冷飲。

日本酒度+6　酸度1.6　薰酒

吟釀香 ■■■□□　濃郁度 ■■□□□
原料香 ■□□□□　輕快度 ■■■□□

七笑酒造株式会社
☎0264-22-2073　可直接購買
木曽郡木曽町福島5135
明治25年（1892）創業

位於木曽路——舊中山道、鄰近兩岸河岸段丘的深谷間，以前為驛站旅館・木曽福島。以清冽的木曽山系伏流水釀製而成的「七笑」，為淡麗甘口的酒款。酒名源自鄉土英雄・木曽義仲年幼時居住過的木曽川源流域、木曽駒高原上的七笑。

代表酒名	七笑 純米吟釀
特定名稱	純米吟釀酒
希望零售價格	1.8ℓ ¥3055 720mℓ ¥1528

原料米和精米步合… 麹米・掛米均為美山錦55%

酒精度……………… 15.8度

以該酒廠獨自的技術將美山錦固有的口感與濃郁發揮地淋漓盡致的一品，酒米研磨後的果實香與風味的調和度極佳。冷飲◎、常溫○。

日本酒度+2～+3　酸度1.4		薰酒	
吟釀香	■■■□□	濃郁度	■■□□□
原料香	■□□□□	輕快度	■■■□□

主要的酒品

七笑 辛口（からくち）純米酒

純米酒/1.8ℓ ¥2400/均為美山錦59%/15.8度

冷藏後的俐落口感很鮮明、溫熱後則會增加濃醇度與風味，可品嘗兩種風格的酒款。

日本酒度+7～+8　酸度1.5		醇酒	
吟釀香	■□□□□	濃郁度	■■□□□
原料香	■■■□□	輕快度	■■■■□

七笑 純米酒

純米酒/1.8ℓ ¥2344 720mℓ ¥1121/美山錦60% 一般米60%/15.3度

可感受酒米的豐郁與風味，餘韻清爽輕快。冷飲・常溫◎、溫熱飲○。

日本酒度+2　酸度1.4		醇酒	
吟釀香	■□□□□	濃郁度	■■□□□
原料香	■■■□□	輕快度	■■■■□

七笑 辛口本釀造

本釀造酒/1.8ℓ ¥1987 720mℓ ¥1050/美山錦60% 一般米60%/15.8度

微辛口型，甜味與酸味調和的口感恰到好處，入口輕快。適合冷飲～溫熱飲。

日本酒度+3　酸度1.4		爽酒	
吟釀香	■□□□□	濃郁度	■■□□□
原料香	■■□□□	輕快度	■■■■□

しめはりつる

〆張鶴

宮尾酒造株式会社
℡0254-52-5181　可直接購買
村上市上片町5-15
文政2年（1819）創業

代表酒名	〆張鶴 純（じゅん）
特定名稱	純米吟釀酒
希望零售價格	1.8ℓ ¥3024　720mℓ ¥1512

原料米和精米步合…　麴米・掛米均為五百萬石50%
酒精度………………　15度

該酒廠的人氣商品。將當地產的五百萬石研磨掉50%後以低溫發酵，形成豐郁、餘韻清爽的酒質，適合冷飲以及能提升溫和感的溫熱飲。

日本酒度+3　酸度1.5　**爽酒**
吟釀香 ■■□□□　濃郁度 ■■□□□
原料香 ■■□□□　輕快度 ■■■■□

酒廠所在的村上市，是五百萬石等優質酒造好適米的生產地。從極早的昭和40年代初期就開始釀造純米酒，招牌的「〆張鶴純」即領先全國的酒款。創業當時同時兼營貨運船家的酒廠所釀製出來的酒，很有代代傳承武家文化的村上風格，為淡麗、凜冽的辛口型。

主要的酒品

〆張鶴 金（きん）ラベル
大吟釀酒／1.8ℓ ¥8660 720mℓ ¥3880／均為山田錦35%／16度
每年11月販售的數量限定商品。擁有華麗的果實香、飽滿的風味。適合冷飲。

日本酒度+5　酸度1.2　**薫酒**
吟釀香 ■■■■□　濃郁度 ■■□□□
原料香 ■□□□□　輕快度 ■■■□□

〆張鶴 吟撰（ぎんせん）
吟釀酒／1.8ℓ ¥3549 720mℓ ¥1774／均為山田錦50%／16度
該酒廠的熱門吟釀酒，芳醇的吟釀香與毫無雜味的溫和口感，適合冷飲。

日本酒度+4.5　酸度1.2　**薫酒**
吟釀香 ■■■□□　濃郁度 ■■□□□
原料香 ■□□□□　輕快度 ■■■□□

〆張鶴 雪（ゆき）
特別本釀造酒／1.8ℓ ¥2320 720mℓ ¥1060／均為五百萬石55%／15度
擁有輕柔的香氣，深邃的淡麗口感。視料理而定，可常溫或溫熱飲用。

日本酒度+4　酸度1.3　**爽酒**
吟釀香 ■■□□□　濃郁度 ■■□□□
原料香 ■■□□□　輕快度 ■■■■□

大洋酒造株式会社
☎0254-53-3154　可直接購買
村上市飯野1-4-31
昭和20年（1945）創業

たいようざかり
大洋盛
新潟縣　關東・甲信越

代表酒名	大吟釀 大洋盛
特定名稱	大吟釀酒
希望零售價格	1.8ℓ ¥8400 720mℓ ¥3990

原料米和精米步合… 麴米・掛米均為越淡麗40%

酒精度……………… 15度

使用新潟縣開發、該酒廠製酒師親自栽培的越淡麗，以獲得眾多鑑評會大獎的出品酒為基、開發出的「大洋盛」旗艦酒。適合冷飲。

日本酒度+2　酸度1.2　薰酒
吟醸香 ■■■□□　濃郁度 ■■□□□
原料香 ■□□□□　輕快度 ■■■■□

14家酒廠合併而成，各自的歷史悠久、其中還有寬永12年（1635）創業的酒廠。昭和47年發售「大吟釀大洋盛」，為帶領吟釀酒風潮的先驅。專注於酒米的研究栽培，除了製酒師獨自栽培的越淡麗外、所有的原料米均採用縣內產，對米的所有細節都相當講究。

主要的酒品

純米大吟釀 大洋盛
純米大吟釀酒/1.8ℓ ¥10500 720mℓ ¥5250/均為越淡麗40%/15度
與大吟釀一樣均使用越淡麗，有豐郁的吟釀香、餘韻清澈。適合冷飲。

日本酒度±0　酸度1.6　薰酒
吟醸香 ■■■□□　濃郁度 ■■□□□
原料香 ■■□□□　輕快度 ■■■□□

特別本醸造 大洋盛
特別本釀造酒/1.8ℓ ¥1953 720mℓ ¥871/五百萬石60%　五百萬石等60%/15度
雖為本釀造，但釀製方式與吟釀酒相當。隱約的香氣、輕柔的口感，適合冷飲～溫熱飲。

日本酒度+4　酸度1.2　爽酒
吟醸香 ■■□□□　濃郁度 ■■□□□
原料香 ■■□□□　輕快度 ■■■■□

金乃穗（きんのほ） 大洋盛
普通酒/1.8ℓ ¥1722 720mℓ ¥724/五百萬石60% 五百萬石等60%/15度
以與吟釀酒同樣程度的精米程度釀製而成，淡麗辛口、毫不膩口的風味。適合冷飲～溫熱飲。

日本酒度+4　酸度1.3　爽酒
吟醸香 ■□□□□　濃郁度 ■■□□□
原料香 ■■□□□　輕快度 ■■■■■

きくすい

菊水

關東・甲信越　新潟縣

菊水酒造株式会社
☎0254-24-5111　可直接購買
新発田市島潟750
明治14年（1881）創業

代表酒名	菊水 無冠帝 吟醸
特定名稱	吟醸酒
希望零售價格	1.8ℓ ¥2954 720mℓ ¥1250

原料米和精米步合… 麹米 五百萬石・粳米55%／掛米 粳米55%

酒精度……………… 15度

淡淡的華麗果實香、輕柔的口感舒暢宜人，尤其纖細的風味與料理很搭，冷飲◎、常溫○。

日本酒度＋4　酸度1.4　爽酒

吟釀香 ■■□□□　濃郁度 ■■□□□
原料香 ■□□□□　輕快度 ■■■■□

於杜氏制被廢止的昭和47年，發表日本首次罐裝的原酒「ふなぐち菊水一番しぼり」。之後，搭配飲食文化多樣化的「菊水辛口」、能輕鬆品嘗的吟釀酒「無冠帝」紛紛問世，近幾年符合少量消費傾向而增設了小瓶裝酒品等，是一間隨時都走在時代尖端的酒廠。

主要的酒品

ふなぐち菊水一番しぼり

本釀造酒／200mℓ ¥278／五百萬石・粳米70% 粳米70%／19度

剛搾取的生原酒就直接裝入罐中，擁有果實香與濃醇的風味，適合加冰塊享用或冷飲。

日本酒度 -3　酸度 1.8　醇酒

吟釀香 ■■□□□　濃郁度 ■■■□□
原料香 ■■■□□　輕快度 ■■□□□

熟成 ふなぐち菊水一番しぼり

吟釀酒／200mℓ ¥324／五百萬石・粳米55% 粳米55%／19度

剛搾取的生吟釀酒經過1年低溫熟成，形成甘甜的口感。適合加冰塊享用或冷飲。

日本酒度 -4　酸度 1.7　醇酒

吟釀香 ■■□□□　濃郁度 ■■■□□
原料香 ■■■□□　輕快度 ■■□□□

薫香 ふなぐち菊水一番しぼり

普通酒／200mℓ ¥480／五百萬石・粳米70% 粳米70%／19度

剛搾取的生原酒再加上菊水的酒粕燒酒釀製而成的濃厚酒款。適合加冰塊享用或冷飲。

日本酒度 -3　酸度 1.8　薫酒

吟釀香 ■■■□□　濃郁度 ■■■□□
原料香 ■■■□□　輕快度 ■■■□□

村祐酒造株式会社
☎0250-38-2028　不可直接購買
新潟市秋葉区舟戸1-1-1
昭和23年（1948）創業

代表酒名　村祐 常盤（ときわ）ラベル 純米大吟醸無濾過本

特定名稱　純米大吟釀酒

希望零售價格　1.8ℓ ¥3150 720mℓ ¥1575

原料米和精米步合…　麴米・掛米均為不公開

酒精度…………………　15度

正如「以和三盆糖為形象」，擁有清涼感的優雅甜味無人能比，亦可說是該酒名的精華之作。酸味就像隱藏的味道般，餘韻也很特別。適合冷飲。

日本酒度 不公開　酸度 不公開　薰酒
吟釀香 ■■■■□　濃郁度 ■■□□□
原料香 ■■□□□　輕快度 ■■■□□

平成14年由現任當家親自開發而成的酒款。全年40石的生產量很小，但承襲一貫以來的淡麗辛口與明顯區隔的風味被譽為「新潟清酒的新風格」，人氣逐漸高漲。以和三盆糖為形象的獨特、優雅甘甜味相當出色，基於希望不拘泥數字、先喝過再說的考量，所以相關數據不予公開。

主要的酒品

村祐 紺瑠璃（こんるり）ラベル 純米吟醸無濾過本生
純米吟釀酒/1.8ℓ ¥2835 720mℓ ¥1417/均不公開/16度
溫和的口感，香氣輕快、不會太過搶眼，味道濃郁。適合冷飲。

日本酒度 不公開　酸度 不公開　薰酒
吟釀香 ■■■□□　濃郁度 ■■□□□
原料香 ■■□□□　輕快度 ■■■□□

村祐 茜（あかね）ラベル 特別純米酒無濾過本生
特別純米酒/1.8ℓ ¥2520 720mℓ ¥1260/均不公開/16度
溫和舒暢的酸味、適度的甜味，並帶些微苦味的清爽酒質。適合冷飲。

日本酒度 不公開　酸度 不公開　爽酒
吟釀香 ■■□□□　濃郁度 ■■□□□
原料香 ■■■□□　輕快度 ■■■□□

村祐 和（なごみ）
吟釀酒/1.8ℓ ¥2520 720mℓ ¥1260/均不公開/15度
柔和的口感，深受當地人喜愛的本釀造型酒。適合作為晚酌酒。常溫◎，溫熱飲○。

日本酒度 不公開　酸度 不公開　爽酒
吟釀香 ■■□□□　濃郁度 ■■□□□
原料香 ■□□□□　輕快度 ■■■■□

こしのかんばい

越乃寒梅

石本酒造株式会社
☎025-276-2028　不可直接購買
新潟市江南区北山847-1
明治40年（1907）創業

代表酒名	越乃寒梅 特撰（とくせん）
特定名稱	吟釀酒
希望零售價格	1.8ℓ ¥3350 720mℓ ¥1675

原料米和精米步合⋯ 麴米・掛米均為山田錦50%

酒精度⋯⋯⋯⋯⋯ 16.6度

釀製過程與一般的大吟釀沒有兩樣，為吟釀酒中的代表作。完全發揮出山田錦特有的風味、口感清爽細緻。請勿過度冷藏。較適合常溫或溫熱飲。

日本酒度+7　酸度1.2　**爽酒**

吟釀香 ■■□□□　濃郁度 ■■□□□
原料香 ■■□□□　輕快度 ■■■■□

極其頑固的製酒態度，在戰時的日本酒受難時代也從沒改變過。昭和38年，受到當時雜誌『酒』的知名總編輯——佐佐木久子的讚賞而名氣大增，開啟了地酒風潮的大門。即便酒廠希望大家「能在晚酌時輕鬆享用」，卻是難買到手的代表酒款。

主要的酒品

越乃寒梅 超（ちょう）特撰

大吟釀酒/500mℓ ¥3670/山田錦30% —/16.6度

清淡的吟釀香口感極佳，紮實的風味呈現出高級感。適合常溫、溫熱飲。

日本酒度+6　酸度1.1　**爽酒**

吟釀香 ■■■□□　濃郁度 ■□□□□
原料香 ■□□□□　輕快度 ■■■■□

越乃寒梅 金無垢（きんむく）

純米吟釀酒/720mℓ ¥3560/山田錦40% —/16.3度

山田錦研磨後慢慢低溫發酵，呈現出濃厚、優雅的口感。適合常溫、溫熱飲。

日本酒度+3　酸度1.3　**爽酒**

吟釀香 ■■□□□　濃郁度 ■■□□□
原料香 ■■□□□　輕快度 ■■■■□

越乃寒梅 無垢

特別純米酒/1.8ℓ ¥3050 720mℓ ¥1530/山田錦55% —/16.3度

具有純米酒特有的豐郁與濃醇，濃縮後的酒米口感餘韻悠長。適合常溫、溫熱飲。

日本酒度+3　酸度1.4　**爽酒**

吟釀香 ■■□□□　濃郁度 ■■■□□
原料香 ■■□□□　輕快度 ■■■■□

久須美酒造株式会社
℡0258-74-3101　不可直接購買
長岡市小島谷1537-2
天保4年（1833）創業

代表酒名	清泉
特定名稱	特別純米酒
希望零售價格	1.8ℓ ¥2700 720mℓ ¥1350

原料米和精米步合… 麴米五百萬石55%／掛米雪精等55%
※全量自家精米
酒精度……………… 15～16度

由自豪的自家湧水與傳統的越後杜氏技術釀製而成，細緻溫和的風味讓人讚不絕口。冷飲、溫熱飲時會增添其圓潤、濃郁的程度。

日本酒度 不公開　酸度 不公開　爽酒
吟釀香 ■□□□□　濃郁度 ■■□□□
原料香 ■■□□□　輕快度 ■■■■□

是一家「偏僻鄉村裡的小酒廠」，採用雪國新潟的優質米與縣名水指定的自家湧水，加上當地的人情與豐富的自然、堅守手工釀製的技術。該酒廠以1500顆稻種復活，自家栽培戰前中斷一時的酒米・龜尾，並以吟釀酒「亀の翁」聞名。

主要的酒品

七代目（ななだいめ） 純米吟釀・生貯蔵酒（なまちょぞうしゅ）
純米吟釀酒／1.8ℓ ¥3000 720mℓ ¥1500／全量自家精米=均為山田錦55%／14～15度
酒廠第七代當家與年輕製酒師以「在原野上盛開的花」為主題釀製而成的酒，連麴也是手工製造。適合冷飲。

日本酒度 不公開　酸度 不公開　爽酒
吟釀香 ■■□□□　濃郁度 ■■■□□
原料香 ■■□□□　輕快度 ■■■■□

夏子物語（なつこものがたり） 純米吟釀・生貯蔵酒
純米吟釀酒／1.8ℓ ¥3000 720mℓ ¥1650／全量自家精米=五百萬石55% 越息吹等55%／14～15度
入口後就像清澈的清水般，舒暢的酸味與酒米的甜味調和，呈現出溫和的口感。適合冷飲。

日本酒度 不公開　酸度 不公開　爽酒
吟釀香 ■■□□□　濃郁度 ■■□□□
原料香 ■■□□□　輕快度 ■■■■□

清泉 雪（ゆき）
普通酒／1.8ℓ ¥1740 720mℓ ¥850／全量自家精米=五百萬石55% 雪精等60%／15～16度
雖為普通酒，但將原料米經過高度精白後，慢慢以低溫釀製而成。適合冷飲、溫熱飲。

日本酒度 不公開　酸度 不公開　爽酒
吟釀香 ■□□□□　濃郁度 ■■□□□
原料香 ■■□□□　輕快度 ■■■■□

越乃景虎

諸橋酒造株式会社
☎0258-52-1151　不可直接購買
長岡市北荷頃408
弘化4年（1847）創業

關東・甲信越　新潟縣

代表酒名	酒座景虎（しゅざ）
特定名稱	本釀造酒
希望零售價格	1.8ℓ ¥2290　720mℓ ¥1145

原料米和精米步合…　麴米・掛米均為不公開

酒精度………………　15～16度

以「不影響料理的風味，入口爽快的酒質」為概念的限定流通商品，徹底執行「酒為配角」的信念，為能增添料理風味的淡麗酒款。適合冷飲～溫熱飲。

日本酒度 不公開　酸度 不公開　爽酒

吟釀香 ■□□□□　濃郁度 ■■□□□
原料香 ■■□□□　輕快度 ■■■■□

酒廠位於日本有數的豪雪地帶・栃尾盆地的一隅，以寒冷氣候特有的傳統技術釀造酒。基於「酒可以說是增添用餐樂趣的良伴」的考量，因而追求自我主張不強烈、淡麗辛口的酒質。酒名的「景虎」是取自鄉土英雄・上杉謙信公的冠禮名。

主要的酒品

越乃景虎 名水仕込（めいすいじこみ） 特別純米酒

特別純米酒／1.8ℓ ¥2870 720mℓ ¥1430／五百萬石55% 雪精55%／15.5度

以超軟水「杜杜之森湧水」釀製，清澄的口感與輕快感為特徵。適合冷飲、溫熱飲。

日本酒度+3　酸度1.6　爽酒

吟釀香 ■□□□□　濃郁度 ■■□□□
原料香 ■■□□□　輕快度 ■■■■□

越乃景虎 超辛口（ちょうからくち） 本釀造

本釀造酒／1.8ℓ ¥2120 720mℓ ¥1020／五百萬石55% 雪精55%／15.5度

從較高的日本酒度來看難以想像，為擁有紮實口感的酒款。適合冷飲～溫熱飲。

日本酒度+12　酸度1.4　爽酒

吟釀香 ■□□□□　濃郁度 ■■□□□
原料香 ■■□□□　輕快度 ■■■■■

越乃景虎 龍（りゅう）

普通酒／1.8ℓ ¥1800 720mℓ ¥755／五百萬石65% 越息吹65%／15.5度

該酒名的熱門商品。清爽的風味，是會讓人想一口接一口的晚酌酒。適合冷飲、溫熱飲。

日本酒度+6　酸度1.2　爽酒

吟釀香 ■□□□□　濃郁度 ■■□□□
原料香 ■■□□□　輕快度 ■■■■□

朝日酒造株式会社
☎0258-92-3181　不可直接購買
長岡市朝日880-1
天保元年（1830）創業

朝日山

代表酒名	朝日山 純米酒
特定名稱	純米酒
希望零售價格	1.8ℓ ¥1995 720mℓ ¥980

原料米和精米步合…　麴米・掛米均為新潟縣產米65%

酒精度………………　15度

100%使用新潟縣產米，呈現出濃郁與舒暢的口感，喝起來很帶勁，廣受當地好評。冷飲時有暢快感，常溫時的風味醇厚，溫熱飲時則清爽程度會更明顯。

日本酒度+1　酸度1.5	醇酒
吟釀香 ■□□□□	濃郁度 ■■■□□
原料香 ■■■□□	輕快度 ■■■■□

為熱門人氣「久保田」的姐妹品牌，以朝日神社境內的湧水、無垢的寶水釀製而成。基於酒還是得視原料品質的考量，因而設置了實驗田進行研究、栽培理想中的酒米。另外，認為酒是拜水、土、太陽之賜的產物，所以也很熱心於維護大自然，減低對環境的負荷。

主要的酒品

朝日山 萬寿盃（まんじゅはい）

大吟釀酒/1.8ℓ ¥4725 720mℓ ¥2152/均為新潟縣產米50%/14度

淡麗辛口型為新潟清酒的主流，此款為該酒名的顛峰之作。香氣、風味都相當濃郁。適合冷飲。

日本酒度+5　酸度1	薰酒
吟釀香 ■■■□□	濃郁度 ■■□□□
原料香 ■□□□□	輕快度 ■■■■□

朝日山 千寿盃（せんじゅはい）

本釀造酒/1.8ℓ ¥1898 720mℓ ¥840/均為新潟縣產米60%/15度

該酒名代表的高級熱門商品。為喝了絕對不會失望、讓人安心的淡麗辛口酒。適合冷飲～溫熱飲。

日本酒度+5　酸度1.1	爽酒
吟釀香 ■■□□□	濃郁度 ■■□□□
原料香 ■■□□□	輕快度 ■■■■□

朝日山 生酒（なまざけ）

特別本釀造酒/300mℓ ¥493/均為新潟縣產米60%/14度

不經過火入、直接將原本的清爽風味裝瓶，口感極佳。適合冷飲。

日本酒度+5　酸度1.1	爽酒
吟釀香 ■■□□□	濃郁度 ■■□□□
原料香 ■■□□□	輕快度 ■■■□□

緑川

緑川酒造株式会社
☎025-792-2117　不可直接購買
魚沼市青島4015-1
明治17年（1884）創業

產米地・魚沼產的新潟代表清酒之一。堅持以手工釀造為基本，在綿密的溫度管理下進行低溫發酵與低溫長期貯藏作業，所以不會受到氣候的變化影響，能釀造出品質穩定的酒質。雖是質樸而纖細的新潟酒淡麗型酒質，但也能感受到隱約的香氣與豐郁的風味。

代表酒名	本醸 緑川
特定名稱	本醸造酒
希望零售價格	1.8ℓ ¥2310 720mℓ ¥1103

原料米和精米步合…　麴米・掛米均為北陸12號等60%

酒精度………………　15.5度

雖為淡麗型酒，但還殘留明顯的酒米風味，為該酒名的代表商品。極力減少釀造用酒精的添加量，淡麗的酒質與濃醇口感的均衡度極佳。適合冷飲、溫熱飲。

日本酒度＋4　酸度1.6　**爽酒**

吟釀香 ■□□□□　濃郁度 ■■□□□
原料香 ■■□□□　輕快度 ■■■■□

主要的酒品

吟醸 緑川

吟釀／1.8ℓ ¥2940 720mℓ ¥1418／五百萬石55% 五百萬石等55%／16.5度

以低溫慢慢熟成，有優雅的清淡吟釀香與滑順的口感。適合冷飲、溫熱飲。

日本酒度＋5　酸度1.6　**爽酒**

吟釀香 ■■□□□　濃郁度 ■■□□□
原料香 ■□□□□　輕快度 ■■■■□

純米 緑川

純米酒／1.8ℓ ¥2625 720mℓ ¥1260／五百萬石60% 五百萬石等60%／15.5度

豐厚的口感，優雅的香氣，很容易入口。冷・常溫◎、溫熱飲○。

日本酒度＋4　酸度1.7　**醇酒**

吟釀香 ■□□□□　濃郁度 ■■■□□
原料香 ■■■□□　輕快度 ■■■■□

雪洞貯蔵酒（せつどうちょぞうしゅ） 緑（みどり）

純米吟釀酒／1.8ℓ ¥3360 720mℓ ¥1680／美山錦55% 美山錦等55%／15.5度

貯藏在約0℃的雪洞內，可品嘗清新、溫和的口感。適合冷飲。

日本酒度＋3.5　酸度1.5　**薰酒**

吟釀香 ■■■□□　濃郁度 ■■□□□
原料香 ■□□□□　輕快度 ■■■□□

青木酒造株式会社
☎025-782-0012　不可直接購買
南魚沼市塩沢1214
享保2年（1717）創業

鶴齡

代表酒名　**鶴齡 純米吟釀**

特定名稱　純米吟釀酒

希望零售價格　1.8ℓ ¥2900　720mℓ ¥1450

原料米和精米步合…　麹米・掛米均為越淡麗55%

酒精度………………　15.6度

重視酒米本身的濃郁與口感，釀製出柔和、不會膩口的酒質，隱約的香氣與豐郁，入口滑順。適合冷飲～40℃程度的溫熱飲。

日本酒度+1　酸度1.3　爽酒
吟釀香 ■■□□□　濃郁度 ■■□□□
原料香 ■□□□□　輕快度 ■■■■□

自古以來魚沼地方就擁有豐富的產米和水，加上豪雪地帶才有的寒冷清澄空氣，所以能夠釀製出優質的酒。該酒廠所有的酒都是越後杜氏以傳統技術於冬天釀造而成，呈現酒米原本風味的酒質。酒名由描述雪國生活的『北越雪譜』（天保年間發行）的作者・鈴木牧之所命名。

主要的酒品

鶴齡 純米大吟釀
純米大吟釀酒/1.8ℓ ¥6600 720mℓ ¥3300/均為山田錦40%/15.6度
100%使用兵庫縣特A地區產山田錦，香氣和風味都很出色，為該酒名的最高級酒。適合冷飲。

日本酒度+1　酸度1.3　薰酒
吟釀香 ■■■■□　濃郁度 ■■□□□
原料香 ■□□□□　輕快度 ■■■□□

鶴齡 特別純米 山田錦(やまだにしき)55% 精米(せいまい)
特別純米酒/1.8ℓ ¥3200 720mℓ ¥1600/均為山田錦55%/17.4度
發揮山田錦特有的風味，圓潤的口感與恰到好處的甘甜餘韻極佳。適合冷飲～常溫。

日本酒度 -4　酸度1.7　醇酒
吟釀香 ■□□□□　濃郁度 ■■■□□
原料香 ■■■□□　輕快度 ■■□□□

鶴齡 特別純米 越淡麗(こしたんれい)55% 精米
特別純米酒/1.8ℓ ¥3200 720mℓ ¥1600/均為越淡麗55%/17.9度
含在口中時為濃醇的風味，但在喝下的同時則有讓人驚豔的暢快感。適合冷飲。

日本酒度 -2　酸度1.8　醇酒
吟釀香 ■□□□□　濃郁度 ■■□□□
原料香 ■■■□□　輕快度 ■■■□□

八海山

八海釀造株式会社
025-775-3121　不可直接購買
南魚沼市長森1051
大正11年（1922）創業

關東・甲信越　新潟縣

代表酒名	本釀造 八海山
特定名稱	本釀造酒
希望零售價格	1.8ℓ ¥2408 720mℓ ¥1157

原料米和精米步合… 麴米 五百萬石55%／掛米 五百萬石・北陸76號55%

酒精度……………… 15.4度

擁有溫和的口感與淡麗的風味，容易入口、不會生膩，為該酒名的代表酒款。溫熱飲時能品嘗到隱約的麴香也是樂趣之一。

日本酒度+5　酸度1.1　爽酒
吟釀香 ■■□□□　濃郁度 ■■□□□
原料香 ■■□□□　輕快度 ■■■■□

重要步驟均以手工作業，以小量、低溫長期發酵釀製出「端正、清爽口感」的典型淡麗辛口型，是很符合新潟縣風格的酒。很早就著手大吟釀酒的釀造，培育出的技術也不惜應用在其他酒款上，所以本釀造酒、普通酒等的品質都很出眾。

主要的酒品

純米吟釀 八海山
純米吟釀酒／1.8ℓ ¥3775 720mℓ ¥1877／山田錦50% 山田錦·美山錦等50%／15.6度
擁有酒米的風味與圓潤的入喉感，可感受到平靜與溫和的一品。冷飲◎、常溫○。

日本酒度+5　酸度1.2　爽酒
吟釀香 ■■□□□　濃郁度 ■■□□□
原料香 ■■□□□　輕快度 ■■■□□

吟釀 八海山
吟釀酒／1.8ℓ ¥3469 720mℓ ¥1724／山田錦50% 山田錦·五百萬石等50%／15.6度
將凜冽的冬天空氣直接裝瓶，散發的優雅香氣與風味相當出色。冷飲◎、常溫○。

日本酒度+6　酸度1.0　爽酒
吟釀香 ■■□□□　濃郁度 ■□□□□
原料香 ■□□□□　輕快度 ■■■■□

清酒（せいしゅ） 八海山
普通酒／1.8ℓ ¥2000 720mℓ ¥952／五百萬石60% 雪精60%／15.4度
雖為普通酒，但經過高度精白、低溫發酵後呈現出該酒款的精髓。溫熱飲◎、冷飲・常溫○。

日本酒度+5　酸度1.0　爽酒
吟釀香 ■□□□□　濃郁度 ■□□□□
原料香 ■□□□□　輕快度 ■■■■□

白瀧酒造株式会社
025-784-3443　可直接購買
南魚沼郡湯沢町大字湯沢2640
安政2年（1855）創業

上善如水

代表酒名	上善如水 純米吟釀
特定名稱	純米吟釀酒
希望零售價格	1.8ℓ ¥2730 720mℓ ¥1370

原料米和精米步合… 麴米 五百萬石60%／掛米 越路早生60%
酒精度……………… 14～15度

優雅的吟釀香就像是剛摘下果實般的芬芳，溫和、輕快的口感入喉滑順。是極為推薦給初飲者的一品。適合冷飲。

日本酒度+5　酸度1.3　爽酒
吟釀香 ■■□□□　濃郁度 ■■□□□
原料香 ■■□□□　輕快度 ■■■■□

自創業者・湊屋藤助那一代以來即以「守護水」為釀酒精神的酒廠，秉持「最優良的日本酒一定是接近於水」的概念釀酒，酒名取自老子的「上善如水」──最理想的生活方式（上善）就像是水一般──。彷若清澈之水般的酒質，果然名符其實。

主要的酒品

淡麗 魚沼

純米酒／1.8ℓ ¥2150 720mℓ ¥1050／五百萬石60% 越路早生60%／14～15度
隱約的甜味與清爽的酸味搭配均衡，口感也很溫和。適合溫熱飲。

日本酒度+4　酸度1.6　爽酒
吟釀香 ■□□□□　濃郁度 ■■□□□
原料香 ■■□□□　輕快度 ■■■■□

湊屋藤助

純米大吟釀酒／1.8ℓ ¥3680 720mℓ ¥1500／山田錦50% 高嶺錦50%／15～16度
酸味低、口嘗香氣濃郁，雖為熟成酒卻擁有輕快的口感。適合微涼飲用。

日本酒度+3　酸度1.4　薰酒
吟釀香 ■■■□□　濃郁度 ■■□□□
原料香 ■□□□□　輕快度 ■■■■□

真吾の一本

純米大吟釀酒／1.8ℓ ¥10500 720mℓ ¥5250／均為山田錦35%／15～16度
冠上杜氏之名的酒款，濃郁的香味極為出色。適合微涼飲用。

日本酒度 -1　酸度1.3　薰酒
吟釀香 ■■■■□　濃郁度 ■■□□□
原料香 ■□□□□　輕快度 ■■■□□

越の誉

原酒造株式会社
0257-23-6221　可直接購買
柏崎市新橋5-12
文化11年（1814）創業

代表酒名　越の誉 純米大吟釀 秘蔵酒もろはく

特定名稱　純米大吟釀酒

希望零售價格　720mℓ ¥5250

原料米和精米步合…　麴米・掛米均為山田錦35%

酒精度……………… 15.6度

於酒廠內經過8年常溫熟成、閃爍著黃金色的秘藏古酒，圓潤的香氣與味道、優雅的口感與風味絕不會讓人失望。適合冷飲。

日本酒度 -1　酸度1.55　熟酒
吟釀香 ■■□□□　濃郁度 ■■■■□
原料香 ■■■■■　輕快度 ■■■□□

面日本海、寒冷的柏崎市，是縣內少數的適合釀酒地之一。曾經是繁榮的北前船港口，酒的水準極高。在此地誕生的「越の誉」，除了擁有新潟清酒本流的細膩、清爽的淡麗辛口外，還能品嘗到酒米本身的濃郁風味，讓人欣喜。

主要的酒品

越の誉 特別純米酒
特別純米酒/1.8ℓ ¥2715 720mℓ ¥1362/高嶺錦50% 同60%/15.5度
散發出特別契約栽培的高嶺錦風味，充滿餘韻的辛口型。適合冷飲～溫熱飲。

日本酒度+1.8　酸度1.3　爽酒
吟釀香 ■□□□□　濃郁度 ■■□□□
原料香 ■■□□□　輕快度 ■■■■□

越の誉 上撰本釀造
本釀造酒/1.8ℓ ¥1900 720mℓ ¥811/五百萬石65% 雪精65%/15.5度
喝了不會膩口，溫熱時為新潟清酒風格的溫和辛口型，也很適合冷飲。

日本酒度+4.8　酸度1.25　爽酒
吟釀香 ■□□□□　濃郁度 ■□□□□
原料香 ■■□□□　輕快度 ■■■■□

越の誉 純米大吟釀 槽搾り
純米大吟釀酒/720mℓ ¥3675/高嶺錦50% 同45%/16.5度
於2月的大寒時釀製，只擷取槽搾時的中取酒裝瓶，是極為奢侈的酒款。適合冷飲。

日本酒度±0　酸度1.55　薫酒
吟釀香 ■■■■□　濃郁度 ■■□□□
原料香 ■□□□□　輕快度 ■■■□□

株式会社丸山酒造場
☎025-532-2603　可直接購買
上越市三和区塔之輪617
明治30年（1897）創業

雪中梅

代表酒名	雪中梅 純米
特定名稱	純米酒
希望零售價格	720mℓ ¥2940

原料米和精米步合… 麴米 五百萬石55%／掛米 山田錦55%

酒精度……………… 15.6度

夏季限定販售。溫和的酒米風味中帶有隱約的甜味和酸味，是一款稍微奢華的純米酒。適合加冰塊、冷飲，由於有些許熟成，所以也很推薦溫熱飲用。

日本酒度 -4.5　酸度 1.3　爽酒
吟釀香 ■□□□□　濃郁度 ■■□□□
原料香 ■■■□□　輕快度 ■■□□□

酒廠位於頸城平野東部，背後為里山、眼前是寬敞的美麗田園。以釀製甘口酒為主，在新潟酒廠中相當少見。不愧是淡麗王國的新潟，口感毫不拖泥帶水，隨著溫和的口嘗香氣散發開來的甜味相當清爽，餘韻俐落、入口舒暢。

主要的酒品

雪中梅 特別本釀造

特別本釀造酒／720mℓ ¥2100／均為五百萬石60%／16.2度

冬季限定販售，以小量釀製的特別酒款，濃郁的風味較適合溫熱飲。

日本酒度 -3.5　酸度 1.2　爽酒
吟釀香 ■□□□□　濃郁度 ■■□□□
原料香 ■■□□□　輕快度 ■■□□□

雪中梅 本釀造

本釀造酒／1.8ℓ ¥2415 720mℓ ¥1260／五百萬石63% 五百萬石或山田錦63%／15.7度

以古老的蓋麴法製麴，充滿華麗香氣的風味與口感，溫熱飲◎、冷飲・常溫○。

日本酒度 -3.5　酸度 1.2　爽酒
吟釀香 ■□□□□　濃郁度 ■■□□□
原料香 ■■□□□　輕快度 ■■□□□

雪中梅

普通酒／1.8ℓ ¥1890 720mℓ ¥945／五百萬石68% 越息吹或五百萬石68%／15.4度

口感輕快的甘口型，溫順的入喉感很適合作為送禮用的晚酌酒。冷飲～溫熱飲為佳。

日本酒度 -3　酸度 1.1　爽酒
吟釀香 ■□□□□　濃郁度 ■■□□□
原料香 ■□□□□　輕快度 ■■□□□

根知男山

合名会社渡辺酒造店
025-558-2006　不可直接購買
糸魚川市根小屋1197-1
明治元年（1868）創業

代表酒名	根知男山 純米吟釀
特定名稱	純米吟釀酒
希望零售價格	1.8ℓ ¥3045 720mℓ ¥1575

原料米和精米步合…… 麴米・掛米均為根知谷產五百萬石55%
酒精度……………… 15.6度

該酒名的代表酒。毫無雜味的純樸味道，如同陽光般的明朗、朝氣蓬勃，深得人心。是一款能讓人愉悅、放鬆心情的酒。適合微涼、常溫飲用。

日本酒度+1　酸度1.4　**爽酒**
吟釀香 ■■□□□　濃郁度 ■■□□□
原料香 ■■□□□　輕快度 ■■■■□

溫和、豐富的地下水、自家田與契約田栽種的酒米、該片土地上的人、風土——從頭到腳均為純根知谷產的酒，即這款根知男山。在冬天會被大雪掩埋的小山谷裡，製酒師與契約農家於4～9月種米、10～3月釀酒。釀酒就是在守護田園，此即地酒的真正價值。

主要的酒品

根知男山 吟釀酒

吟釀酒/1.8ℓ ¥2835 720mℓ ¥1417/根知谷產五百萬石55% 根知谷產雪精57%/16.5度
能品嘗出雪精風味的一款酒。生酒為1～7月販售，火入處理的酒則為全年販售。適合微涼飲用。

日本酒度+4　酸度1.3　**爽酒**
吟釀香 ■■□□□　濃郁度 ■■□□□
原料香 ■□□□□　輕快度 ■■■■□

根知男山 純米酒

純米酒/1.8ℓ ¥2520 720mℓ ¥1260/均為根知谷產五百萬石60%/15.6度
該酒名的熱門款。可品嘗到根知谷風味的日常飲用酒。適合常溫、溫熱飲。

日本酒度+4　酸度1.5　**爽酒**
吟釀香 ■□□□□　濃郁度 ■■□□□
原料香 ■■□□□　輕快度 ■■■■□

根知男山 本釀造

本釀造酒/1.8ℓ ¥2100 720mℓ ¥1050/五百萬石60% 越息吹65%/15.6度
本釀造與純米酒的混合酒，可輕鬆入口、喝了之後有放鬆感。適合常溫、溫熱飲。

日本酒度+2　酸度1.3　**爽酒**
吟釀香 ■□□□□　濃郁度 ■■□□□
原料香 ■■□□□　輕快度 ■■■■□

株式会社北雪酒造
℡0259-87-3105　可直接購買
佐渡市徳和2377-2
明治5年（1872）創業

北雪

代表酒名	北雪 純米大吟醸 越淡麗（こしたんれい）
特定名稱	純米大吟釀酒
希望零售價格	1.8ℓ ¥5000 720mℓ ¥2500

原料米和精米步合… 麴米・掛米均為越淡麗40%

酒精度……………… 16度

100%使用由製酒師自己栽種的新潟產酒米・越淡麗，於冬天釀造的純米大吟釀。華麗的風味與輕快的餘韻相當明顯。適合冷飲。

日本酒度+3　酸度1.3　薫酒

吟釀香 ■■■□□　濃郁度 ■■□□□
原料香 ■□□□□　輕快度 ■■■■□

致力於將酒品銷往國外的佐渡代表酒廠。於地下冰溫貯藏庫中熟成的古酒會以24小時播放音樂或以超音波促進熟成的方式，相當先進。另一方面使用蒸籠和麴蓋、吊袋搾取、以長期低溫發酵釀製的大吟釀等，均堅持以傳統的技法製造。

主要的酒品

北雪 大吟醸 YK35（ワイケイ）

大吟釀酒/1.8ℓ ¥9000 720mℓ ¥4500/均為山田錦35%/16度

將山田錦研磨後、長期低溫發酵製成，豐醇的香氣與濃厚的味道最適合冷飲。

日本酒度+3　酸度1.2　薫酒

吟釀香 ■■■■■　濃郁度 ■□□□□
原料香 ■□□□□　輕快度 ■■■■□

北雪 純米酒

純米酒/1.8ℓ ¥2350 720mℓ ¥1150/五百萬石55% 同65%/15度

微微的酸味與輕快的口感，清爽的程度為辛口的王道。適合冷飲～溫熱飲。

日本酒度+5　酸度1.6　爽酒

吟釀香 ■□□□□　濃郁度 ■■□□□
原料香 ■■□□□　輕快度 ■■■■□

北雪 大吟醸

大吟釀酒/1.8ℓ ¥3400 720mℓ ¥1700/五百萬石45% 同50%/15度

使用佐渡產的五百萬石，撲鼻的吟釀香、清爽的風味很適合冷飲。

日本酒度+5　酸度1.3　薫酒

吟釀香 ■■■□□　濃郁度 ■■□□□
原料香 ■□□□□　輕快度 ■■■■□

北陸·東海

Hokuriku·Tokai

株式会社桝田酒造店
076-437-9916　不可直接購買
富山市東岩瀨町269
明治26年（1893）創業

代表酒名	滿寿泉 純米大吟釀
特定名稱	純米大吟釀酒
希望零售價格	1.8ℓ ¥8400 720mℓ ¥3885

原料米和精米步合…　麴米・掛米均為不公開

酒精度………………　不公開

恰到好處的沉穩吟釀香，口感紮實、入口滑順，呈現出清爽、俐落的酒米風味。微涼◎、常溫・溫熱飲○。

日本酒度 不公開　酸度 不公開　薰酒
吟釀香 ■■■■□　濃郁度 ■■□□□
原料香 ■■□□□　輕快度 ■■■□□

位於曾經是北前船的停泊港、熱鬧城市中的酒廠，所以此款酒擁有獨特的華麗感。昭和40年代中期，挑戰當時還不是很普遍的吟釀酒釀造，現在生產量的大半均為吟釀酒。對饒富山珍海味的富山來說，若只有淡麗辛口則略顯不足，所以釀造出這款擁有輕快、紮實口感的酒。

主要的酒品

滿寿泉 大吟釀
大吟釀酒/1.8ℓ ¥5250 720mℓ ¥2835/均不公開/不公開
淡淡的吟釀香與溫和的口感，風味醇厚，為該酒廠的自信之作。適合微涼飲用。

日本酒度 不公開　酸度 不公開　薰酒
吟釀香 ■■■■□　濃郁度 ■■□□□
原料香 ■■□□□　輕快度 ■■■■□

滿寿泉 純米
純米酒/1.8ℓ ¥2310 720mℓ ¥1365/均不公開/不公開
香氣豐郁，華麗、醇厚的口感，適合微涼～溫熱飲。

日本酒度 不公開　酸度 不公開　醇酒
吟釀香 ■□□□□　濃郁度 ■■■□□
原料香 ■■■□□　輕快度 ■■■■□

滿寿泉 純米吟釀
純米吟釀酒/1.8ℓ ¥2992 720mℓ ¥1785/均不公開/不公開
入喉順暢，又能感受到紮實的酒米風。適合常溫、溫熱飲。

日本酒度 不公開　酸度 不公開　薰酒
吟釀香 ■■■□□　濃郁度 ■■□□□
原料香 ■■□□□　輕快度 ■■■□□

勝駒

有限会社清都酒造場
℡0766-22-0557 不可直接購買
高岡市京町12-12
明治39年（1906）創業

代表酒名 勝駒 純米酒

特定名稱 純米酒

希望零售價格 1.8ℓ ¥2940 720mℓ ¥1575

原料米和精米步合… 麴米—／掛米 富山縣產五百萬石50%

酒精度………………… 15～16度

冷藏後的口嘗香氣依舊濃郁，甘口、辛口、酸味間的均衡恰到好處。隨著越接近常溫，酒質會越紮實、容易入口，最適合作為佐餐酒。

日本酒度 — 酸度 — 醇酒

吟釀香 ■□□□□ 濃郁度 ■■■□□
原料香 ■■■□□ 輕快度 ■■■■□

「勝駒」的酒名是為了紀念日俄戰爭時活躍的騎兵與勝利。以「每天家常料理的搭配酒、深根於生活中的正統派之酒」為目標，這家縣內數一數二的小酒廠釀造出擁有溫和香氣與口感、發揮酒米優良風味的酒。酒標上的文字為池田滿壽夫的揮毫之作。

主要的酒品

勝駒 大吟釀
大吟釀酒／1.8ℓ ¥5250 720mℓ ¥2835／—庫縣產山田錦40%／16.8度
研磨山田錦釀製的自信之作。清淡的吟釀香、濃郁的風味可作為佐餐酒。適合冷飲。

日本酒度 — 酸度 — 薰酒

吟釀香 ■■■□□ 濃郁度 ■■□□□
原料香 ■□□□□ 輕快度 ■■■■□

勝駒 純米吟釀
純米吟釀酒／1.8ℓ ¥3990 720mℓ ¥2100／— 兵庫縣產山田錦50%／15.8度
酒米的香氣清爽，深層的香味在舌間散開。冷飲◎、常溫・溫熱飲○。

日本酒度 — 酸度 — 薰酒

吟釀香 ■■■□□ 濃郁度 ■■□□□
原料香 ■□□□□ 輕快度 ■■■■□

勝駒 本仕込（ほんじこみ）
特別本釀造酒／1.8ℓ ¥2100 720mℓ ¥1155／— 富山縣產五百萬石55%／15.6度
縣產米以吟釀酒的方式研磨，是一款喝了不會膩口的日常酒。CP值高，適合冷飲～熱飲。

日本酒度 — 酸度 — 爽酒

吟釀香 ■■□□□ 濃郁度 ■■□□□
原料香 ■■□□□ 輕快度 ■■■■□

御祖酒造株式会社
℡0767-77-1110　不可直接購買
鹿島郡中能登町藤井ホ10
明治30年（1897）創業

遊穗

代表酒名　遊穗 純米吟釀 山田錦（やまだにしき）・美山錦（みやまにしき）55

特定名稱　純米吟釀酒

希望零售價格　1.8ℓ ¥2750 720mℓ ¥1380

原料米和精米步合…　麴米 兵庫縣產山田錦55%／掛米 美山錦55%

酒精度………………　16.5度

麴本身的紮實香味與來自酒米的隱約甜味、溫和酸味，三種味道融合地相當出色。很適合搭配重口味的料理，適合微涼～常溫飲用。

日本酒度+3　酸度1.6　薰酒

吟釀香 ■■■□□　濃郁度 ■■□□□
原料香 ■■□□□　輕快度 ■■■■□

原本是以釀造當地消費的普通酒為中心的酒廠，當家與杜氏下定決心挑戰「從零開始的釀酒」，於平成18年誕生了「遊穗」。之後名聲逐漸響亮，現在以釀造出佐餐酒中的佐餐酒為目標。酒名，據說是取自酒廠所在地為UFO目擊的名地。

主要的酒品

遊穗 純米酒
純米酒／1.8ℓ ¥2250 720mℓ ¥1130／五百萬石60% 能登光55%／16度
依不同溫度可對應不同的料理，是搭配度最高的晚酌酒。適合常溫～溫熱飲，溫熱後放涼飲用也可。

日本酒度+6　酸度1.8　醇酒

吟釀香 ■□□□□　濃郁度 ■■■□□
原料香 ■■■□□　輕快度 ■■■■□

遊穗 山（やま）おろし純米酒
純米酒／1.8ℓ ¥2520 720mℓ ¥1260／五百萬石60% 能登光55%／16度
採用生酛系的釀造法，口感紮實、醇厚。適合常溫～溫熱飲，溫熱後放涼飲用也可。

日本酒度+5.5　酸度2　醇酒

吟釀香 ■□□□□　濃郁度 ■■■■□
原料香 ■■■□□　輕快度 ■■■■□

遊穗 純米吟釀 山田錦
純米吟釀酒／1.8ℓ ¥3600 720mℓ ¥1800／均為山田錦50%／16.5度
酒米本身的風味與酸味均衡，適合搭配生魚片等清淡料理，適合微涼飲用。

日本酒度+3　酸度1.6　薰酒

吟釀香 ■■■□□　濃郁度 ■■□□□
原料香 ■□□□□　輕快度 ■■■□□

加賀鳶

株式会社福光屋
☎0120-293-285　可直接購買
金沢市石引2-8-3
寛永2年（1625）創業

北陸・東海　石川縣

代表酒名	加賀鳶 純米大吟醸 藍（あい）
特定名稱	純米大吟釀酒
希望零售價格	1.8ℓ ¥4200 720mℓ ¥2100

原料米和精米步合… 麴米・掛米均為兵庫縣產山田錦50%

酒精度……………… 16度

集純米酒廠之技術精華釀製而成，是該酒廠引以為豪的一品。擁有華麗風味與細膩、俐落口感的辛口型酒。適合冷藏至5～10℃時飲用。

日本酒度+4　酸度1.4　薫酒

吟醸香 ■■■□□　濃郁度 ■■□□□
原料香 ■□□□□　輕快度 ■■■■□

昭和61年的全商品均為特定名稱酒，平成13年後的全商品均為純米釀製，之後即致力於釀造能發揮酒米本身風味與輕快細緻口感的酒款。俐落、純粹的酒質，彷彿就像是江戶時代加賀前田藩為了江戶藩邸所雇用的救火員・加賀鳶的氣魄般。

主要的酒品

加賀鳶 極寒（ごくかん）純米 辛口（からくち）

純米酒/1.8ℓ ¥2100 720mℓ ¥1050/山田錦・五百萬石65% — /16度

採低溫發酵、口感豐富的辛口型酒，與重口味的料理很搭。適合加冰塊～熱飲。

日本酒度+4　酸度1.8　爽酒

吟醸香 ■□□□□　濃郁度 ■■□□□
原料香 ■■■□□　輕快度 ■■■■□

加賀鳶 山廃（やまはい）純米 超（ちょう）辛口

純米酒/1.8ℓ ¥2730 720mℓ ¥1365/山田錦・五百萬石65% — /16度

經過2年以上熟成，濃醇、辛辣的超辛口型酒。適合加冰塊～熱飲。

日本酒度+12　酸度2　醇酒

吟醸香 ■□□□□　濃郁度 ■■■■□
原料香 ■■■■□　輕快度 ■■■■□

加賀鳶 純米吟醸

純米吟釀酒/1.8ℓ ¥2940 720mℓ ¥1470/山田錦・金紋錦60% — /16度

豐富的吟釀香、飽滿柔和的酒米風味、俐落的口感，適合冷飲或常溫。

日本酒度+4　酸度1.4　薫酒

吟醸香 ■■■□□　濃郁度 ■■□□□
原料香 ■■□□□　輕快度 ■■■□□

株式会社吉田酒造店
☎076-276-3311　不可直接購買
白山市安吉町41
明治3年（1870）創業

手取川

代表酒名　吟醸生酒（なまざけ） あらばしり 手取川

特定名稱　大吟釀酒

希望零售價格　1.8ℓ ¥3150 720mℓ ¥1575

原料米和精米步合…　麹米 山田錦45%／掛米 五百萬石45%

酒精度……………　16.5度

全年販售的新搾本生酒。彷若貴腐葡萄酒般的溫和水果香，優雅的氣氛很受女性的喜愛。適合冷藏至10～15℃時飲用。

日本酒度＋6～＋7　酸度1.2～1.3　薰酒
吟釀香 ■■■□□　濃郁度 ■■□□□
原料香 ■□□□□　輕快度 ■■■□□

與當地的風土緊密連結，以當地的水和當地的米釀製而成，亦即以「重視培育環境的日本酒」為目標的酒廠。大吟釀以750kg的小量釀造，藉由急冷瓶火入、低溫貯藏防止過度熟成，創業以來的手工釀製技術與最低限度的現代技術和平共存。

主要的酒品

山廃仕込（やまはいじこみ） 純米酒 手取川
純米酒／1.8ℓ ¥2651 720mℓ ¥1326／均為五百萬石60%／15.8度

擁有山廃般的濃郁風味、口感俐落，入喉時的華麗香氣也很出色。適合冷飲、溫熱飲。

日本酒度＋5　酸度1.8　醇酒
吟釀香 ■□□□□　濃郁度 ■■■■□
原料香 ■■■■□　輕快度 ■■■□□

純米大吟醸 吉田蔵（よしだぐら） 45%
純米大吟釀酒／1.8ℓ ¥3150 720mℓ ¥1575／山田錦45% 五百萬石45%／16.2度

以金澤酵母釀製，具有不影響料理風味的清淡吟釀香與豐郁口感，適合冷飲。

日本酒度＋3　酸度1.4　薰酒
吟釀香 ■■■■□　濃郁度 ■■□□□
原料香 ■□□□□　輕快度 ■■■□□

大吟醸 名流（めいりゅう） 手取川
大吟釀酒／1.8ℓ ¥5250 720mℓ ¥2625／均為山田錦40%／16.2度

低溫貯藏、經過半年以上的熟成，為該酒廠香氣最高的一品。適合冷藏至10～15℃時飲用。

日本酒度＋4　酸度1.2　薰酒
吟釀香 ■■■■□　濃郁度 ■■□□□
原料香 ■□□□□　輕快度 ■■■□□

天狗舞

株式会社車多酒造
076-275-1165　不可直接購買
白山市坊丸町60-1
文政6年（1823）創業

北陸・東海　石川縣

代表酒名	山廢純米吟醸 天狗舞
特定名稱	純米大吟釀酒
希望零售價格	1.8ℓ ¥5250 720mℓ ¥3000

原料米和精米步合… 麹米・掛米均為特A地區產山田錦45%
酒精度……………… 15.9度

100%使用兵庫縣產的山田錦，全量自家精米。採用山廢釀製方式，呈現出芳醇、味道鮮明的特徵，是與料理很搭的吟釀酒。熟成後的顏色也很漂亮，適合冷飲～溫熱飲。

日本酒度＋4　酸度1.6　醇酒
吟釀香 ■■□□□　濃郁度 ■■■□□
原料香 ■■■□□　輕快度 ■■■□□

主要的酒品

山廢仕込純米酒 天狗舞
純米酒/1.8ℓ ¥2861 720mℓ ¥1384/均為五百萬石60%/15.9度
山廢特有的濃厚香味與酸味完美地調和，冷飲～熱飲都不會破壞其均衡的口感。

日本酒度＋4　酸度1.9　醇酒
吟釀香 ■□□□□　濃郁度 ■■■■□
原料香 ■■■■□　輕快度 ■■■□□

古古酒純米大吟釀 天狗舞
純米大吟釀酒/1.8ℓ ¥10500 720mℓ ¥5250/均為特A地區產山田錦40%/16.1度
不愧是長期貯藏的純米大吟釀酒，溫和濃郁的香氣正是熟成的美妙之處。適合冷飲～常溫。

日本酒度＋3　酸度1.3　熟酒
吟釀香 ■■□□□　濃郁度 ■■■■■
原料香 ■■■■■　輕快度 ■■■□□

天狗舞純米 文政六年
特別純米酒/1.8ℓ ¥3426 720mℓ ¥1664/均為五百萬石55%/15.9度
恰到好處的熟成香氣與優質米的口感融合，為以吟釀釀造方式的特別純米酒。適合冷飲～溫熱飲。

日本酒度＋3　酸度1.4　醇酒
吟釀香 ■□□□□　濃郁度 ■■■■□
原料香 ■■■□□　輕快度 ■■■□□

酒名源自創業當時，環繞在酒廠周圍的樹木發出的樹葉摩擦聲就像是「天狗在跳舞的聲音」般而來。昭和40年代，在大量生產、大量消費的風潮下著手山廢釀造法、以固有技術為基礎所發展出的獨門手法，稱為「天狗舞山廢」。琥珀色的清澈山廢酒，正是「天狗舞」的顏色。

菊姫合資会社
📞076-272-1234　可直接購買
白山市鶴来新町タ8
天正年間（1573～92）創業

菊姫

代表酒名	金劔（きんけん）
特定名稱	純米酒
希望零售價格	1.8ℓ ¥2900 720mℓ ¥1400

原料米和精米步合…　麹米・掛米均為山田錦65%
酒精度………………　15～16度

發揮出酒米本身的溫和風味與甜味，為口感、入喉都很清爽的女酒，容易入口與芳醇的均衡度極佳。適合常溫、人體溫度～溫熱飲。

日本酒度 -3　酸度 1.7　醇酒
吟釀香 ■□□□□　濃郁度 ■■■■□
原料香 ■■■■□　輕快度 ■■■□□

遵循傳統加賀菊酒流派的酒廠之一，昭和43年生產大吟釀酒，在以淡麗為主流的昭和58年則發表了山廢釀製純米酒等，一貫以不迎合時代潮流、堅持傳統的釀酒態度。另一方面針對近年來杜氏後繼者的不足，也積極培育釀酒技術者的「酒專家」。

主要的酒品

菊姫 山廃仕込（やまはいしこみ）純米酒
純米酒/1.8ℓ ¥2900 720mℓ ¥1400/均為山田錦70%/16～17度
為濃縮酒米風味、酸味銳利的男酒，受到某部份人的喜愛。常溫、人體溫度～溫熱飲為佳。

日本酒度 -2　酸度 2.4　醇酒
吟釀香 ■□□□□　濃郁度 ■■■■■
原料香 ■■■■■　輕快度 ■■■■□

菊姫 菊（きく）
普通酒/1.8ℓ ¥2100 720mℓ ¥1000/山田錦70% 五百萬石70%/15～16度
可輕鬆品嘗菊姫風格之濃醇味道的熱門酒款，也曾經獲獎。常溫、溫熱飲～熱飲為佳。

日本酒度 -4　酸度 1.6　醇酒
吟釀香 ■□□□□　濃郁度 ■■■□□
原料香 ■■■■□　輕快度 ■■■□□

菊姫 大吟釀
大吟釀酒/1.8ℓ ¥12000 720mℓ ¥6000/均為山田錦50%/17～18度
經過長期熟成，擁有獨特豐郁味道、優雅的大吟釀酒。適合冷飲、常溫、人體溫度～溫熱飲。

日本酒度＋5　酸度 1.2　薰酒
吟釀香 ■■■■□　濃郁度 ■■■□□
原料香 ■■□□□　輕快度 ■■■■□

萬歲樂

株式会社小堀酒造店
076-273-1171　可直接購買
白山市鶴来本町1ヮ47
享保年間（1716～36）創業

代表酒名	萬歲樂 白山（はくさん） 大吟釀古酒（こしゅ）
特定名稱	大吟釀酒
希望零售價格	1.8ℓ ¥10500 720mℓ ¥5250

原料米和精米步合…　麹米・掛米均為特A-A地區產山田錦—
酒精度………………　17度

將品評會用的大吟釀酒裝瓶，經過3年低溫熟成的古酒。優雅、溫和的香氣與口感，簡直就是奢華的極品，適合冷飲、常溫。

日本酒度+4　酸度 —　**薰酒**
吟釀香 ■■■□□　濃郁度 ■■■□□
原料香 ■■■□□　輕快度 ■■■□□

以被讚譽為「菊水」的手取川伏流水，與加賀平野產的優質米釀製而成的夢幻美酒・加賀菊酒。除了維持傳統與名聲外，另一方面還重新培育出酒廠獨自的酒米・北陸12號，很積極在當地深根經營。酒名為明治時代該酒廠的第十二代當家取自謠曲『高砂』中的一節。

主要的酒品

萬歲樂 白山 純米大吟釀
純米大吟釀酒/1.8ℓ ¥6300 720mℓ ¥3150/均為特A-A地區產山田錦 —/15度
以超優質酒米與該酒廠特有的酵母釀製而成，有特別的香氣與味道、口感輕快。適合冷飲、常溫。

日本酒度+2　酸度 —　**薰酒**
吟釀香 ■■■■□　濃郁度 ■■□□□
原料香 ■□□□□　輕快度 ■■■□□

萬歲樂 白山 特別純米酒
特別純米酒/1.8ℓ ¥3990 720mℓ ¥2100/均為特A-A地區產山田錦 —/16度
發揮極上酒米原本的美質，呈現出紮實凜冽的口感。適合冷飲、常溫。

日本酒度+2　酸度 —　**醇酒**
吟釀香 ■□□□□　濃郁度 ■■■□□
原料香 ■■■■□　輕快度 ■■■□□

萬歲樂 甚（じん） 純米
純米酒/1.8ℓ ¥2100 720mℓ ¥1000/均為北陸12號 —/16度
以該酒廠培育的復活酒米釀製而成，讓人懷念的風味、為地酒中的地酒。適合冷飲、溫熱飲。

日本酒度+6　酸度 —　**醇酒**
吟釀香 ■□□□□　濃郁度 ■■■□□
原料香 ■■■□□　輕快度 ■■■□□

鹿野酒造株式会社
℡0761-74-1551　可直接購買
加賀市八日市町イ6
文政2年（1819）創業

代表酒名　常きげん 大吟醸 中汲み斗びん囲い

特定名稱　大吟醸酒

希望零售價格　1.8ℓ ¥8400 720mℓ ¥4200

原料米和精米步合…　麹米・掛米均為山田錦40%

酒精度………………　16.5度

將搾取中最上質的酒——中取以斗瓶裝盛，直接低溫熟成的大吟釀酒。華麗的吟釀香與圓潤的味道，顯現出大吟釀酒與眾不同的美質。適合冷飲。

日本酒度+3　酸度1.2　薫酒

吟釀香 ■■■■□　濃郁度 ■■□□□
原料香 ■□□□□　輕快度 ■■■□□

以前這一帶的土地被稱為「額田之庄」，身為代代地主的酒廠當家採用當地的產米以及與蓮如上人有淵源的井水釀製成酒。最得意的作品就是由「有關山廢的事就去問農口」，被大家讚譽有加的名匠・農口尚彥杜氏所釀製的山廢酒。酒質渾厚、口感銳利的琥珀色酒，讓人垂涎。

主要的酒品

常きげん 山廃純米吟醸
純米吟釀/1.8ℓ ¥4200 720mℓ ¥2100均為山田錦55%/16.5度
擁有酒米原本的味道，以及山廢獨特的濃郁風味，為該酒廠的精心之作。適合冷飲。

日本酒度+3　酸度1.6　醇酒

吟釀香 ■■□□□　濃郁度 ■■■□□
原料香 ■■■□□　輕快度 ■■■□□

常きげん 山廃仕込純米酒
純米酒/1.8ℓ ¥2625 720mℓ ¥1470/均為五百萬石65%/16.5度
穩重的味道、讓人意想不到的銳利口感，尤其在溫熱飲時最能突顯風味。

日本酒度+3　酸度1.8　醇酒

吟釀香 ■□□□□　濃郁度 ■■■■□
原料香 ■■■■□　輕快度 ■■■□□

常きげん 純米酒
純米酒/1.8ℓ ¥2247 720mℓ ¥1123/均為五百萬石60%/15.5度
能品嘗到純米的酒米風味，而且餘韻清爽。適合冷飲、溫熱飲。

日本酒度+3　酸度1.4　醇酒

吟釀香 ■□□□□　濃郁度 ■■■□□
原料香 ■■■□□　輕快度 ■■■□□

はくがくせん

白岳仙

北陸・東海　**福井縣**

安本酒造有限会社
☎0776-41-0011　不可直接購買
福井市安原町7-4
嘉永6年（1853）創業

代表酒名	白岳仙 純米大吟醸 特仙
特定名稱	純米大吟釀酒
希望零售價格	1.8ℓ ¥5250 720mℓ ¥3150

原料米和精米步合…　麴米・掛米均為兵庫縣產山田錦40%

酒精度………………　15～16度

100%使用兵庫縣三木地區產山田錦，將極優的原料米研磨掉60%後釀製而成，擁有溫和香氣與透明口感的絕品。適合冷飲、常溫。

日本酒度+9　酸度1.6　**薰酒**

吟釀香 ■■■■□　濃郁度 ■■□□□
原料香 ■□□□□　輕快度 ■■■■□

酒廠位於戰國時代的勇將・朝倉義景興建館邸的所在地——越前一乘谷。酒廠的歷史已有160餘年，現任當家為第46代，為該地首屈一指的世家。取自深約200m自家水井的白山水脈伏流水，以古老的槽搾方式釀製出「理想中的佐餐酒」。

主要的酒品

白岳仙 純米吟醸 奥越五百万石 中取り
純米吟釀酒／1.8ℓ ¥2625 720mℓ ¥1365／均為福井縣產五百萬石55%／15～16度
100%使用福井縣大野產五百萬石，呈現溫和的香氣與輕快的口感。適合冷飲、常溫。

日本酒度+4　酸度1.7　**爽酒**

吟釀香 ■■□□□　濃郁度 ■■□□□
原料香 ■□□□□　輕快度 ■■■■□

白岳仙 純米吟醸 山田錦十六号
純米吟釀酒／1.8ℓ ¥2940 720mℓ ¥1575／均為兵庫縣產山田錦55%／15～16度
100%使用兵庫縣三木地區產山田錦，具有淡淡的香氣、酒米風味與俐落的口感。適合冷飲、常溫。

日本酒度+5　酸度1.7　**薰酒**

吟釀香 ■■■□□　濃郁度 ■■□□□
原料香 ■■□□□　輕快度 ■■■□□

白岳仙 純米吟醸 備前雄町
純米吟釀酒／1.8ℓ ¥3360 720mℓ ¥1680／均為岡山縣產雄町55%／15～16度
100%使用岡山縣產雄町，隱約的香氣、紮實的酒米口感。適合冷飲、常溫。

日本酒度+5　酸度1.77　**醇酒**

吟釀香 ■■□□□　濃郁度 ■■■□□
原料香 ■■■□□　輕快度 ■■■■□

合資会社加藤吉平商店
☎0778-51-1507 可直接購買 可介紹酒店
鯖江市吉江町1-11
万延元年（1860）創業

代表酒名	梵 超吟（ちょうぎん）
特定名稱	純米大吟釀酒
希望零售價格	720mℓ ¥12600（漆盒裝）

原料米和精米步合… 麴米．掛米均為兵庫縣特A地區產山田錦21%

酒精度……………… 16.9度

於-8℃經過5年熟成、擁有高度香氣與豐郁口感的皇室獻酒。為完全預約的限定品，只在5月～、11月～一年發售兩次。適合冷飲。

日本酒度+2 酸度1.7 薰酒

吟釀香	■■■■□	濃郁度	■■□□□
原料香	■■□□□	輕快度	■■■□□

擁有曾經是皇室獻品、首相送給美國總統的禮物、政府專機上的正式機內用酒、國內販售的第一瓶大吟釀…等璀璨佳績的名貴酒款。多達約50種類的酒，全都是無添加純米酒以長期冰溫熟成的限定品，所以能夠擁有如此佳績也就不足為奇了。

主要的酒品

梵 夢は正夢（ゆめ まさゆめ）(Born:Dreams Come True)

純米大吟釀酒／1.8ℓ ¥10500／兵庫縣特A地區產山田錦20% 同35%／16.9度

於-8℃的5年熟成酒。沉穩的香氣與滑順、紮實的口感，適合冷飲。

日本酒度+3 酸度1.8 薰酒

吟釀香	■■■■□	濃郁度	■■□□□
原料香	■■□□□	輕快度	■■■■□

梵 日本の翼（にほん つばさ）(Born:Wing of Japan)

純米大吟釀酒／720mℓ ¥5250～（自由定價）／均為兵庫縣特A地區產山田錦35%／16.9度

於0℃的2年熟成酒。華麗的吟釀香，溫和、輕快的口感，適合冷飲。

日本酒度+3 酸度1.6 薰酒

吟釀香	■■■■□	濃郁度	■■□□□
原料香	■□□□□	輕快度	■■■■□

梵 極秘造大吟釀（ごくひぞう）

純米大吟釀酒／1.8ℓ ¥10500 720mℓ ¥5250／均為兵庫縣特A地區產山田錦35%／16.9度

於0℃的3年熟成酒。優雅的醇厚香氣、濃郁的風味，適合冷飲。

日本酒度+5 酸度1.7 薰酒

吟釀香	■■■■□	濃郁度	■■□□□
原料香	■■□□□	輕快度	■■■□□

※ 以上4款酒使用的山田錦均為契約栽培。

黑龍

黑龍酒造株式会社
📞0776-61-6110（兼定島酒造） 不可直接購買
吉田郡永平寺町松岡春日1-38
文化元年（1804）創業

代表酒名	黑龍 大吟釀 龍（りゅう）
特定名稱	大吟釀酒
希望零售價格	1.8ℓ ¥8400 720mℓ ¥4200

原料米和精米步合… 麴米・掛米均為兵庫縣產山田錦40%

酒精度……………… 15度

於昭和50年領先全國發售的熟成大吟釀酒。優雅、滑順的香味，受到愛酒人士的高度評價，現在依舊保持長銷酒的地位。冷飲為佳。

日本酒度+3 酸度0.9 薰酒
吟釀香 ■■■■□ 濃郁度 ■■□□□
原料香 ■□□□□ 輕快度 ■■■■□

酒廠位於曹洞宗大本山永平寺附近的寒冷、森嚴之地，取自白山水系九頭龍川伏流水，酒米則以兵庫縣特A地區產山田錦與福井縣大野產五百萬石為主，釀製出輕快、華麗風味的酒。平均精米步合約50%、產量的80%為吟釀酒，為典型的吟釀酒廠。

主要的酒品

黑龍 特撰（とくせん）吟釀
大吟釀酒/1.8ℓ ¥3364 720mℓ ¥1682/均為福井縣產五百萬石50%/15度
以低溫、慢慢釀製而成，優雅香氣與清澈口感兼具的大吟釀酒。適合冷飲。

日本酒度+5 酸度1 薰酒
吟釀香 ■■■■□ 濃郁度 ■■□□□
原料香 ■□□□□ 輕快度 ■■■■□

黑龍 純米吟釀
純米吟釀酒/1.8ℓ ¥2752 720mℓ ¥1377/均為福井縣產五百萬石55%/15度
為擁有五百萬石原本風味的「黑龍」系列，以入口舒暢為追求目標。適合冷飲、溫熱飲。

日本酒度+3.5 酸度1.3 薰酒
吟釀香 ■■■□□ 濃郁度 ■■□□□
原料香 ■□□□□ 輕快度 ■■■■□

黑龍 石田屋（いしだや）
純米大吟釀酒/720mℓ ¥10500/均為兵庫縣產山田錦35%/15度
將純米大吟釀酒經過低溫熟成後增加口感與圓潤度的一品。適合冷飲。

日本酒度+4.5 酸度0.8 薰酒
吟釀香 ■■■■■ 濃郁度 ■■■□□
原料香 ■■■□□ 輕快度 ■■■■□

中島釀造株式会社
℃0572-68-3151　不可直接購買
瑞浪市土岐町7181-1
元祿15年（1702）創業

小左衛門

代表酒名　小左衛門 特別純米 信濃美山錦

特定名稱　特別純米酒

希望零售價格　1.8ℓ ¥2500 720mℓ ¥1250

原料米和精米步合…　麴米・掛米均為信濃美山錦55%

酒精度………………　16.1度

沉穩的香氣與酒米本身的濃郁風味，同時擁有清爽透明的口感特徵。輕快的酸味讓味覺常保清新，能增添料理的風味。適合冷飲、溫熱飲。

日本酒度+2　酸度1.7　醇酒
吟釀香 ■□□□□　濃郁度 ■■■□□
原料香 ■■■□□　輕快度 ■■■□□

自古以來就以當地酒「始祿」聞名，哥哥為當家、弟弟擔任杜氏的兄弟檔酒廠。特約店限定的「小左衛門」系列，有純米和三年古酒為中心的7種類，以初代之名為酒名於平成12年所發行。平成14年使用與創業當時同樣在瑞浪本地所培育的酒米，釀造、發售了兩款純米吟釀酒。

主要的酒品

小左衛門 純米吟釀 播州山田錦
純米吟釀酒/1.8ℓ ¥3000 720mℓ ¥1500/均為兵庫縣產山田錦60%/17.3度
香氣、口感的濃郁與俐落均衡調和。早春時適合冷飲，秋天過後則以溫熱飲為佳。

日本酒度±0　酸度1.9　薰醇酒
吟釀香 ■■■□□　濃郁度 ■■■□□
原料香 ■■■□□　輕快度 ■■■□□

小左衛門 純米大吟釀 生酛（生）
純米大吟釀酒/1.8ℓ ¥6500 720mℓ ¥3250/均為單一酒造好適米40%/16.2度
香氣佳、風味密度濃醇，又有輕快感。早春～秋適合冷飲，秋天後以溫熱飲為佳。

日本酒度 -6　酸度2.2　薰醇酒
吟釀香 ■■■■□　濃郁度 ■■■□□
原料香 ■■■□□　輕快度 ■■■□□

小左衛門 純米吟釀 仕込38号備前雄町
純米吟釀酒/1.8ℓ ¥3800 720mℓ ¥1900/均為備前雄町50%/16.4度
擁有雄町獨特的華麗口感，以及呈現出柔軟釀製水的酒質。適合冷飲、溫熱飲。

日本酒度+1　酸度1.7　醇酒
吟釀香 ■■□□□　濃郁度 ■■■□□
原料香 ■■■□□　輕快度 ■■■□□

三千盛

株式会社三千盛
℡0572-43-3181　可直接購買
多治見市笠原町2919
安永年間（1772～81）創業

北陸・東海　岐阜縣

代表酒名　三千盛 小仕込（こじこみ）純米

特定名稱　純米大吟釀酒

希望零售價格　1.8ℓ ¥4700 720mℓ ¥2100

原料米和精米步合…　麴米・掛米均為山田錦40%

酒精度………………　15～16度

越喝越能感受到其濃郁的口感，酒廠所引以為豪的俐落口感就像是名刃般。推薦給喜愛辛口型酒的人。常溫・溫熱飲◎、冷飲○。

日本酒度＋14　酸度1.4　爽酒

吟釀香 ■■□□□　濃郁度 ■■□□□
原料香 ■□□□□　輕快度 ■■■■□

稱得上是辛口酒代表的「三千盛」，為昭和初年該酒廠誕生的最高等級酒。在以甘口為主流的昭和30年代經營得相當辛苦，之後精米步合50%、日本酒度＋10的「三千盛特極酒」吸引了作家・永井龍男的目光，「若要喝辛口酒就選三千盛」之名才開始廣及全國。

主要的酒品

三千盛 純米
純米大吟釀酒／1.8ℓ ¥3150 720mℓ ¥1400／美山錦45% 朝日之夢45%／15～16度
冷飲時有清爽輕快的口感，溫熱飲時則能增加華麗的風味。適合冷飲～溫熱飲。

日本酒度＋11　酸度1.4　爽酒

吟釀香 ■■□□□　濃郁度 ■■□□□
原料香 ■□□□□　輕快度 ■■■■□

三千盛 超特（ちょうとく）
大吟釀酒／1.8ℓ ¥2700 720mℓ ¥1200／美山錦45% 朝日之夢45%／15～16度
毫無雜味，只感受到酒米與米麴風味的清澄酒質。冷飲～溫熱飲◎、熱飲○。

日本酒度＋15　酸度1.2　爽酒

吟釀香 ■■□□□　濃郁度 ■■□□□
原料香 ■□□□□　輕快度 ■■■■■

三千盛 まる尾（お）
純米大吟釀酒／1.8ℓ ¥5250 720mℓ ¥2400／均為山田錦40%／15～16度
呈現山田錦特有風味的辛口酒，味道與香氣調和，適合作為佐餐酒。冷・溫熱飲◎、常溫○。

日本酒度＋11　酸度1.4　爽酒

吟釀香 ■■□□□　濃郁度 ■■□□□
原料香 ■□□□□　輕快度 ■■■■□

所酒造合資会社
📞0585-22-0002　不可直接購買
揖斐郡揖斐川町三輪
明治初頭（1868～72ごろ）創業

房島屋

岐阜縣　北陸・東海

代表酒名	房島屋 純米無濾過生原酒（むろかなまげんしゅ）
特定名稱	純米酒
希望零售價格	1.8ℓ ¥2520 720mℓ ¥1260

原料米和精米步合… 麹米 西譽 65%／掛米 五百萬石 55%
酒精度……………… 17～18度

有清爽的酸味，辛口中又帶芳醇的濃郁風味，給人乾脆俐落的感覺。與厚重口味的和食與肉類料理很搭。適合冷飲～溫熱飲。

日本酒度+5　酸度2.2　**醇酒**

吟釀香 ■□□□□　濃郁度 ■■■■□
原料香 ■■■□□　輕快度 ■■■■□

「房島屋」為酒廠的屋號，位於擁有揖斐川上流之水的寶地，另外還有姐妹品牌「揖斐の蔵」。每一種酒均為總米量600～1000kg的的小量釀造，到前幾年為止都是在冬季時才請杜氏和製酒師前來釀造，現在則是由身兼杜氏的第五代年輕當家與當地社員進行釀酒作業。

主要的酒品

房島屋 純米大吟釀 山田錦（やまだにしき）
純米大吟釀酒／1.8ℓ ¥5670 720mℓ ¥2835／山田錦40% 同45%／16～17度
香氣、風味都很有自我特色，是強而有力的一品，適合當佐餐酒。冷飲～溫熱飲為佳。

日本酒度±0　酸度1.7　**薫酒**

吟釀香 ■■■□□　濃郁度 ■■□□□
原料香 ■□□□□　輕快度 ■■■□□

房島屋 純米吟釀 五百万石生酒（ごひゃくまんごくなまざけ）
純米吟釀酒／1.8ℓ ¥3150 720mℓ ¥1575／均為五百萬石50%／16～17度
五百萬石的輕快口感，入喉後則為明顯的辛口。適合冷飲～溫熱飲。

日本酒度+5　酸度1.8　**爽酒**

吟釀香 ■■□□□　濃郁度 ■■□□□
原料香 ■□□□□　輕快度 ■■■■□

房島屋 純米火入熟成酒（ひいれじゅくせいしゅ）
純米酒／1.8ℓ ¥2205 720mℓ ¥1103／西譽65% 五百萬石65%／15.3度
在酒廠內經過1年以上常溫熟成的晚酌用純米酒，酒米的風味與酸味調合，適合溫熱飲。

日本酒度+5　酸度1.8　**醇酒**

吟釀香 ■□□□□　濃郁度 ■■■□□
原料香 ■■■■□　輕快度 ■■■■□

れいせん

醴泉

北陸・東海　岐阜縣

玉泉堂酒造株式会社
℡0584-32-1155　不可直接購買
養老郡養老町高田800-3
文化3年（1806）創業

代表酒名	醴泉 純米 山田錦（やまだにしき）
特定名稱	特別純米酒
希望零售價格	1.8ℓ ¥2993 720mℓ ¥1491

原料米和精米步合…　麹米・掛米均為山田錦60%

酒精度………………　15～15.9度

充分發揮出山田錦特有的風味，兼具芳醇與優雅的一品。溫和的味道在入喉當下的餘韻，讓人有種安心感。適合冷飲～溫熱飲。

日本酒度+2　酸度1.6　醇酒

吟釀香 ■□□□□　濃郁度 ■■■□□
原料香 ■■■□□　輕快度 ■■■□□

於「養老之滝」傳說之地釀造的酒，「醴泉」出現在中國故事中，據說自奈良時代以來這個地方的泉水就被稱為醴泉。以「優雅、有品位的酒」為目標，酒米採用兵庫縣特A地區產山田錦為主，經過高度精白、手工、小量釀造、瓶裝火入、低溫貯藏等過程釀製而成。

主要的酒品

醴泉 大吟釀 蘭奢待（らんじゃたい）

大吟釀酒/1.8ℓ ¥8295 720mℓ ¥4064/均為山田錦35%/16～16.9度

酒名取自正倉院御物的國寶香木，不知織田信長能否再體驗這散發的香氣呢？適合微涼飲用。

日本酒度+5　酸度1.3　薫酒

吟釀香 ■■■■□　濃郁度 ■■□□□
原料香 ■□□□□　輕快度 ■■■□□

醴泉 純米大吟釀

純米大吟釀酒/1.8ℓ ¥5250 720mℓ ¥2625/均為山田錦43%/16～16.9度

由優質的酒米與成熟香氣的酵母組合，呈現出優雅品味的風格。適合冷飲～常溫。

日本酒度+1　酸度1.4　薫酒

吟釀香 ■■■□□　濃郁度 ■■□□□
原料香 ■□□□□　輕快度 ■■■□□

醴泉 純吟（じゅんぎん） 山田錦

純米吟釀酒/1.8ℓ ¥3675 720mℓ ¥1838/均為山田錦50%/15～15.9度

擁有舒暢、輕淡的撲鼻香氣與銳利口感的佐餐酒。適合常溫～溫熱飲。

日本酒度+2　酸度1.5　薫酒

吟釀香 ■■■□□　濃郁度 ■■□□□
原料香 ■■□□□　輕快度 ■■■■□

白隱正宗

靜岡縣

高嶋酒造株式会社
☎055-966-0018　不可直接購買
沼津市原354-1
文化元年（1804）創業

代表酒名	白隱正宗 誉富士(ほまれふじ)純米酒
特定名稱	純米酒
希望零售價格	1.8ℓ ¥2550 720mℓ ¥1430

原料米和精米步合… 麹米・掛米均為譽富士60%

酒精度……………… 16度

富士山伏流水、靜岡酵母、靜岡縣最初的酒造好適米・譽富士，一切均產自靜岡的地酒。譽富士的紮實口感與入喉的順暢感極佳，適合冷飲～常溫。

日本酒度+3　酸度1.7　**爽酒**

吟釀香 ■□□□□　濃郁度 ■■□□□
原料香 ■■□□□　輕快度 ■■■■□

詩歌中有云「過駿河者有二，一是富士，一是白隱」，取用富士山的伏流水，在與白隱禪師有淵源的松蔭寺旁所釀製出的酒質入口順暢、風味清爽。全品均以蓋麴法槽搾、低溫熟成貯藏，造酒作業耗時費工。酒名源自幕府末年的政治家山岡鐵舟的命名，相當特別。

主要的酒品

白隱正宗 純米吟釀

純米吟釀酒/1.8ℓ ¥3300 720mℓ ¥1800/均為兵庫縣產山田錦50%/17度

吟釀香與淡麗風味融合，隱約的苦味與酸味極為均衡。適合冷飲～常溫。

日本酒度+3　酸度1.7　**薰酒**

吟釀香 ■■■□□　濃郁度 ■□□□□
原料香 ■□□□□　輕快度 ■■■■□

白隱正宗 山廃(やまはい)純米酒

純米酒/1.8ℓ ¥2790 720mℓ ¥1392/均為山田錦65%/16度

靜岡型的山廃釀製方式，紮實的風味加上俐落的口感，適合常溫～溫熱飲。

日本酒度+1　酸度1.8　**醇酒**

吟釀香 ■□□□□　濃郁度 ■■■□□
原料香 ■■■□□　輕快度 ■■■□□

白隱正宗 少汲水(しょうくみみず)純米酒

純米酒/1.8ℓ ¥2310/譽富士60% あいちのかおり65%/15度

採用降低汲水比例的釀造方式，口感輕快、風味濃醇為其特徵。適合常溫、溫熱飲。

日本酒度±0　酸度1.8　**醇酒**

吟釀香 ■□□□□　濃郁度 ■■■□□
原料香 ■■■□□　輕快度 ■■■□□

臥龍梅

北陸・東海　靜岡縣

三和酒造株式会社
054-366-0839　可直接購買
靜岡市清水区西久保501-10
貞享3年（1686）創業

代表酒名	臥龍梅 純米大吟釀 愛山 無濾過原酒
特定名稱	純米大吟釀酒
希望零售價格	1.8ℓ ¥8400 720mℓ ¥4200

原料米和精米步合…　麹米・掛米均為愛山40%
酒精度………………　16～17度

將稀少品種・愛山研磨掉60%，充分發揮其本身風味的佳作。擁有臥龍梅獨自的芳醇口嘗香氣、層次豐富的口感。適合冷飲、溫熱飲。

日本酒度±0　酸度1.3　薫酒
吟釀香 ■■■■□　濃郁度 ■■□□□
原料香 ■■□□□　輕快度 ■■□□□

主要的酒品

臥龍梅 純米大吟釀 山田錦 無濾過原酒
純米大吟釀酒/1.8ℓ ¥6825 720mℓ ¥3360/均為山田錦40%/16～17度
口感豐郁、滑順、俐落，三者調和均衡。適合冷飲、溫熱飲。

日本酒度+2　酸度1.3　薫酒
吟釀香 ■■■■□　濃郁度 ■■□□□
原料香 ■■□□□　輕快度 ■■■□□

臥龍梅 純米吟釀 備前雄町 袋吊斗壜囲
純米吟釀酒/1.8ℓ ¥3465 720mℓ ¥1732/均為備前雄町55%/16～17度
隨著熟成度的增加，雄町特有的風味與香氣也會增加、變得鮮明。適合冷飲、溫熱飲。

日本酒度+2　酸度1.5　薫酒
吟釀香 ■■■□□　濃郁度 ■■■□□
原料香 ■■□□□　輕快度 ■■■□□

臥龍梅 純米吟釀 山田錦 袋吊斗壜囲
純米吟釀酒/1.8ℓ ¥3465 720mℓ ¥1732/均為山田錦55%/16～17度
芳醇的口嘗香氣與俐落口感，是出自於以吊袋法釀製醪的費時過程。適合冷飲、溫熱飲。

日本酒度+3　酸度1.4　薫酒
吟釀香 ■■■□□　濃郁度 ■■■□□
原料香 ■■□□□　輕快度 ■■■■□

「臥龍梅」的釀造方式，除了酒米種類與精米步合的不同之外，秉持著與鑑評會出品酒相同的精神來釀製。與大多數的靜岡型吟釀酒不同，風味和香氣均呈現出豐郁的酒質。酒名源自『三國志』中的故事，並與德川家康親手栽種、彷彿龍之睡姿的梅樹「臥龍梅」有關。

株式会社神沢川酒造場
054-375-2033　不可直接購買
静岡市清水区由比181
大正元年（1912）創業

正雪

代表酒名　正雪 純米吟醸 山田錦 別撰 山影純悦 春

特定名稱　純米吟釀酒

希望零售價格　1.8ℓ ¥3500

原料米和精米步合…　麴米・掛米均為山田錦50%

酒精度………………　16.3度

小量釀造、生酒裝瓶火入、急速冷藏管理，是一款特別費工的酒。輕淡的果實香氣撲鼻，濃郁的酒米風味與溫和的酸味在口中散開來。適合冷飲～常溫。

日本酒度+4　酸度1.3	薰酒
吟釀香 ■■■□□	濃郁度 ■■□□□
原料香 ■■□□□	輕快度 ■■■■□

酒名不待贅言，是取自於當地由比出身的江戶時代兵學家・由井正雪。酒廠面向以櫻花蝦聞名的由比海岸，在南部流的名杜氏領導下以「輕快、圓潤、讓人一口接一口的美酒」為目標釀造酒。酒米以和釜蒸熟、手工釀製麴、瓶裝火入後急速冷藏保存等，均以嚴謹的製作方式進行。

主要的酒品

正雪 純米大吟醸 備前雄町
純米大吟釀酒／1.8ℓ ¥4200／均為備前雄町45%／15.8度
雄町特有的圓潤風味與濃郁，與華麗的口嘗香氣融合，適合冷飲。

日本酒度+2　酸度1.4	薰酒
吟釀香 ■■■□□	濃郁度 ■■□□□
原料香 ■□□□□	輕快度 ■■■□□

正雪 大吟醸 山田錦
大吟釀酒／1.8ℓ ¥6300 720mℓ ¥3150／均為山田錦35%／15.8度
清爽的果實香、清澈的口感，輕快俐落的餘韻讓人印象深刻。適合冷飲。

日本酒度+7　酸度1.1	薰酒
吟釀香 ■■■■□	濃郁度 ■■□□□
原料香 ■□□□□	輕快度 ■■■■□

正雪 純米吟醸 山田錦 別撰 山影純悦 秋
純米吟釀酒／1.8ℓ ¥3500／均為山田錦50%／16.3度
以生酒熟成，火入後也以低溫熟成，有如冷卸酒般的口感。適合冷飲～常溫。

日本酒度+2　酸度1.2	薰酒
吟釀香 ■■■□□	濃郁度 ■■■□□
原料香 ■■□□□	輕快度 ■■■□□

初亀

初亀釀造株式会社
054-667-2222　不可直接購買
藤枝市岡部町岡部744
寛永12年（1635）創業

代表酒名	初亀 本釀造
特定名稱	本釀造酒
希望零售價格	1.8ℓ ¥1965 720mℓ ¥1030

原料米和精米步合… 麴米・掛米均為雄山錦63%

酒精度……………… 15～16度

將富山縣JA南都產的雄山錦研磨製成，想像不到的本釀造高水準酒。華麗的香氣與酒米的口感調和，適合冷飲、常溫。

日本酒度+7　酸度1.25　爽酒

吟釀香 ■□□□□　濃郁度 ■■□□□
原料香 ■■□□□　輕快度 ■■■■□

酒廠位於安倍川與大井川之間，曾經是舊東海道旅館街的岡部，自古以來往來街道的旅人很多。以南阿爾卑斯山系伏流水與兵庫縣特A地區產山田錦、富山縣南梔產雄山錦與其他產地酒米所釀成的酒，擁有優雅淡麗的香氣與紮實的口感，很受女性歡迎。

主要的酒品

初亀 急冷美酒（きゅうれいびしゅ）

普通酒/1.8ℓ ¥1753 720mℓ ¥724/山田錦（未檢查米）64% 同67%/15～16度

以兵庫縣JA美野里產的未檢查山田錦釀造而成，為高CP值的普通酒。適合冷飲～溫熱飲。

日本酒度+5　酸度1.15　爽酒

吟釀香 ■□□□□　濃郁度 ■□□□□
原料香 ■■□□□　輕快度 ■■■■□

初亀 岡部丸（おかべまる）

純米酒/720mℓ ¥1750/均為譽富士55%/16～17度

發揮靜岡縣產酒造好適米・譽富士的原本味道，風味豐富、不會膩口。適合冷飲。

日本酒度 -1　酸度1.2　醇酒

吟釀香 ■□□□□　濃郁度 ■■■□□
原料香 ■■■□□　輕快度 ■■■■□

初亀 純米大吟釀 亀（かめ）

純米大吟釀酒/1.8ℓ ¥12500/均為兵庫縣產山田錦35%/16～17度

該酒名最具代表的一瓶。優雅的香氣與端正、一致的口感為其魅力。適合冷飲。

日本酒度+2　酸度1.5　薫酒

吟釀香 ■■■■□　濃郁度 ■■□□□
原料香 ■□□□□　輕快度 ■■■□□

青島酒造株式会社
054-641-5533　不可直接購買
藤枝市上青島246
江戶時代中期（1750前後）創業

喜久醉

きくよい

代表酒名　喜久醉 松下米（まつしたまい）40

特定名稱　純米大吟釀酒

希望零售價格　720㎖ ¥4494

原料米和精米步合…　麴米・掛米均為藤枝產山田錦40%

酒精度……………　15～16度

靜岡型酒的典型。不僅散發開朗的年輕活力，還有圓潤、幹勁十足的感受。充分發揮出當地農家協助下自家栽培之山田錦的優點。適合微涼飲用。

日本酒度+5.5　酸度1.1　薰酒

吟釀香 ■■■□□　濃郁度 ■■□□□
原料香 ■□□□□　輕快度 ■■■■□

生產量少，包含普通酒在內的全部商品均以3～5℃冷藏管理，細膩的釀酒手法深得好評。南阿爾卑斯山系伏流水釀造出來的酒，擁有溫和的香氣、柔軟的口感、入口輕快，亦即所謂的靜岡型酒。高級酒當然不用說，就連基本酒的品質都很出色。

主要的酒品

喜久醉 特別純米

特別純米酒／1.8ℓ ¥2730 720㎖ ¥1365／山田錦60% 日本晴60%／15～16度

此款也是容易入口的靜岡型酒。華麗的風味很適合作為日常酒飲用。冷飲～溫熱飲為佳。

日本酒度+6　酸度1.4　爽酒

吟釀香 ■■■□□　濃郁度 ■■□□□
原料香 ■■□□□　輕快度 ■■■■□

喜久醉 純米吟釀

純米吟釀酒／1.8ℓ ¥3970 720㎖ ¥2040／均為山田錦50%／15～16度

亦為靜岡型，為該酒名的代表酒。酸味低，適合女性品嘗。微涼～常溫為佳。

日本酒度+6　酸度1.2　薰酒

吟釀香 ■■■□□　濃郁度 ■■□□□
原料香 ■□□□□　輕快度 ■■■□□

喜久醉 純米大吟釀

純米大吟釀酒／720㎖ ¥4000／均為山田錦40%／15～16度

此款為靜岡型大吟釀的王道，優雅的香氣、纖細的味道讓人讚不絕口。適合冷飲。

日本酒度+5.5　酸度1.2　薰酒

吟釀香 ■■■□□　濃郁度 ■■□□□
原料香 ■□□□□　輕快度 ■■■□□

志太泉

株式会社志太泉酒造
054-639-0010　可直接購買
藤枝市宮原423-22-1
明治15年（1882）創業

代表酒名　純米吟釀 志太泉 燒津酒米研究会山田錦

特定名稱　純米吟釀酒

希望零售價格　1.8ℓ ¥2730 720mℓ ¥1365

原料米和精米步合…　麴米・掛米均為燒津市產山田錦55%

酒精度………………　15～16度

100%使用燒津酒米研究會栽培的山田錦，展現出清爽風味與香氣的純米吟釀酒。與當地燒津產的鰹魚料理很搭。適合微涼飲用。

日本酒度＋5　酸度1.2　薰酒

吟釀香 ■■■□□　濃郁度 ■■□□□
原料香 ■□□□□　輕快度 ■■■■□

以當地11名農家組成的燒津酒米研究會栽培出的山田錦為主，加上典型軟水的瀨戶川伏流水，釀造出對人、對環境都很溫和的酒。不需要過濾的優質水，正是「志太泉」柔軟酒質的基礎。酒名取自舊地名・志太郡，以及期望如泉水湧出般的製酒氣魄。

主要的酒品

特別本釀造 志太泉
特別本釀造酒/1.8ℓ ¥2572 720mℓ ¥1260/均為五百萬石50%/15～16度
口感清冽、餘韻俐落輕快，與鹽烤鮎魚很搭。適合冷飲、常溫。

日本酒度＋5　酸度1.3　爽酒

吟釀香 ■■□□□　濃郁度 ■■□□□
原料香 ■■□□□　輕快度 ■■■■□

純米吟釀原酒 志太泉 愛山
純米吟釀酒/1.8ℓ ¥5040 720mℓ ¥2520/均為愛山50%/17～18度
稀有酒米・愛山獨特的香氣與口感，與乾烤鰻魚和芥末很搭。適合微涼飲用。

日本酒度＋2.5　酸度1.5　薰酒

吟釀香 ■■■□□　濃郁度 ■■■□□
原料香 ■■□□□　輕快度 ■■■□□

純米大吟釀 志太泉
純米大吟釀酒/1.8ℓ ¥4830 720mℓ ¥2415/均為山田錦40%/15～16度
擁有高貴的吟釀香、山田錦的典雅風味，最能感受到酒本身風味的一品。適合冷飲～溫熱飲。

日本酒度＋3.5　酸度1.3　薰酒

吟釀香 ■■■■□　濃郁度 ■■□□□
原料香 ■□□□□　輕快度 ■■■■□

杉井酒造（個人商店）
☎054-641-0606　可直接購買
藤枝市小石川町4-6-4
天保13年（1842）創業

杉錦

代表酒名	杉錦 山廃純米 玉栄
特定名稱	純米酒
希望零售價格	1.8ℓ ¥2520 720mℓ ¥1365

原料米和精米步合… 麹米・掛米均為玉榮60%

酒精度……………… 15.8度

將低農業栽培的玉榮以生廃酛釀造，追求濃醇酒米風味的純米酒。恰到好處的酸味相當鮮明。適合溫熱飲。

日本酒度+4　酸度1.6　醇酒
吟釀香 ■□□□□　濃郁度 ■■■□□
原料香 ■■■■□　輕快度 ■■■■□

酒名曾經為「龜川」「杉正宗」，現在的「杉錦」則是自昭和初期以來的名字。廢除杜氏制後，當家自己身兼杜氏領導全酒廠，以蒸籠蒸米、蓋麴法製麴等費工的手法釀酒。以靜岡型的吟釀酒為基礎，從淡麗型到紮實型的酒款均有。

主要的酒品

杉錦 生もと 特別純米酒
特別純米酒／1.8ℓ ¥2625 720mℓ ¥1470／均為山田錦60%／15.8度
溫和圓潤的口感與各式料理均搭，最推薦溫熱品嘗。

日本酒度+4　酸度1.8　醇酒
吟釀香 ■□□□□　濃郁度 ■■■□□
原料香 ■■■■□　輕快度 ■■■□□

杉錦 山廃純米 天保十三年
純米酒／1.8ℓ ¥1890 720mℓ ¥945／一目惚70% あいちのかおり78%／15.2度
喝了不會膩口，酸味明顯、男性風不拘小節的口感，建議溫熱後享用。

日本酒度+2　酸度2.3　醇酒
吟釀香 ■□□□□　濃郁度 ■■■■□
原料香 ■■■■□　輕快度 ■■■□□

杉錦 純米吟釀
純米吟釀酒／1.8ℓ ¥3150 720mℓ ¥1628／均為山田錦50%／15.8度
擁有9號系靜岡酵母獨特的溫和香氣與山田錦細膩的口感。適合冷飲、溫熱飲。

日本酒度+6　酸度1.4　薰酒
吟釀香 ■■■□□　濃郁度 ■■□□□
原料香 ■□□□□　輕快度 ■■■■□

磯自慢

北陸・東海 靜岡縣

磯自慢酒造株式会社
☎054-628-2204 不可直接購買
焼津市鰯ヶ島307
天保元年（1830）創業

代表酒名 磯自慢 大吟醸

特定名稱 大吟醸酒

希望零售價格 1.8ℓ ¥8337 720mℓ ¥3822

原料米和精米步合…… 麴米・掛米均為兵庫縣特A地區產山田錦45%

酒精度……………… 16～17度

集結該酒廠的傳統與革新於大成的大吟釀酒，為洞爺湖高峰會時的晚宴乾杯酒。優雅、充滿魅力的香氣，颯爽的風味讓人感到暢快。適合冷飲。

日本酒度+6 酸度1 薫酒

吟釀香 ■■■■□ 濃郁度 ■■□□□
原料香 ■□□□□ 輕快度 ■■■■□

主要的酒品

磯自慢 純米大吟醸 ブルーボトル
純米大吟釀酒/720mℓ ¥5313/均為兵庫縣特A地區產山田錦40%/16～17度
由3畝田生產的3A等級山田錦分別在各自田內釀造，每年3次限定發售。適合冷飲。

日本酒度+3 酸度1.2 薫酒

吟釀香 ■■■■□ 濃郁度 ■■□□□
原料香 ■□□□□ 輕快度 ■■■■□

磯自慢 大吟醸純米 エメラルドボトル
純米大吟釀酒/720mℓ ¥3255/均為兵庫縣特A地區產山田錦50%/16～17度
如香瓜般的撲鼻香氣清爽宜人，溫和的甜味在口中散發開來。適合冷飲。

日本酒度+4 酸度1.5 薫酒

吟釀香 ■■■■□ 濃郁度 ■■□□□
原料香 ■□□□□ 輕快度 ■■■□□

磯自慢 水響華
大吟釀酒/1.8ℓ ¥5460/均為兵庫縣特A地區產山田錦50%/16～17度
典雅的香氣安靜地散發開來，伴隨著隱約甜味的沉穩風味。適合冷飲。

日本酒度+6 酸度1 薫酒

吟釀香 ■■■■□ 濃郁度 ■□□□□
原料香 ■□□□□ 輕快度 ■■■■□

酒米以兵庫縣特A地區產山田錦為主經過高度精白，採用南阿爾卑斯山系大井川伏流水，手工製麴以及使用自社保存酵母與靜岡酵母，在冷藏釀造室內進行發酵。只生產特定名稱酒，全量均以低溫熟成管理，講究的釀酒態度讓愛好者不斷增加。

株式会社土井酒造場
0537-74-2006　可直接購買
掛川市小貫633
明治5年（1872）創業

開運

代表酒名	祝酒（いわいざけ） 開運 特別本釀造
特定名稱	特別本釀造酒
希望零售價格	1.8ℓ ¥1927 720mℓ ¥1050

原料米和精米步合… 麴米 山田錦60% / 掛米 一般米60%

酒精度……………… 15.8度

清爽的香氣、輕快的口感，是任誰都會愛上的淡麗、俐落辛口型酒。正如酒名，是享受歡宴時的最佳酒款。與肉類料理很搭。適合冷飲～溫熱飲。

日本酒度+6　酸度1.4　**爽酒**
吟釀香 ■□□□□　濃郁度 ■■□□□
原料香 ■■□□□　輕快度 ■■■■□

靜岡縣的代表酒款之一。以能登杜氏四天王其中之一的波瀨正吉為中心負責釀酒，各式鑑評會的得獎資歷不勝枚舉。釀酒的水採自曾經是武田・德川古戰場、高天神城跡湧出的超軟水，酒米以山田錦為主，尤其是麴米均為山田錦。

主要的酒品

開運 特別純米

特別純米酒/1.8ℓ ¥2573 720mℓ ¥1365/均為山田錦55%/16.5度

山田錦的纖細風味濃郁，甜味與酸味調和均衡，適合冷飲～溫熱飲。

日本酒度+5　酸度1.5　**醇酒**
吟釀香 ■□□□□　濃郁度 ■■■□□
原料香 ■■■□□　輕快度 ■■■□□

開運 むろか純米

特別純米酒/1.8ℓ ¥2751 720mℓ ¥1418/均為山田錦55%/17.5度

靜岡酵母的溫和香氣與山田錦的風味調和，完全不會膩口。適合冷飲～溫熱飲。

日本酒度+5　酸度1.5　**醇酒**
吟釀香 ■□□□□　濃郁度 ■■■□□
原料香 ■■■□□　輕快度 ■■■□□

開運 大吟釀

大吟釀酒/1.8ℓ ¥8190 720mℓ ¥3360/均為特A山田錦40%/16.5度

靜岡酵母的柔和與山田錦的本身風味搭配得宜，為該酒廠的長銷酒款。適合冷飲。

日本酒度+6　酸度1.3　**薰酒**
吟釀香 ■■■□□　濃郁度 ■■□□□
原料香 ■□□□□　輕快度 ■■■■□

蓬萊泉

關谷釀造株式会社
0536-62-0505　可直接購買
北設楽郡設楽町田口字町浦22
元治元年（1864）創業

北陸・東海　愛知縣

代表酒名　蓬萊泉 純米大吟醸 空（くう）

特定名稱　純米大吟釀酒

希望零售價格　1.8ℓ ¥7560 720mℓ ¥3415

原料米和精米步合…　麴米 山田錦40%／掛米 山田錦45%

酒精度………………　15.5度

3・6・11月每年3次發售的限定預約品。新鮮水果的芳醇吟釀香，還有酒米本身風味的甜味與濃郁。與清淡料理很搭，適合微涼飲用。

日本酒度 不公開　酸度 不公開　薫酒

吟釀香 ■■■■□　濃郁度 ■■□□□
原料香 ■■□□□　輕快度 ■■■□□

以和釀良酒——人和醞釀良酒，良酒醞釀人和為信念的酒廠，在愛知縣內擁有超高人氣，尤其在當地的三河地區無人能及。積極推行機械化、合理化的另一方面，原料米均為自家精米，加上50%的高平均精米步合，完全遵循著「和釀良酒」的釀酒態度。

主要的酒品

蓬萊泉 純米吟釀 和（わ）
純米吟釀酒／1.8ℓ ¥3360 720mℓ ¥1680／均為山田錦50%／15.5度
擁有柔和的甜味、酸味與暢快的口感，是一款奢侈的日常酒。適合冷飲～溫熱飲。

日本酒度 不公開　酸度 不公開　薫酒

吟釀香 ■■■□□　濃郁度 ■■□□□
原料香 ■■□□□　輕快度 ■■■□□

蓬萊泉 特別純米 可（べし）。
特別純米酒／1.8ℓ ¥2625 720mℓ ¥1313／夢山水55% 千代錦55%／15.5度
口嘗香氣溫和、酸味低、口感清爽，不禁讓人一口接一口。適合冷飲、溫熱飲。

日本酒度 不公開　酸度 不公開　爽酒

吟釀香 ■□□□□　濃郁度 ■■□□□
原料香 ■■■□□　輕快度 ■■■□□

別撰（べっせん） 蓬萊泉
普通酒／1.8ℓ ¥2100 720mℓ ¥914／夢山水60% 千代錦60%／15.5度
添加酒粕原料的自家製燒酒代替釀造用酒精，呈現淡麗的口感。適合冷飲～溫熱飲。

日本酒度 不公開　酸度 不公開　爽酒

吟釀香 ■□□□□　濃郁度 ■■□□□
原料香 ■■■□□　輕快度 ■■■□□

山﨑合資会社
📞0563-62-2005　視地區可直接購買
幡豆郡幡豆町大字西幡豆字柿田57
明治36年（1903）創業

代表酒名	夢山水十割 奥 生酒
特定名稱	純米吟釀酒
希望零售價格	1.8ℓ ¥2993 720mℓ ¥1449

原料米和精米步合… 麴米・掛米均為夢山水60%

酒精度……………… 18.5度

全部使用奥三河契約栽培的酒米・夢山水，呈淡黃金色，豐富、清冽的香氣撲鼻。酒米原本的濃醇與優雅甜味很出色，口感強烈。適合冷飲。

日本酒度+2　酸度1.8　薰酒

吟釀香 ■■■□□　濃郁度 ■■■□□
原料香 ■■■□□　輕快度 ■■□□□

該酒名的全部商品均採用奥三河契約栽培的酒米・夢山水，全品均為無過濾無調整的原酒。此款酒米與手工製麴、酒廠獨特的醪管理過程，即使在高酒精度數下，華麗的香氣、濃醇的風味均能並存，是最能完整表現酒米原本風味的酒款。

主要的酒品

夢山水十割 奥 熟
純米吟釀酒/1.8ℓ ¥2993 720mℓ ¥1449/均為夢山水60%/18.5度
全部使用與上述同樣的酒米，在圓潤、濃郁的味道深處，有種強而有力的感覺。適合冷飲。

日本酒度+2　酸度1.8　薰酒

吟釀香 ■■■□□　濃郁度 ■■■□□
原料香 ■■■□□　輕快度 ■■□□□

夢山水浪漫 奥
純米大吟釀酒/1.8ℓ ¥5000 720mℓ ¥2350/均為夢山水50%/18.5度
將上述同樣的酒米更加研磨後釀造而成，擁有濃醇、柔順的口感。適合冷飲。

日本酒度+2　酸度1.8　薰酒

吟釀香 ■■■□□　濃郁度 ■■□□□
原料香 ■■□□□　輕快度 ■■□□□

夢山水二割二分 奥
純米大吟釀酒/720mℓ ¥5250/均為夢山水22%/17.5度
將上述同樣的酒米繼續研磨至極限，呈現出優雅的酒質。適合冷飲。

日本酒度 -2.5　酸度2.1　薰酒

吟釀香 ■■■■□　濃郁度 ■■□□□
原料香 ■□□□□　輕快度 ■■□□□

神杉酒造株式会社
0566-75-2121 可直接購買
安城市明治本町20-5
文化2年（1805）創業

代表酒名	神杉 長期熟成大吟醸 秘蔵酒
特定名稱	大吟釀酒
希望零售價格	1.8ℓ ¥15750

原料米和精米步合⋯ 麹米・掛米均為兵庫縣產山田錦35%

酒精度⋯⋯⋯⋯⋯⋯ 17.5度

以吊袋法釀製的大吟釀經過長期間低溫熟成後的古酒。一開始有華麗的撲鼻香氣，經過熟成後則變成濃醇的大吟釀香，很值得細細品味。適合冷飲。

日本酒度＋5 酸度1.3 薫酒

吟釀香 ■■■■□ 濃郁度 ■■□□□
原料香 ■■□□□ 輕快度 ■■■□□

主要的酒品

神杉 純米大吟醸 若水穂

純米大吟釀酒/720mℓ ¥2310/均為若水45%/16.8度

採用當地安城產的酒米・若水，若水特有的華麗風味為其特徵。適合冷飲。

日本酒度＋2 酸度1.3 薫酒

吟釀香 ■■■□□ 濃郁度 ■■□□□
原料香 ■■□□□ 輕快度 ■■■□□

神杉 大吟醸 斗びんどり

大吟釀酒/1.8ℓ ¥8400 720mℓ ¥3675/均為山田錦35%/17.5度

熟成的醪經過費時搾取後呈現出深厚的風味與濃醇感，口感細膩。適合冷飲。

日本酒度＋5 酸度1.3 薫酒

吟釀香 ■■■■□ 濃郁度 ■■□□□
原料香 ■□□□□ 輕快度 ■■■□□

神杉 特別純米 しぼりたて無濾過酒

特別純米酒/720mℓ ¥1575/均為若水60%/17.5度

將新搾取的生酒裝瓶，微發泡二氧化碳的顆粒感很有趣。適合冷飲。

日本酒度＋3 酸度1.6 醇酒

吟釀香 ■□□□□ 濃郁度 ■■■□□
原料香 ■■■□□ 輕快度 ■■■□□

以「深根風土的釀酒」為目標，酒米的大部分均採自奧三河產的夢山水、安城市產的若水。全量自家精米，水則取自家水井湧出的矢作川伏流水。釀製的酒，每天都會由杜氏品嘗醪的味道判斷。酒名源自祭祀酒神的奈良縣櫻井市大神神社的神木「神杉」。

株式会社萬乘釀造
☎052-621-2185 不可直接購買
名古屋市緑区大高町字西門田41
正保4年（1647）創業

釀し人九平次

代表酒名	釀し人九平次 別誂（べつあつらえ）
特定名稱	純米大吟釀酒
希望零售價格	1.8ℓ ¥7350 720mℓ ¥3675

原料米和精米步合… 麴米・掛米均為兵庫縣產山田錦35%

酒精度……………… 16度

以彷彿新鮮多汁的成熟果實風味為基礎，優雅的酸味無與倫比。含在口中時香氣和風味散發開來，有種凜冽的高雅感、溫和與懷舊感，與各種料理均搭，喝了完全不會生膩的酒款。適合冷飲。

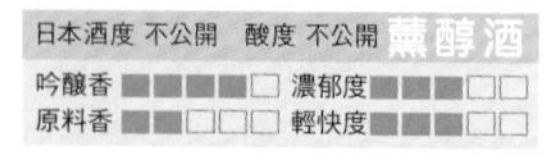

「釀し人九平次」系列全品共通的主題與味道特徵盡在「別誂」酒款中完整呈現。以第十五代當家的久野九平治與友人佐藤彰洋杜氏為中心，於平成9年著手釀造而成。全部均為小量釀製，而且只生產吟釀酒。全量為無過濾原酒，裝瓶後冷藏則是為了「保有自然感」。

主要的酒品

釀し人九平次 彼の地（かのち）

純米大吟釀酒/1.8ℓ ¥6300 720mℓ ¥3150/均為兵庫縣產山田錦40%/16度

日本酒度 不公開 酸度 不公開 薰醇酒
吟釀香 ■■■■□ 濃郁度 ■■■□□
原料香 ■■■□□ 輕快度 ■■■□□

釀し人九平次 EAU DU DÉSIR（オー デュ デジール）

純米吟釀酒/1.8ℓ ¥3360 720mℓ ¥1680/均為兵庫縣產山田錦50%/16度

日本酒度 不公開 酸度 不公開 薰醇酒
吟釀香 ■■■■□ 濃郁度 ■■■□□
原料香 ■■■□□ 輕快度 ■■■□□

釀し人九平次 雄町（おまち）

純米吟釀酒/1.8ℓ ¥3308 720mℓ ¥1654/均為岡山縣產雄町50%/16度

日本酒度 不公開 酸度 不公開 薰醇酒
吟釀香 ■■■■□ 濃郁度 ■■■□□
原料香 ■■■□□ 輕快度 ■■■□□

神の井

神の井酒造株式会社
☎052-621-2008　可直接購買
名古屋市緑区大高町字高見25
安政3年（1856）創業

代表酒名	神の井 純米大吟醸 寒九の酒
特定名稱	純米大吟釀酒
希望零售價格	1.8ℓ ¥5250 720mℓ ¥2625

原料米和精米步合…　麴米・掛米均為兵庫縣產山田錦35%

酒精度………………　15.5度

寒九──於入冬後第9天的大寒開始釀造，擁有芳醇的香氣與味道，為該酒廠的最高級純米酒。細緻、優雅的口感，適合冷飲或溫熱飲。

日本酒度+5　酸度1.3　薰酒
吟釀香 ■■■■□　濃郁度 ■■□□□
原料香 ■■□□□　輕快度 ■■■□□

主要的酒品

神の井 大吟醸 荒ばしり
大吟釀酒／1.8ℓ ¥9450 720mℓ ¥3990／均為兵庫縣產山田錦35%／16.8度
極技術精華之作，並獲得全國新酒鑑評會金獎。凜冽的口感適合微涼飲用。

日本酒度+5　酸度1.2　薰酒
吟釀香 ■■■■□　濃郁度 ■■□□□
原料香 ■□□□□　輕快度 ■■■■□

神の井 純米吟醸 大高
純米吟釀酒／1.8ℓ ¥3150 720mℓ ¥1575／均為山田錦55%／15.5度
年輕杜氏以「放鬆之際的好友」為概念釀製而成的一品。適合冷飲、溫熱飲。

日本酒度+3　酸度1.1　薰酒
吟釀香 ■■■□□　濃郁度 ■■□□□
原料香 ■■□□□　輕快度 ■■■□□

神の井 純米
純米酒／1.8ℓ ¥2100 720mℓ ¥1050／均為五百萬石60%／15度
充分發揮五百萬石的優點，能感受到清酒本身的風味與濃郁。適合冷飲、熱飲。

日本酒度+3　酸度1.4　醇酒
吟釀香 ■□□□□　濃郁度 ■■■□□
原料香 ■■■□□　輕快度 ■■■□□

大高自古以來就是知名的釀酒適合地，自江戶末期創業以來在該片土地上，以當地出身的杜氏為中心，少數幾名製酒師孜孜不倦地以達成「當地人喜愛的酒」為目標。酒名與熱田神宮的御齋田有關，期望能像御神井的水般。

長珍酒造株式会社
0567-26-3319　不可直接購買
津島市本町3-62
江戸時代後期創業

長珍

代表酒名　特別純米酒 長珍

特定名稱　特別純米酒

希望零售價格　1.8ℓ ¥2550 720mℓ ¥1427

原料米和精米步合…　麹米 山田錦60%／掛米 五百萬石等60%

酒精度………………　15～16度

慢慢自然熟成的沉穩香氣，淡泊、安定的口感，是與各式料理均能對應的最強佐餐酒。適合溫熱飲。

日本酒度＋3　酸度1.6　醇酒

吟釀香 ■□□□□　濃郁度 ■■■□□
原料香 ■■■□□　輕快度 ■■■□□

該酒廠原本的屋號為「提灯屋」，在製作燈籠的津島當地很容易被混淆，所以才改成發音一樣的酒名「長珍」。是一間當家兼任杜氏的小酒廠，釀酒水的木曾三川伏流水屬於礦物質較多的硬水，所以最適合釀造味道濃郁、紮實口感的「長珍」。

主要的酒品

純米吟釀 長珍 ブルーラベル
純米吟釀酒／1.8ℓ ¥3540 720mℓ ¥1953／均為山田錦50%／16～17度
輕淡的吟釀香，是一款重視味道的吟釀酒。不管和食、西餐都很搭的佐餐酒。適合微涼～溫熱飲。

日本酒度—　酸度1.5　爽酒

吟釀香 ■■□□□　濃郁度 ■■□□□
原料香 ■■□□□　輕快度 ■■■□□

純米大吟釀 長珍 祿（ろく）
純米大吟釀酒／1.8ℓ ¥5250 720mℓ ¥2940／均為山田錦40%／15～16度
優雅的香味在口中散開，入喉溫順。適合微涼～人體溫度品嘗。

日本酒度 —　酸度1.4　薰酒

吟釀香 ■■■□□　濃郁度 ■■□□□
原料香 ■□□□□　輕快度 ■■■□□

長珍 20BY（ビーワイ） 阿波山田（あわやまだ）65
純米酒／1.8ℓ ¥3280／均為山田錦65%／18～19度
具有酒米原本的紮實風味，在不同溫度時品嘗的感覺也會各異其趣。適合冷飲～熱飲。

日本酒度＋10　酸度2.1　醇酒

吟釀香 ■□□□□　濃郁度 ■■■■□
原料香 ■■■■□　輕快度 ■■■□□

義俠

山忠本家酒造株式会社
☎0567-28-2247 不可直接購買
愛西市日置町1813
創業年不詳（現任當家為第10代）

代表酒名	義俠 20年熟成古酒
特定名稱	純米大吟釀酒
希望零售價格	1.8ℓ ¥自由定價

原料米和精米步合⋯ 麴米・掛米均為兵庫縣特A地區產山田錦 30%・40%

酒精度⋯⋯⋯⋯⋯ 依年度不同

自昭和52年以來每年貯藏、超過20年以上慢慢熟成後出廠，淡泊的風味加上充滿酒米、水、大地孕育而出的魅力。適合冷飲。

日本酒度—	酸度—	熟酒
吟釀香 ■■□□□	濃郁度 ■■■■■	
原料香 ■■■■■	輕快度 ■■□□□	

※日本酒度和酸度每年都會變動。

使用的酒米幾乎均為兵庫縣東條町特A地區產山田錦，依研磨步合比率約花一星期全部在自社進行精米作業，近年來只釀造純米酒。充分發揮出原料米的本身風味，濃醇的酒質為其特徵。「妙」「慶」等的混合酒由社長親自釀造。

主要的酒品

義俠 妙

純米大吟釀酒/720mℓ ¥12600/均為兵庫縣特A地區產山田錦30%/16.2度

低溫5年以上裝瓶熟成、只採中取的混合酒，每年1次的限定預約生產。適合冷飲。

日本酒度+3	酸度1.4	薰醇酒
吟釀香 ■■■■□	濃郁度 ■■■□□	
原料香 ■■□□□	輕快度 ■■■□□	

義俠 慶

純米大吟釀酒/1.8ℓ ¥12600 720mℓ ¥6300/均為兵庫縣特A地區產山田錦40%/16.6度

低溫3年以上裝瓶熟成、只採中取的混合酒，每年1次的限定預約生產。適合冷飲。

日本酒度+5	酸度1.3	薰醇酒
吟釀香 ■■■□□	濃郁度 ■■■□□	
原料香 ■■□□□	輕快度 ■■■□□	

義俠 縁

特別純米酒/1.8ℓ ¥自由定價 720mℓ ¥同/均為兵庫縣特A地區產山田錦60%/15.2度

在酒槽內3年以上常溫熟成，清澄的香氣與濃醇口感為其魅力。適合常溫～溫熱飲。

日本酒度+2.5	酸度1.5	醇酒
吟釀香 ■□□□□	濃郁度 ■■■■□	
原料香 ■■■■□	輕快度 ■■■□□	

てんゆうりん
天遊琳

株式会社タカハシ酒造
059-365-0205　不可直接購買
四日市市松寺2-15-7
文久2年（1862）創業

代表酒名	天遊琳 特別純米酒
特定名稱	特別純米酒
希望零售價格	1.8ℓ ¥2940 720mℓ ¥1470

原料米和精米步合…　麹米 山田錦55%／掛米 兵庫夢錦55%

酒精度………………　15～16度

就像剛炊煮好的米飯香味與溫和口感，是一款讓人覺得舒暢的佐餐酒，與所有和食均搭。開瓶數日後美味依舊如常，適合冷飲～溫熱飲。

日本酒度+4　酸度1.6　爽酒

吟釀香 ■□□□□　濃郁度 ■■□□□
原料香 ■■□□□　輕快度 ■■■■□

第六代當家除了身兼杜氏的釀酒作業外，還負責營業事宜。該當家認為「米飯要溫熱時才能顯現出甜味、才會好吃，所以由米製成的酒也是一樣」，在冷酒全盛的時代投下了震撼彈。也有生產非夏季限定的「牡蠣」，帶有柑橘系的清爽酸味。

主要的酒品

天遊琳 純米吟釀 山田錦50
純米吟釀酒／1.8ℓ ¥4725 720mℓ ¥2363／均為山田錦50%／15～16度
以契約栽培的山田錦小量釀製的限定品。酒米的風味與酸味搭配得宜。適合冷飲～常溫。

日本酒度+4　酸度1.6　薰酒

吟釀香 ■■■□□　濃郁度 ■■□□□
原料香 ■■□□□　輕快度 ■■■□□

天遊琳 手造り純米酒 伊勢錦
純米酒／1.8ℓ ¥3000 720mℓ ¥1500／均為伊勢錦65%／15～16度
以三重縣產的酒米・伊勢錦釀製而成，為清爽口感的辛口型酒。適合常溫～熱飲。

日本酒度+5　酸度1.6　醇酒

吟釀香 ■□□□□　濃郁度 ■■■□□
原料香 ■■■□□　輕快度 ■■■■□

天遊琳 伊勢の白酒 純米活性にごり酒
純米酒／500mℓ ¥1100／夢錦65% 神之穗65%／12～13度
搾取後直接裝瓶的微發泡生酒，是帶柑橘系風味的佐餐酒。適合冷飲。

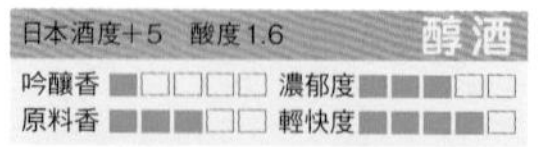
日本酒度 -20　酸度2.5　發泡性

ざく
作

北陸・東海　三重縣

清水釀造株式会社
059-385-0011　可直接購買
鈴鹿市若松東3-9-33
明治2年（1869）創業

代表酒名	作 雅乃智 中取り
特定名稱	純米吟釀酒
希望零售價格	1.8ℓ ¥3650 720mℓ ¥1825

原料米和精米步合… 麴米・掛米均為三重縣產山田錦50%

酒精度……………… 16度

首先是紮實的香氣撲鼻，凜冽口感、清淡的辛口後則是溫和的甜味，每種感覺都很輕快俐落，為高水準的冷飲酒。

日本酒度+1　酸度1.6　薰酒

吟釀香 ■■■□□　濃郁度 ■■□□□
原料香 ■□□□□　輕快度 ■■■□□

水、米品質均佳，離港口又近的鈴鹿原本有許多酒廠，但現在只剩下這一家。該酒廠以出身鈴鹿的杜氏為中心，平成11年所發行的酒款「作」，含有「現在正進行中」「未完成」等的氣概與謙虛之意。酒名共通的「智」字，則取自杜氏之名。

主要的酒品

作 穗乃智

純米酒／1.8ℓ ¥2300 720mℓ ¥1143／均為當地一般米60%／15度

純米般的香氣與風味，口感清新、餘韻悠長。適合冷飲、溫熱飲。

日本酒度+2　酸度1.9　醇酒

吟釀香 ■□□□□　濃郁度 ■■■□□
原料香 ■■■□□　輕快度 ■■■□□

作 和乃智

特別本釀造酒／1.8ℓ ¥2100 720mℓ ¥1050／均為當地一般米60%／15度

風味濃醇，但口感清爽如同吟釀酒般，入口滑順。適合冷飲～溫熱飲。

日本酒度 -1　酸度1.3　爽酒

吟釀香 ■□□□□　濃郁度 ■■□□□
原料香 ■■□□□　輕快度 ■■■■□

作 大吟釀

大吟釀酒／1.8ℓ ¥5250 720mℓ ¥2625／三重縣產山田錦40% 同35%／17度

讓人舒暢的華麗香氣與銳利、纖細的口感，可作為宴會時的乾杯酒。適合冷飲。

日本酒度+3　酸度1.1　薰酒

吟釀香 ■■■■□　濃郁度 ■■□□□
原料香 ■□□□□　輕快度 ■■■□□

黒松翁

合名会社森本仙右衛門商店
☎0595-23-5500 可直接購買
伊賀市上野福居町3342
弘化元年（1844）創業

代表酒名	黒松翁 秘蔵古酒 十五年者
特定名稱	普通酒
希望零售價格	1.8ℓ ¥4200 720mℓ ¥2100

原料米和精米步合… 麹米 五百萬石70%／掛米 日本晴・鬱金錦70%

酒精度……………… 19.8度

冷溫下貯藏15年之久，如蜂蜜、栗子、巧克力般的甘口風味，亦即所謂的甜點酒。冷飲・溫熱飲◎、常溫○。

日本酒度 -4.5 酸度1.15 **熟酒**

吟釀香	■□□□□	濃郁度	■■■■■
原料香	■■■■■	輕快度	■□□□□

主要的酒品

黒松翁 大吟醸原酒 赤箱

大吟釀酒／1.8ℓ ¥5800 720mℓ ¥2630／均為山田錦45%／17.2度

山田錦的濃郁風味與芳香在口中散開來，餘韻滑順，是可當作佐餐酒的大吟釀酒。冷飲為佳。

日本酒度＋4 酸度1.2 **薰酒**

吟釀香	■■■□□	濃郁度	■■□□□
原料香	■□□□□	輕快度	■■■□□

黒松翁 特別純米甘口 蒼星美酒

特別純米酒／500mℓ ¥1000／五百萬石60% 越光・みえのえみ60%／12.1度

酒精度數不高的甘口淡麗酒。帶有果實香＋黑胡椒風味的隱藏味道。適合冷飲～溫熱飲。

日本酒度 -16.5 酸度1.55 **爽酒**

吟釀香	■■□□□	濃郁度	■■■□□
原料香	■■□□□	輕快度	■■□□□

黒松翁 特別本醸造にごり酒 活性生原酒

特別本釀造酒／1.8ℓ ¥2100 720mℓ ¥1050／五百萬石60% 越光・みえのえみ60%／19.8度

酵母仍保持活性，為渾濁乳白色、濃厚風味的濁酒。適合冷飲。

日本酒度 -5 酸度1.6 **發泡性**

酒名源自作為神降臨時的寄託之物——能樂舞台背景的黑松，以及祈求五穀豐收、長壽與繁榮的能樂戲碼・翁。「翁」之名則是由治理當地的藤堂藩所命名。酒的種類多樣，每款均為香氣濃郁、風味圓潤，口感溫和。

而今

木屋正酒造合資会社
☎0595-63-0061　不可直接購買
名張市本町314-1
文政元年（1818）創業

被名張川的清流環繞、水與氣候均佳的土地上，於192年前興建至今的土製酒廠，由4人生產全年320石左右的酒。含有「努力生活在當下」之意的「而今」於平成16年發行，均為小量釀造的酒，甜味與酸味的調和絕佳。

代表酒名	而今 特別純米
特定名稱	特別純米酒
希望零售價格	1.8ℓ ¥2730 720mℓ ¥1365

原料米和精米步合…　麹米・掛米均為五百萬石60%
酒精度………………　17度

五百萬石特有的甜味與濃醇，與而今風格的酸味極為調和。入口瞬間的香氣、甜味與口感、餘韻均呈現俐落的輕快感。適合冷飲。

日本酒度+1　酸度1.7　爽酒
吟釀香 ■□□□□　濃郁度 ■■□□□
原料香 ■■□□□　輕快度 ■■■■□

主要的酒品

而今 純米吟釀 山田錦生

純米吟釀酒／1.8ℓ ¥3570 720mℓ ¥1785／均為山田錦50%／17度
擁有飽滿的果實香、在口中奔放的酒米風味與爽快的口感。適合冷飲。

日本酒度+1　酸度1.5　薫酒
吟釀香 ■■■□□　濃郁度 ■■□□□
原料香 ■□□□□　輕快度 ■■■□□

而今 純米吟釀 千本錦生

純米吟釀酒／1.8ℓ ¥3150 720mℓ ¥1575／均為千本錦55%／17度
風味濃郁、入喉後有暢快感，香氣與味道的調和度佳。適合冷飲。

日本酒度+1　酸度1.6　薫酒
吟釀香 ■■■□□　濃郁度 ■■□□□
原料香 ■□□□□　輕快度 ■■■□□

而今 純米吟釀 八反錦生

純米吟釀酒／1.8ℓ ¥2940 720mℓ ¥1470／均為八反錦55%／17度
果實般的吟香很出色，含在口中時酒米的風味會一舉散發開來。適合冷飲。

日本酒度±0　酸度1.7　薫酒
吟釀香 ■■■□□　濃郁度 ■■□□□
原料香 ■□□□□　輕快度 ■■■□□

さかやはちべえ
酒屋八兵衛

元坂酒造株式会社
☎0598-85-0001　可直接購買
多気郡大台町柳原346-2
文化2年（1805）創業

代表酒名	酒屋八兵衛 山廃（やまはい）純米酒
特定名稱	純米酒
希望零售價格	1.8ℓ ¥2600 720mℓ ¥1250

原料米和精米步合… 麹米 五百萬石60% / 掛米 五百萬石・山田錦60%

酒精度……………… 15～16度

在口中散開來的溫和風味、清爽口感，展現出豐郁、後勁、清爽的三位一體。為撫癒身心的最佳佐餐酒。適合常溫～溫熱飲。

日本酒度+4　酸度1.6　醇酒
吟釀香 ■□□□□　濃郁度 ■■■□□
原料香 ■■■□□　輕快度 ■■■□□

被山與河川相隔的大台地區氣候寒冷，採清冽的宮川伏流水釀製而成「酒屋八兵衛」。酒廠杜氏以純米酒為中心，致力於釀造芳醇與俐落口感兼具的酒款。原本是以當地消費為主的地酒，近年來在酒廠的熱心與努力下，優良的酒質在首都圈也獲得很高的評價。

主要的酒品

酒屋八兵衛 山廃純米 無濾過生原酒（むろかなまげんしゅ）
純米酒/1.8ℓ ¥2800 720mℓ ¥1350/五百萬石60% 五百萬石・山田錦60%/17～18度
忠實遵循基本釀製而成的酒，為擁有清淡甜味的口感與溫和風味的山廢酒。適合微涼～常溫。

日本酒度+5　酸度1.9　醇酒
吟釀香 ■□□□□　濃郁度 ■■■■□
原料香 ■■■□□　輕快度 ■■□□□

酒屋八兵衛 純米酒
純米酒/1.8ℓ ¥2400 720mℓ ¥1150/五百萬石60% 五百萬石・山田錦60%/15～16度
圓潤、優雅的熟成風味，適合常溫～熱飲，溫熱後放涼飲用也可。

日本酒度+4　酸度1.6　醇酒
吟釀香 ■□□□□　濃郁度 ■■■□□
原料香 ■■■□□　輕快度 ■■■■□

酒屋八兵衛 伊勢錦（いせにしき）純米大吟釀
純米大吟釀酒/1.8ℓ ¥5000 720mℓ ¥2500/均為伊勢錦50%/16～17度
擁有該酒廠復育成功的酒米・伊勢錦獨特的透明口感與芳醇的優雅風味。適合冷飲。

日本酒度+4　酸度1.3　薰酒
吟釀香 ■■■□□　濃郁度 ■■□□□
原料香 ■□□□□　輕快度 ■■■□□

近畿·中國

Kinki·Chugoku

冨田酒造有限会社
℡0749-82-2013　不可直接購買
長浜市木之本町木之本1107
1540年代（天文年間）創業

七本鎗

代表酒名	七本鎗 低精白純米80％精米生原酒
特定名稱	純米酒
希望零售價格	1.8ℓ ¥2625 720mℓ ¥1312

原料米和精米步合… 麴米 玉榮65％／掛米 玉榮80％

酒精度……………… 17.5度

強而有力的酒米濃郁風味，加上明顯的酸味，兩者均強勁卻很調和。口感也很輕快，與重口味的料理很搭。適合冷飲～溫熱飲。

日本酒度+8　酸度2.2　醇酒
吟釀香 ■□□□□ 濃郁度 ■■■□□
原料香 ■■■■□ 輕快度 ■■■□□

酒廠位於琵琶湖最北端的賤之岳山麓，與以往同樣於冬季進行釀酒作業，全年生產量400石，酒名源自豐臣秀吉麾下的勇將・賤之岳的七本槍。以當地契約農家培育的縣產酒米為中心，以木槽搾取、也釀造低度精白的純米酒等，慢活的生活態度現在依舊。

主要的酒品

七本鎗 純米 玉栄
純米酒／1.8ℓ ¥2520 720mℓ ¥1260／均為玉榮60％／15.8度
該酒名的熱門款。能品嘗到酒米的風味，卻不會膩口，與各式料理均搭。適合冷飲～溫熱飲。

日本酒度+3　酸度1.8　醇酒
吟釀香 ■□□□□ 濃郁度 ■■■□□
原料香 ■■■□□ 輕快度 ■■■□□

七本鎗 純米大吟釀 玉栄
純米大吟釀酒／1.8ℓ ¥5250 720mℓ ¥2625／均為玉榮45％／16.5度
溫和的香味與明顯酸味的口嘗香氣，是與料理很搭的純米大吟釀酒。適合冷飲～溫熱飲。

日本酒度+3　酸度1.9　薫酒
吟釀香 ■■■□□ 濃郁度 ■■□□□
原料香 ■□□□□ 輕快度 ■■■□□

七本鎗 純米吟釀 吟吹雪
純米吟釀酒／1.8ℓ ¥3150 720mℓ ¥1575／均為吟吹雪55％／15.8度
以吟吹雪釀製而成的酒，口感溫和，與清淡料理很搭。適合冷飲、溫熱飲。

日本酒度+5　酸度1.7　爽酒
吟釀香 ■■□□□ 濃郁度 ■■□□□
原料香 ■□□□□ 輕快度 ■■□□□

松の司

近畿・中國　滋賀縣

松瀨酒造株式会社
☎0748-58-0009　不可直接購買
蒲生郡竜王町弓削475
万延元年（1860）創業

代表酒名　松の司 竜王産山田錦 純米吟醸

特定名稱　純米吟釀酒

希望零售價格　1.8ℓ ¥4095 720mℓ ¥2048

原料米和精米步合…　麴米・掛米均為山田錦50%

酒精度………………　16～17度

隨著從冰箱取出、溫度逐漸上升，香氣與風味的均衡度會變得更佳。在比常溫稍微低的溫度時，可感受到明顯的香氣與濃郁的風味。

日本酒度+5　酸度1.4　**薰酒**

吟釀香 ■■■□□　濃郁度 ■■□□□
原料香 ■■□□□　輕快度 ■■■□□

從地下120m、岩盤層下方汲取的鈴鹿山系愛知川伏流水，以山田錦為主，在規定栽培法下生產的當地產酒米。以小量、低溫完全發酵，裝瓶後冰冷、冷藏熟成。酒廠最引以自豪、擁有「深奧風味」的酒，就是這樣以長年的經驗費心手工釀製而成。

主要的酒品

松の司 大吟釀純米 黒

純米大吟釀酒/1.8ℓ ¥8400 720mℓ ¥4200/均為山田錦35%/16～17度

冷飲時香氣明顯，口感強烈，接近常溫時均衡度提高，味道也變得溫和。

日本酒度+6　酸度1.3　**薰酒**

吟釀香 ■■■■■　濃郁度 ■■□□□
原料香 ■□□□□　輕快度 ■■■□□

松の司 純米吟釀 AZOLLA

純米吟釀酒/1.8ℓ ¥4725 720mℓ ¥2363/均為山田錦50%/16～17度

隨著冷溫到常溫，溫和、優雅的風味也會遽增，是愛酒人士喜愛的一品。

日本酒度+6　酸度1.4　**薰酒**

吟釀香 ■■■□□　濃郁度 ■■□□□
原料香 ■■□□□　輕快度 ■■■□□

松の司 純米吟釀 楽

純米吟釀酒/1.8ℓ ¥2888 720mℓ ¥1418/山田錦60% 吟吹雪60%/15～16度

香氣、風味的均衡度極佳，是可輕鬆品嘗的大眾酒款。適合冷飲～溫熱飲。

日本酒度+4　酸度1.4　**爽酒**

吟釀香 ■■□□□　濃郁度 ■■□□□
原料香 ■■□□□　輕快度 ■■■□□

太田酒造株式会社
077-562-1105　可直接購買
草津市草津3-10-37
明治7年（1874）創業

代表酒名　大吟醸 山廃仕込原酒 道灌

特定名稱　大吟釀酒

希望零售價格　1.8ℓ ¥4200 720mℓ ¥2100

原料米和精米步合…　麹米・掛米均為山田錦50%

酒精度………………　16～16.9度

以山廃酛釀造、2年熟成的大吟釀酒，清淡的吟釀香，還有山廃特有的濃郁與清爽酸味。喝了不會膩口的佐餐酒，適合常溫、溫熱飲。

日本酒度+7　酸度3		薰酒	
吟釀香	■■■□□	濃郁度	■■■□□
原料香	■■□□□	輕快度	■■■■□

創業者為以興建江戶城聞名的室町中期智將．太田道灌的後裔，酒名則取自遠祖的名字。基於「酒就是用來佐餐」的信念，生產的每樣酒均可與料理搭配、增進用餐樂趣。還擁有大型酒莊，也生產葡萄酒和白蘭地。

主要的酒品

大吟醸 道灌 技匠
大吟醸酒/1.8ℓ ¥5250 720mℓ ¥3150/均為山田錦40%/16.5度
果實般的撲鼻香氣、舒適宜人的口嘗香氣與紮實的口感調和。適合冷飲、常溫。

日本酒度+4　酸度1.1		薰酒	
吟釀香	■■■■□	濃郁度	■■□□□
原料香	■□□□□	輕快度	■■■□□

純米大吟醸 道灌 無濾過生原酒
純米大吟醸酒/720mℓ ¥2100/均為山田錦50%/17～17.9度
散發出山田錦的風味，微甜、清爽的酸味讓人舒暢。適合冷飲、常溫。

日本酒度+2~+2.5　酸度1.7		薰酒	
吟釀香	■■■□□	濃郁度	■■□□□
原料香	■■□□□	輕快度	■■□□□

純米吟醸 道灌
純米吟醸酒/1.8ℓ ¥3150 720mℓ ¥1628/均為玉栄55%/15.3度
100%使用當地產酒米．玉榮。恰到好處的吟釀香與酸味調和。適合冷飲～溫熱飲。

日本酒度+4　酸度1.4		爽酒	
吟釀香	■■□□□	濃郁度	■■□□□
原料香	■□□□□	輕快度	■■■□□

月桂冠

月桂冠株式会社
☎075-623-2001　可直接購買（一部份不可）
京都市伏見区南浜町247
寛永14年（1637）創業

代表酒名	月桂冠 鳳麟 純米大吟釀
特定名稱	純米大吟釀酒
希望零售價格	1.8ℓ ¥5193 720mℓ ¥2602

原料米和精米步合… 麴米 山田錦50%／掛米 五百萬石50%
酒精度……………… 16度

以象徵祥瑞的鳳凰與麒麟之名冠上的該酒廠頃力之作。經過低溫熟成後的華麗吟釀香、溫順口感相當出色。適合冷飲。

日本酒度+2　酸度1.5　薰酒
吟釀香 ■■■■□　濃郁度 ■□□□□
原料香 ■□□□□　輕快度 ■■■■□

京都・伏見具代表性的老鋪酒廠之一。「以健康為目標、以科學方法釀酒、創造出快樂」為企業宗旨，除了深化清酒事業外，還開拓各式領域的發展。「月桂冠 鳳麟 純米大吟釀」是以前針對東京地區販售的高級酒「鳳麟正宗」的後繼酒款，為集該酒廠傳統技術的精華之作。

主要的酒品

ヌーベル月桂冠 特別本釀造

特別本釀造酒／720mℓ ¥1003／均為五百萬石等60%／15度

優雅的香氣與輕快的口感，與任何料理均搭。最適合作為晚酌酒，冷飲、溫熱飲為佳。

日本酒度+1　酸度1.3　爽酒
吟釀香 ■□□□□　濃郁度 ■□□□□
原料香 ■■□□□　輕快度 ■■■■□

月桂冠 超特撰 浪漫 吟釀十年秘蔵酒

吟釀酒／720mℓ ¥3547／均為五百万萬石60%／16度

擁有如同長期熟成酒般的香氣、溫和的口感，以及淡淡的苦味與澀味。適合微涼飲用。

日本酒度-2　酸度1.5　熟酒
吟釀香 ■□□□□　濃郁度 ■■■■■
原料香 ■■■■■　輕快度 ■■□□□

月桂冠 すべて米の酒

純米酒／1.8ℓ ¥1643 900mℓ ¥840／五百萬石70% 越光米74%／14度

華麗的香氣，純米酒般的圓潤、濃郁口感，餘韻清爽。適合微涼飲用。

日本酒度+2.5　酸度1.2　醇酒
吟釀香 ■□□□□　濃郁度 ■■□□□
原料香 ■■■□□　輕快度 ■■■□□

宝酒造株式会社
☎075-241-5110　不可直接購買
京都市下京区四条通烏丸東入
大正14年（1925）創業

松竹梅

代表酒名　松竹梅 白壁蔵（しらかべぐら） 生酛（きもと）純米

特定名稱　純米酒

希望零售價格　640mℓ ¥1180

原料米和精米步合…　麴米・掛米均為五百萬石70%

酒精度……………… 15～16度

以費時費工的傳統釀造法・生酛釀製而成的純米酒，具有生酛獨特的勁頭與濃醇、純米酒特有的圓潤口感，適合冷藏後與料理一起享用。

日本酒度+2　酸度1.2　**醇酒**

吟釀香 ■□□□□　濃郁度 ■■■□□
原料香 ■■■□□　輕快度 ■■■□□

以「♪讓人開心的清酒・松竹梅」的廣告主題曲深植人心，京都具代表性的酒款之一，為該酒廠的招牌商品。「白壁藏」系列，是融合傳統技法與現代最新技術，由神戶市東灘區的同社工廠・白壁藏釀造、以純米酒・吟釀酒為中心的混合酒。

主要的酒品

松竹梅 白壁蔵 大吟醸無濾過生原酒（むろかなまげんしゅ）
大吟醸酒/720mℓ ¥1861/均為五百萬石50%/17～18度
無過濾的大吟釀生原酒，有蘋果般的豐富吟釀香與圓潤口感。適合冷飲。

日本酒度+1　酸度1.3　**薫酒**

吟釀香 ■■■■□　濃郁度 ■■□□□
原料香 ■■□□□　輕快度 ■■■□□

松竹梅 白壁蔵 三谷藤夫（みたにふじお） 山廃（やまはい）吟醸（業務用）
吟醸酒/1.8ℓ ¥2481 720mℓ ¥1244/均為五百萬石60%/15～16度
以山廢釀製，不僅保有芳醇的風味、還能有輕快俐落的酒質。適合冷飲。

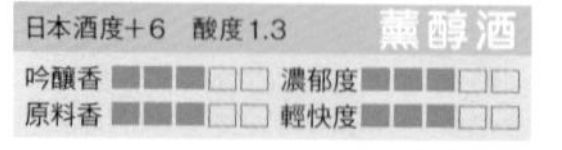

松竹梅 白壁蔵 三谷藤夫 山廃純米（業務用）
純米酒/1.8ℓ ¥2481 720mℓ ¥1244/均為五百萬石60%/15～16度
以山廢釀製，同時擁有純米般的豐郁風味與輕快口感的酒質。適合溫熱飲。

日本酒度+2　酸度1.5　**醇酒**

吟釀香 ■□□□□　濃郁度 ■■■■□
原料香 ■■■■□　輕快度 ■■■□□

玉乃光

玉乃光酒造株式会社
075-611-5000　可直接購買
京都市伏見区東堺町545-2
延宝元年（1673）創業

代表酒名　玉乃光 純米大吟釀 備前雄町100%

特定名稱　純米大吟釀酒

希望零售價格　1.8ℓ ¥5250 720mℓ ¥2310

原料米和精米步合… 麹米・掛米均為岡山縣雄町50%

酒精度……………… 16.2度

100%使用備前雄町。雄町特有的溫和、自然吟釀香，濃郁的口感與酸味調和而成的紮實酒質，入口滑順。適合冷飲。

日本酒度+3.5　酸度1.7　薫酒
吟釀香 ■■■■□　濃郁度 ■■□□□
原料香 ■■□□□　輕快度 ■■□□□

為京都・伏見代表性的老鋪酒廠之一。在盛行添加酒精的昭和39年，發行了無添加清酒（純米酒）。正如當時寄給釀造學的世界權威・坂口謹一郎博士的書信上寫著「——無添加酒精，並且經過充分熟成後的銘釀（後略）」，之後即堅守這樣一貫的釀造方式。

主要的酒品

玉乃光 純米吟釀 酒魂
純米吟釀酒/1.8ℓ ¥2203 720mℓ ¥1003/酒造好適米60% 一般米60%/15.4度
擁有山田錦等酒米本身的風味與天然的酸味，追求兩者間均衡度的一品，適合冷飲～溫熱飲。

日本酒度+3　酸度1.8　爽酒
吟釀香 ■■□□□　濃郁度 ■■□□□
原料香 ■□□□□　輕快度 ■■□□□

玉乃光 純米吟釀 山廃
純米吟釀酒/1.8ℓ ¥2568 720mℓ ¥1184/酒造好適米60% 一般米60%/16.4度
山廃風、以溫熱品嘗的酒，為口感濃郁、輕爽酸味的辛口型。適合冷飲～溫熱飲。

日本酒度+1　酸度1.7　醇酒
吟釀香 ■■□□□　濃郁度 ■■■□□
原料香 ■■■□□　輕快度 ■■□□□

玉乃光 純米吟釀 冷蔵酒パック
純米吟釀酒/450mℓ ¥631 300mℓ ¥435/酒造好適米60% 一般米60%/15.4度
低溫貯藏、低溫充填的新鮮度與香氣均佳，也可冷凍後享用。

日本酒度+3　酸度1.8　爽酒
吟釀香 ■■□□□　濃郁度 ■■□□□
原料香 ■□□□□　輕快度 ■■□□□

木下酒造有限会社
℡0772-82-0071　可直接購買
京丹後市久美浜町甲山1512
天保13年（1842）創業

玉川

代表酒名　玉川 自然仕込純米酒 山廃 無濾過生原酒

特定名稱　純米酒

希望零售價格　1.8ℓ ¥2500 720mℓ ¥1250

原料米和精米步合…　麴米・掛米均為北錦66%

酒精度………………　19～20度

由山廃酛釀製而成，酸、胺基酸均豐富的濃醇純米酒，有明顯的五味、但卻均衡融和，此即所謂的日本酒。適合人體溫度～溫熱飲。

日本酒度+3　酸度2.3　**醇酒**

吟釀香 ■□□□□　濃郁度 ■■■■□
原料香 ■■■■□　輕快度 ■■□□□

從米到酒的一貫作業，均堅持以往昔手工釀造技術的酒廠。以牛津出身的英國人Philip Harper杜氏為中心，採取不忤逆米、水、酵母的本質，發揮素材本身優點的釀酒方式。經由山廃和生酛釀造等酒廠酵母的自然釀造方式，成品多為有明顯酸味、紮實口感的酒質。

主要的酒品

玉川 自然仕込純米大吟釀 玉龍 山廃
純米大吟釀酒/720mℓ ¥3500/均為山田錦50%/16～17度
相當少見的山廃純米大吟釀。強勁、優雅的吟釀香調和得宜。適合人體溫度～溫熱飲。

日本酒度+5　酸度1.7　**薫酒**

吟釀香 ■■■□□　濃郁度 ■■□□□
原料香 ■■□□□　輕快度 ■■■□□

玉川 自然仕込生酛純米酒 コウノトリラベル
純米酒/1.8ℓ ¥3000 720mℓ ¥1500/均為無農藥五百萬石77%/15～16度
由自然釀造法呈現出仿若明治時代的酒質，為濃郁口感的辛口型酒，適合人體溫度～溫熱飲。

日本酒度+9　酸度1.9　**醇酒**

吟釀香 ■□□□□　濃郁度 ■■■□□
原料香 ■■■■□　輕快度 ■■■□□

玉川 自然仕込 Time Machine 1712
純米酒/360mℓ ¥1000/均為北錦88%/14～15度
以江戶時代的技術釀製而成的超甘口酒，由於擁有高度的酸與胺基酸所以口感清爽。適合冷飲。

日本酒度 -62　酸度2.9　**醇酒**

吟釀香 ■□□□□　濃郁度 ■■■■□
原料香 ■■■■□　輕快度 ■□□□□

はるしか

春鹿

近畿・中國　奈良縣

株式会社今西清兵衛商店
0742-23-2255　可直接購買
奈良市福智院町24-1
明治17年（1884）創業

代表酒名	春鹿 純米超辛口（ちょうからくち）
特定名稱	純米酒
希望零售價格	1.8ℓ ¥2730 720mℓ ¥1522

原料米和精米步合… 麴米・掛米均為五百萬石58%

酒精度……………… 15～15.9度

溫和的香氣與圓潤的口感，入口暢快。與生薑醬油佐花枝生魚片或鯛魚、比目魚生魚片等料理都很對味。適合冷飲～溫熱飲。

日本酒度＋12　酸度1.6　醇酒

吟釀香 ■□□□□　濃郁度 ■■□□□
原料香 ■■■□□　輕快度 ■■■■□

傳承自江戶時代的最高級酒——南都諸白，以室町時代在奈良・興福寺發明的技法釀製而成的酒，具有華麗的香氣與圓潤口感、餘韻俐落，亦即南都——奈良風的酒質。酒名與古都也很相襯的「春鹿」，在世界十幾個國家均有販售。

主要的酒品

春鹿 純米大吟釀活性（かっせい）にごり酒（ざけ） しろみき
純米大吟釀酒/720mℓ ¥2205/均為山田錦50%/15～15.9度
華麗的吟釀香、奶油般的風味，亦即大人風的白酒。發泡的感覺很有趣，適合冷飲。

日本酒度±0　酸度1.7　發泡性

春鹿 木桶造り（きおけづく）四段仕込（よだんしこみ）純米生原酒（なまげんしゅ）
純米酒/720mℓ ¥1890/均為特栽米日光70%/16～16.9度
以傳統的木桶與四段式釀製方式，可明顯感受到酒米風味的濃醇酒質。適合冷飲～溫熱飲。

日本酒度 -9　酸度1.8　醇酒

吟釀香 ■□□□□　濃郁度 ■■■■□
原料香 ■■■□□　輕快度 ■■□□□

春鹿 発泡（はっぽう）純米酒 ときめき
純米酒/300mℓ ¥577/均為日本晴70%/6～6.9度
口感暢快，雖為超甘口，但與酸味的融和相當清爽。適合加冰塊、冷飲。

日本酒度 -90　酸度5.5　發泡性

株式会社久保本家酒造
0745-83-0036　不可直接購買
宇陀市大宇陀区出新1834
元禄15年（1702）創業

初霞

代表酒名	生酛（きもと）純米 初霞
特定名稱	純米酒
希望零售價格	1.8ℓ ¥3200 720mℓ ¥1600

原料米和精米步合… 麴米 山田錦65%／掛米 秋津穗65%

酒精度……………… 15度

強勁、乾淨俐落的辛口型男酒。清爽的酸味、紮實的口感，輕快的入喉感讓料理更增添風味。尤其適合溫熱飲。

日本酒度+13　酸度2.1　**醇酒**

吟釀香 ■□□□□　濃郁度 ■■■■□
原料香 ■■■■□　輕快度 ■■■■□

採用生酛釀製的酒廠。生酛釀製的酒質風味濃郁，而且口感俐落。「風味、飽滿的程度都完全不同，因為自己也想喝到那樣的酒，所以不管多麼費時費工也要堅持以生酛釀製」。除了生酒以外，藉由常溫保管熟成來變化風味，也是該酒廠的特色之一。

主要的酒品

初霞 大和（やまと）のどぶ

純米酒／1.8ℓ ¥2500 720mℓ ¥1250／五百萬石65% 秋津穗65%／15度

醪只用竹簍篩出，瓶中充滿米粒狀的清涼濁酒。適合冷飲、溫熱飲。

日本酒度+10　酸度1.8　**醇酒**

吟釀香 ■□□□□　濃郁度 ■■■□□
原料香 ■■■■□　輕快度 ■□□□□

純米吟釀 初霞

純米吟釀酒／1.8ℓ ¥3200 720mℓ ¥1600／均為山田錦50%／15度

清淡的香氣、圓潤的風味、輕快的口感，是均衡度極佳的佐餐酒。適合冷飲～溫熱飲。

日本酒度+9　酸度1.9　**薰酒**

吟釀香 ■■■□□　濃郁度 ■■□□□
原料香 ■■□□□　輕快度 ■■■□□

初霞 特別純米

特別純米酒／1.8ℓ ¥2600 720mℓ ¥1300／五百萬石60% 秋津穗60%／15度

如太陽般的香氣、口感清爽，濃郁但屬於辛口型酒。適合溫熱飲。

日本酒度+8　酸度1.9　**醇酒**

吟釀香 ■□□□□　濃郁度 ■■■□□
原料香 ■■■□□　輕快度 ■■■■□

花巴

美吉野釀造株式会社
0746-32-3639　可直接購買
吉野郡吉野町六田1238-1
明治45年（1912）創業

代表酒名	花巴 山廃（やまはい）特別純米酒
特定名稱	特別純米酒
希望零售價格	1.8ℓ ¥2940 720mℓ ¥1470

原料米和精米步合…　麹米・掛米均為山田錦70%

酒精度………………　16.5度

充滿個性的優質酸味與酒米本身的濃郁，是使用酒廠酵母以山廃酛釀製而成該酒廠的獨特口感。與和食、肉類料理、乳製品都很搭。適合常溫。

日本酒度+5　酸度2.7~3.0　**醇酒**

吟釀香 ■□□□□　濃郁度 ■■■■□
原料香 ■■■■□　輕快度 ■■□□□

位於「一目千本櫻」吉野山麓的酒廠。以自太古湧出的大峰山系伏流水、有機合鴨農法等當地農家契約栽培生產的原料米，釀製出「生產者資料明確」的酒。可感受酒米本身的風味與優質的酸味，比起撲鼻香氣更重視口嘗香氣，所以具有舒適宜人的口嘗香氣、口感溫和，風味深厚。

主要的酒品

花巴 純米大吟釀 万葉（まんよう）の華（はな）
純米大吟釀酒/1.8ℓ ¥6300 720mℓ ¥3150/均為山田錦35%/16.5度
清淡的吟釀香與輕快、濃醇的口感，為該酒廠最高等級的酒。適合冷飲、常溫。

日本酒度+5　酸度1.9　**薰酒**

吟釀香 ■■■□□　濃郁度 ■■□□□
原料香 ■□□□□　輕快度 ■■■□□

花巴 太古（たいこ）の滴（しずく） 純米原酒（げんしゅ）
特別純米酒/1.8ℓ ¥2940 720mℓ ¥1470/奈良縣産日光・山田錦60%・70% 山田錦70%/17.5度
以傳承的古法釀製而成、擁有優質酸味的濃醇純米酒，口感、爽快度均佳。適合冷飲、常溫。

日本酒度 -7　酸度2.7　**醇酒**

吟釀香 ■□□□□　濃郁度 ■■■■□
原料香 ■■■■□　輕快度 ■■□□□

花巴 しぼりたて生（なま）原酒
本釀造酒/1.8ℓ ¥2500 720mℓ ¥1250/均為山田錦70%/18度
數量限定品。以契約栽培的山田錦釀造，具有剛搾取的爽快香氣與濃醇風味。適合冷飲。

日本酒度 —　酸度 —　**爽酒**

吟釀香 ■□□□□　濃郁度 ■■□□□
原料香 ■■□□□　輕快度 ■■■□□

長龍酒造株式会社
☎0745-56-2026　可直接購買
北葛城郡広陵町南4
昭和38年（1963）創業

長龍

代表酒名	吉野杉の樽酒（よしのすぎのたるざけ）
特定名稱	普通酒
希望零售價格	1.8ℓ ¥2289 720mℓ ¥1029

原料米和精米步合… 麴米・掛米均為一般米70%

酒精度……………… 15～16度

將原酒放在杉材的最高峰，吉野山製的酒樽內，增添杉材香氣後裝瓶、急冷，是國內最初的瓶裝樽酒。適合冷飲～溫熱飲，或溫熱後放涼飲用也佳。

日本酒度±0　酸度1.2　**爽酒**

吟釀香	■□□□□	濃郁度	■■□□□
原料香	■■□□□	輕快度	■■■□□

於奈良縣的廣陵藏釀製酒，然後在大阪府的八尾藏進行貯藏、裝瓶。代表酒款「吉野山樽酒」，取杉材中最適合作為酒樽的甲付——去掉樹皮的杉木外圍部，只取更內側的紅色部份——製作出甲付樽。可感受到杉樹香氣與酒本身濃醇香兩者的融合。

主要的酒品

稲の国の稲の酒（いねのくにのいねのさけ） 特別純米酒 2006年釀造（ねんじょうぞう）

特別純米酒/1.8ℓ ¥2520 720mℓ ¥1312/均為奈良縣產露葉風65%/15～16度

隱約的吟香、清爽的酸味，為全量使用露葉風的典型純米酒。適合冷飲～溫熱飲。

日本酒度+3　酸度1.5　**醇酒**

吟釀香	■■□□□	濃郁度	■■□□□
原料香	■■■□□	輕快度	■■■□□

ふた穂 雄町（ほ おまち） 特別純米酒 2006年釀造

特別純米酒/1.8ℓ ¥2625 720mℓ ¥1365/均為岡山縣產雄町68%/15～16度

全量使用溫和、豐郁的岡山縣產雄町的典型純米酒。適合冷飲～溫熱飲。

日本酒度+2　酸度1.5　**醇酒**

吟釀香	■□□□□	濃郁度	■■■□□
原料香	■■■■□	輕快度	■■□□□

長龍 熟成古酒（じゅくせいこしゅ）

本釀造酒/720mℓ ¥2625/均為曙等65%/19～20度

92年釀造的本釀造加上純米大吟釀古酒的混合酒，甜酸苦的調和度極佳。適合冷飲～溫熱飲。

日本酒度±0　酸度1.9　**熟酒**

吟釀香	■■□□□	濃郁度	■■■■■
原料香	■■■■■	輕快度	■■□□□

風の森

油長酒造株式会社
℡0745-62-2047　不可直接購買
御所市中本町1160
享保4年（1719）創業

代表酒名　風の森 露葉風（つゆばかぜ） 純米しぼり華（ばな）

特定名稱　純米酒

希望零售價格　1.8ℓ ¥2520 720mℓ ¥1260

原料米和精米步合…　麴米・掛米均為奈良縣產露葉風70%

酒精度……………　17度

全量使用奈良縣栽培種・露葉風，如初夏花朵般的香氣撲鼻，優雅的香味佈滿口中，不久後則轉為清爽俐落的感覺。適合冷飲。

日本酒度 -1　酸度2.3　**醇酒**

吟釀香 ■□□□□　濃郁度 ■■■■□
原料香 ■■■□□　輕快度 ■■■□□

「風之森」系列均為無過濾、無加水的生酒，全年販售。以「在土地深根的釀酒」為目標，重視當地的米、當地的水、當地的風土，以超低溫慢慢發酵後搾取，亦即所謂的素顏生酒。可充分享受米・米麴本身的濃郁風味與口感間的絕妙平衡。

主要的酒品

風の森 秋津穗（あきつほ） 純米しぼり華
純米酒/1.8ℓ ¥1995 720mℓ ¥997/均為奈良縣產秋津穗65%/17度
全量使用契約栽培的奈良縣產秋津穗，清淡的酸味清爽舒暢。適合冷飲。

日本酒度+4　酸度1.8　**醇酒**

吟釀香 ■□□□□　濃郁度 ■■■□□
原料香 ■■■□□　輕快度 ■■■■□

風の森 キヌヒカリ 純米大吟釀しぼり華
純米大吟釀酒/1.8ℓ ¥2940 720mℓ ¥1470/均為奈良縣產絹光45%/17度
全量使用奈良縣產絹光。口感滑順、純樸的風味在口中散開來。適合冷飲。

日本酒度+3　酸度1.6　**薰酒**

吟釀香 ■■■□□　濃郁度 ■■□□□
原料香 ■□□□□　輕快度 ■■■□□

風の森 雄町（おまち） 純米吟釀しぼり華
純米吟釀酒/1.8ℓ ¥3150 720mℓ ¥1575/均為岡山縣產雄町56%/17度
雄町特性之米・米麴的厚重口感與酸味調和得宜。適合冷飲。

日本酒度+1　酸度1.8　**醇酒**

吟釀香 ■■□□□　濃郁度 ■■■□□
原料香 ■■■□□　輕快度 ■■■□□

株式会社吉村秀雄商店
☎0736-62-2121　不可直接購買
岩出市畑毛72
大正4年（1915）創業

車坂

代表酒名	車坂 純米吟釀 和歌山山田錦
特定名稱	純米吟釀酒
希望零售價格	1.8ℓ ¥2800 720mℓ ¥1400

原料米和精米步合…　麴米・掛米均為和歌山縣產山田錦58%

酒精度………………　16.5度

呈現「車坂」概念的一品。擁有酒米風味的紮實酒質，味道飽滿、附著性佳。稍強的酸味很有熟成感。適合冷飲。

日本酒度＋2　酸度1.5	爽酒
吟釀香 ■■□□□	濃郁度 ■■□□□
原料香 ■■□□□	輕快度 ■■■□□

流傳小栗判官與照手姬故事的車坂，亦即象徵「死與再生」的場所。富含日本再生的期望，因而取下此酒名。正如「像爬上坡時的力道、下坡時的爽快餘韻」的概念般，擁有紮實的酒質與彷彿微風般的清爽餘韻。

主要的酒品

車坂 古酒16BY17度 三年熟成

純米大吟釀酒／1.8ℓ ¥3000 720mℓ ¥1500／均為兵庫縣特A地區產山田錦50%／17～18度

整整3年以5℃的低溫貯藏，為香味均衡度佳。口感優雅的熟成酒。適合溫熱飲。

日本酒度＋3　酸度1.5	薰酒
吟釀香 ■■■□□	濃郁度 ■■■□□
原料香 ■■□□□	輕快度 ■■■□□

車坂20BY播州50% 純米大吟釀 生原酒

純米大吟釀酒／1.8ℓ ¥3150 720mℓ ¥1500／均為兵庫縣特A地區產山田錦50%／17.5度

富含蘋果般的香氣與酸味的溫和風味，餘韻佳。冷・常溫◎、溫熱飲○。

日本酒度＋3　酸度1.8	薰酒
吟釀香 ■■■■□	濃郁度 ■■□□□
原料香 ■■□□□	輕快度 ■■■□□

車坂21BY出品酒 純米大吟釀 瓶燗原酒

純米大吟釀酒／1.8ℓ ¥3990 720mℓ ¥1995／均為播州特A山田錦40%／17.5度

由杜氏精心釀造的該酒廠最高級酒。口嘗香氣豐郁、酒米風味在口中散發開來，適合冷飲、常溫。

日本酒度±0　酸度1.4	薰酒
吟釀香 ■■■■□	濃郁度 ■■□□□
原料香 ■□□□□	輕快度 ■■■□□

雜賀

株式会社九重雜賀
℡0736-69-5980 不可直接購買
岩出市畑毛49-1
昭和9年（1934）創業

以戰國時代運用鐵炮而聞名的雜賀眾為遠祖的酒廠，原本是製作食用醋的工廠，以「致力釀造出餐桌上的優質酸味」為座右銘。平成10年發行以佐餐用日本酒為主題的此款酒，正如主題所云，每種酒均以輕快的風味、不影響料理的酸味為特徵。

代表酒名	大吟釀 雜賀
特定名稱	大吟釀酒
希望零售價格	1.8ℓ ¥3675 720mℓ ¥1838

原料米和精米步合… 麹米 山田錦45%／掛米 山田錦50%
酒精度……………… 16度

以500kg的小量、精心釀製而成的大吟釀酒，在濃郁的酒米風味中，可一窺大吟釀的纖細。CP值高、極具魅力，適合冷飲～溫熱飲。

日本酒度+5 酸度1.1 薰酒
吟釀香 ■■■□□ 濃郁度 ■■□□□
原料香 ■□□□□ 輕快度 ■■■□□

主要的酒品

純米大吟釀 雜賀
純米大吟釀酒／1.8ℓ ¥3885 720mℓ ¥1943／山田錦45% 同50%／16度
擁有洋梨風的清淡吟釀香與優雅的酒米口感，毫不膩口。適合冷飲～溫熱飲。

日本酒度+1.5 酸度1.7 薰酒
吟釀香 ■■■□□ 濃郁度 ■■□□□
原料香 ■□□□□ 輕快度 ■■■□□

純米吟釀 雜賀
純米大吟釀酒／1.8ℓ ¥2730 720mℓ ¥1365／五百萬石55% 同60%／15度
為該酒廠的招牌商品。華麗的風味與輕快的口感不管與何種料理均搭。適合冷飲～溫熱飲。

日本酒度+5 酸度1.3 爽酒
吟釀香 ■■□□□ 濃郁度 ■■□□□
原料香 ■□□□□ 輕快度 ■■■■□

吟釀 雜賀
吟釀酒／1.8ℓ ¥2310 720mℓ ¥1155／五百萬石55% 同60%／15度
輕快的風味加上俐落的酸味，容易入口、不會生膩。適合冷飲～溫熱飲。

日本酒度+6 酸度1.1 爽酒
吟釀香 ■■□□□ 濃郁度 ■■□□□
原料香 ■□□□□ 輕快度 ■■■□□

株式会社世界一統
☎073-433-1441　可直接購買
和歌山市湊紺屋町1-10
明治17年（1884）創業

代表酒名	純米吟醸 南方
特定名稱	純米吟釀酒
希望零售價格	1.8ℓ ¥2900 720mℓ ¥1450

原料米和精米步合… 麹米 山田錦50%／掛米 オオセト50%
酒精度……………… 16.7度

不經過活性碳過濾、瓶裝火入後急速冷藏，保有原始風味的酒質。可感受到果實風的溫和口嘗香氣與辛口、俐落的口感。適合冷飲～溫熱飲。

日本酒度+5　酸度1.5　薰酒
吟釀香 ■■■□□　濃郁度 ■■□□□
原料香 ■□□□□　輕快度 ■■■■□

創業者為博物學的巨匠・南方熊楠的父親，酒廠名「世界一統」則是由大隈重信所命名，聽聞至此，在暢飲時好像會多了份敬畏感。以「朝美味邁進」為信念，除了傳承的技法外同時積極吸取先進的釀酒技術。這樣的態度，真不愧是南方熊楠的後代。

主要的酒品

超特撰 特釀大吟釀 イチ
大吟釀酒／1.8ℓ ¥10500 720mℓ ¥5250／均為山田錦40%／16.2度
只限定600瓶。芳醇的香氣、濃郁的口感，為杜氏集精華之作。適合冷飲～溫熱飲。

日本酒度+3　酸度1　薰酒
吟釀香 ■■■■□　濃郁度 ■■□□□
原料香 ■■□□□　輕快度 ■■■□□

辛口純米酒 いち辛
特別純米酒／1.8ℓ ¥2625 720mℓ ¥1575／均為山田錦60%／15.7度
擁有濃醇的原本風味、清爽的超辛口特別純米酒。適合冷飲～溫熱飲。

日本酒度+8　酸度1.5　醇酒
吟釀香 ■□□□□　濃郁度 ■■■□□
原料香 ■■■□□　輕快度 ■■■■□

本釀造 上撰 紀州五十五万石
本釀造酒／1.8ℓ ¥1985 720mℓ ¥1050／五百萬石70% 國產米70%／15.7度
豐郁酒米風味的本釀造加上20%水果風吟釀酒的芳醇酒。適合冷飲～溫熱飲。

日本酒度+4　酸度1.2　爽酒
吟釀香 ■■□□□　濃郁度 ■■□□□
原料香 ■■□□□　輕快度 ■■■■□

黒牛

株式会社名手酒造店
073-482-0005 可直接購買
海南市黒江846
慶応2年（1866）創業

代表酒名	純米酒 黒牛
特定名稱	純米酒
希望零售價格	1.8ℓ ¥2450 720mℓ ¥1200

原料米和精米步合… 麹米 山田錦50%／掛米 五百萬石60%
酒精度……………… 15.7度

口感清爽，但風味濃郁、豐富，不僅適合當做佐餐酒也可單獨品嘗，是全方位的純米酒。與重口味的料理很搭，適合微涼～溫熱飲。

日本酒度+1 酸度1.6 **醇酒**
吟釀香 ■■□□□ 濃郁度 ■■■□□
原料香 ■■■□□ 輕快度 ■■■□□

酒名取自當地的古名，也出現在萬葉集中的「黑牛潟」。以播州山田錦、越前五百萬石、契約栽培美山錦為主的酒米，小規模釀造出高品質的「純米酒」。不刻意做宣傳，精心釀造的製品只給識貨的人品嘗——這樣的氣魄的確很吸引人。

主要的酒品

純米酒 黒牛 本生原酒（ほんなまげんしゅ）
純米酒／1.8ℓ ¥2750 720mℓ ¥1350／山田錦50% 五百萬石60%／18.2度
不僅有清爽的香氣，味道也很豐富，是很值得一喝的酒款。適合冷飲。

日本酒度+1 酸度1.8 **醇酒**
吟釀香 ■■□□□ 濃郁度 ■■■□□
原料香 ■■■□□ 輕快度 ■■■□□

純米吟釀 黒牛
純米吟釀酒／1.8ℓ ¥3567 720mℓ ¥1605／均為山田錦50%／16.5度
以優質山田錦釀製而成的酒，輕快感與圓潤感調和得宜。適合冷飲～常溫。

日本酒度+3 酸度1.6 **薫酒**
吟釀香 ■■■□□ 濃郁度 ■■□□□
原料香 ■■□□□ 輕快度 ■■■□□

純米吟釀 野路の菊（のじのきく）
純米吟釀酒／1.8ℓ ¥3200 720mℓ ¥1550／山田錦50% 美山錦50%／16.5度
以優質山田錦釀製而成的酒，輕快感與圓潤感調和得宜。適合冷飲～常溫。

日本酒度+2 酸度1.5 **薫酒**
吟釀香 ■■■□□ 濃郁度 ■■□□□
原料香 ■■□□□ 輕快度 ■■■□□

秋鹿酒造有限会社
072-737-0013　不可直接購買
豊能郡能勢町倉垣1007
明治19年（1886）創業

代表酒名	山廢純米生原酒 秋鹿 山田錦70
特定名稱	純米酒
希望零售價格	1.8ℓ ¥2835 720mℓ ¥1575

原料米和精米步合… 麹米・掛米均為山田錦70%

酒精度……………… 18～19度

有山廢釀製特有的乳酸系清爽香氣，與紮實的酒米口感、俐落酸味渾然成為一體。適合冷飲，熱飲也可。

日本酒度+10　酸度1.8	醇酒
吟釀香 ■□□□□	濃郁度 ■■■■□
原料香 ■■■■□	輕快度 ■■■■□

主要的酒品

秋鹿 純米大吟釀生原酒 入魂の一滴
純米大吟釀酒/1.8ℓ ¥6825 720mℓ ¥3150/均為山田錦50%/17～18度
口嘗香氣清淡、酒米風味與酸味調和，為典型的味吟釀。常溫與溫熱飲均佳。

日本酒度+5　酸度1.6	薫酒
吟釀香 ■■■□□	濃郁度 ■■■□□
原料香 ■■□□□	輕快度 ■■■□□

秋鹿 純米大吟釀雫酒 一貫造り
純米大吟釀酒/1.8ℓ ¥10200 720mℓ ¥4200/均為山田錦40%/16～17度
100%使用酒廠自營田的山田錦。清爽的吟釀香與酒米風味的均衡度極佳，適合常溫飲用。

日本酒度+5　酸度1.8	薫酒
吟釀香 ■■■■□	濃郁度 ■■■□□
原料香 ■■■□□	輕快度 ■■■□□

秋鹿 山廃純米吟釀 奥鹿2007
純米吟釀酒/1.8ℓ ¥4200 720mℓ ¥2310/均為山田錦58%/18～19度
數量限定品。為山廢純吟原酒經過3年熟成後的古酒，也有生原酒。適合常溫～熱飲。

日本酒度+7　酸度2.5	醇酒
吟釀香 ■□□□□	濃郁度 ■■■■□
原料香 ■■■■□	輕快度 ■■■□□

酒名結合自稻穗成熟的「秋」以及創業者・奥鹿之助的「鹿」。從自營田種米到釀酒為止，均為自家酒廠親手進行的「一貫作業」。全量自家精米的酒米只釀造以山廢、生酛系為中心、濃醇甘口的純米酒，溫熱後純米酒的風味會更佳，為一家堅持理念的酒廠。

ごしゅん
呉春

呉春株式会社
📞072-751-2023　不可直接購買
池田市綾羽1-2-2
元禄年間（1688～1704）創業

近畿・中國　大阪府

代表酒名	呉春 特吟（とくぎん）
特定名稱	吟釀酒
希望零售價格	1.8ℓ ¥3875

原料米和精米步合… 麴米・掛米均為赤磐雄町50%

酒精度……………… 16.5度

岡山縣產赤磐雄町以低溫釀製，於低溫貯藏庫熟成後出貨。是天上的神仙都會愛上的酒，微微的香氣、毫無雜味，入喉滑順。適合冷飲～常溫。

日本酒度±0　酸度1.3　爽酒

吟釀香 ■■□□□　濃郁度 ■■□□□
原料香 ■■□□□　輕快度 ■■□□□

在灘地區的釀酒業興盛以前，此處釀造的酒被稱為「池田酒」，相當珍貴。如此繁榮的著名釀酒地，如今卻也只剩下這一家酒廠了。酒名取自池田的古名・吳服的吳加上中國・唐代稱酒為「春」的兩字，亦即池田之酒。也與住在此城市的京都四條派的畫祖・吳春（松村月溪）有關。

主要的酒品

呉春 本丸（ほんまる）
本釀造酒/1.8ℓ ¥2050/山田錦・五百萬石等65% 朝日65%/15.9度
不偏甘口也不偏辛口，為五味調和的酒。餘韻極佳，適合冷飲～溫熱飲。

日本酒度±0　酸度1.3　爽酒

吟釀香 ■□□□□　濃郁度 ■■□□□
原料香 ■■□□□　輕快度 ■■■□□

呉春 池田酒（いけだざけ）
普通酒/1.8ℓ ¥1683/朝日65% 曙75%/15.5度
比「本丸」更為清淡的酒質，完全不像普通酒的一品。適合冷飲～溫熱飲。

日本酒度±0　酸度1.3　爽酒

吟釀香 ■□□□□　濃郁度 ■■□□□
原料香 ■□□□□　輕快度 ■■■□□

黒松白鹿

辰馬本家酒造株式会社
0120-600-019　可直接購買
西宮市建石町2-10
寛文2年（1662）創業

代表酒名	特撰黒松白鹿 特別本釀造 山田錦
特定名稱	特別本釀造酒
希望零售價格	1.8ℓ ¥2310 720mℓ ¥1201

原料米和精米步合… 麹米・掛米均為兵庫縣產山田錦70%
酒精度……………… 14～15度

100%使用兵庫縣產山田錦，採日本名水百選之一・西宮之宮水以及白鹿傳承的蒸米釀製法，呈現出清爽、優雅的口感。為兵庫縣認證食品。適合冷飲～溫熱飲。

日本酒度+1　酸度1.2　爽酒
吟釀香 ■□□□□　濃郁度 ■■□□□
原料香 ■■□□□　輕快度 ■■■■□

「白鹿」的酒名源於中國・唐代，玄宗皇帝宮中出現了一隻千歲白鹿的故事。以上天賦予的名水・西宮之宮水釀製而成的酒「灘之下酒」，博得江戶人的人氣，明治維新後還曾達到釀造量為全國第一的紀錄。大正中期左右成功開創新的釀造法，誕生了高級酒「黒松白鹿」。

主要的酒品

超特撰黒松白鹿 豪華千年壽 純米大吟釀LS-50
純米大吟釀酒/1.8ℓ ¥5211 720mℓ ¥2609/山田錦50% 日本晴50%/15～16度
將米研磨掉50%後，以獨特方法釀造而成，為該酒廠自豪的純米大吟釀。適合冷飲～溫熱飲。

日本酒度±0　酸度1.4　薫酒
吟釀香 ■■■□□　濃郁度 ■■□□□
原料香 ■□□□□　輕快度 ■■■□□

特撰黒松白鹿 本釀造 四段仕込
本釀造酒/1.8ℓ ¥2234/山田錦65% 中生新千本・糯米等65%・70%/15～16度
除了三段式釀製外，第四段還加上糯米的本釀造酒。擁有飽滿的風味，適合冷飲～溫熱飲。

日本酒度-1　酸度1.2　醇酒
吟釀香 ■■□□□　濃郁度 ■■□□□
原料香 ■■■□□　輕快度 ■■■□□

超特撰黒松白鹿 特別純米 山田錦
特別純米酒/1.8ℓ ¥2499 720mℓ ¥1147/均為兵庫縣產山田錦70%/14～15度
採用兵庫縣產山田錦、以獨特方法釀製出清爽的口感，為兵庫縣的認證食品。適合冷飲～溫熱飲。

日本酒度+1　酸度1.4　爽酒
吟釀香 ■□□□□　濃郁度 ■■□□□
原料香 ■■■□□　輕快度 ■■■□□

菊正宗

菊正宗酒造株式会社
☎078-854-1119　可直接購買
神戶市東灘区御影本町1-7-15
万治2年（1659）創業

近畿・中國　兵庫縣

代表酒名　菊正宗 上撰（じょうせん）

特定名稱　本釀造酒

希望零售價格　1.8ℓ ¥1887　900mℓ ¥959

原料米和精米步合⋯　麹米 五百萬石等70%／掛米 日本晴等70%

酒精度⋯⋯⋯⋯⋯　15度

無雜味、風味紮實與輕快的口感，展現出生酛釀製的優點，為該酒廠理想的本格辛口酒。很適合作為佐餐酒。常溫、溫熱飲均宜。

日本酒度+5　酸度1.5　爽酒

吟釀香 ■□□□□　濃郁度 ■■□□□
原料香 ■■□□□　輕快度 ■■■■□

創業於德川第四代將軍家綱的年代。生產量的全部幾乎都被送往江戶，為受到江戶人喜愛的「灘之下酒」。當時與現在所追求的味道均以能帶出和食風味的本流辛口，即便在戰後的甘口全盛時代，這份態度也從沒有動搖過。生酛釀製，可以說就是象徵「菊正宗」的技法。

主要的酒品

菊正宗 特釀（とくじょう） 雅（みやび）
特別純米酒／1.8ℓ ¥5250／均為山田錦65%／18度
除生酛釀製外，還集該酒廠釀造技術之精華、呈現出濃郁風味的超特撰酒。冷飲～溫熱飲為佳。

日本酒度+6　酸度1.6　醇酒

吟釀香 ■□□□□　濃郁度 ■■■□□
原料香 ■■■□□　輕快度 ■■■□□

菊正宗 嘉宝蔵（かほうぐら） 生酛（きもと）特別純米
特別純米酒／720mℓ ¥1280／兵系酒18號70% 兵系酒18號・日本晴70%／16度
使用大顆的酒米・兵系酒18號，以生酛釀製法釀造，呈現出特有的濃郁味道。適合溫熱飲。

日本酒度+5　酸度1.6　醇酒

吟釀香 ■□□□□　濃郁度 ■■■■□
原料香 ■■■□□　輕快度 ■■■□□

菊正宗 嘉宝蔵 生酛本釀造
本釀造酒／720mℓ ¥1000／山田錦70% 日本晴等70%／16度
發揮生酛釀製的特徵，毫無雜味，飽滿圓潤、口感輕快。適合溫熱飲。

日本酒度+4.5　酸度1.5　醇酒

吟釀香 ■□□□□　濃郁度 ■■□□□
原料香 ■■□□□　輕快度 ■■■■□

剣菱酒造株式会社
☎078-811-0131　不可直接購買
神戸市東灘区御影本町3-12-5
永正2年（1505）創業

剣菱

代表酒名	黒松剣菱（くろまつ）
特定名稱	本釀造酒
希望零售價格	1.8ℓ ¥2290 900mℓ ¥1155

原料米和精米步合… 麹米 兵庫縣產山田錦70%
掛米 兵庫縣產山田錦・愛山70%

酒精度……………… 16.5度

展現酒米原本的豐醇風味、具存在感的口感，酸味與辛口融合成圓潤、馥郁的味道。適合常溫、溫熱飲。

日本酒度±0～+0.5　酸度1.6～1.7　醇酒
吟釀香 ■□□□□　濃郁度 ■■■□□
原料香 ■■■□□　輕快度 ■■■■□

也曾在「忠臣藏」中登場的老鋪品牌。以吉野杉製成的蒸籠蒸米、蓋麴法與山廃酛等全程均以古法手工釀造。酒米採用山田錦，使用量為全日本第一。全部商品均為冬季釀造，經過一個夏天的熟成後出貨，亦即所謂的「秋上がり」。不生產生酒和高度精白的吟釀酒。

主要的酒品

瑞穂（みずほ）黒松剣菱
純米酒/720mℓ ¥1575/兵庫縣產山田錦70%～75% 兵庫縣產山田錦・愛山70%～75%/17度
隨著一杯接著一杯，豐郁的香氣也隨之增加，風味逐漸變得濃醇。適合常溫、溫熱飲。

日本酒度±0～+1　酸度2.0～2.1　醇酒
吟釀香 ■□□□□　濃郁度 ■■■□□
原料香 ■■■□□　輕快度 ■■■■□

極上（ごくじょう）黒松剣菱
本釀造酒/1.8ℓ ¥3000/兵庫縣產山田錦70% 兵庫縣產山田錦・愛山70%/17度
強而有力的酒米風味在口中散開，同時間還能感受到豪爽、俐落的口感。適合冷飲、常溫。

日本酒度±0～+0.5　酸度1.7～1.8　醇酒
吟釀香 ■□□□□　濃郁度 ■■■□□
原料香 ■■■□□　輕快度 ■■■■□

剣菱
本釀造酒/1.8ℓ ¥1888 900mℓ ¥980/山田錦等酒造好適米70% 國產粳米70%/16度
濃郁與辛口調和成清爽的風味，溫熱後會更增加輕快的口感。適合常溫、溫熱飲。

日本酒度+0.5～+1　酸度1.5～1.6　醇酒
吟釀香 ■□□□□　濃郁度 ■■■□□
原料香 ■■■□□　輕快度 ■■■■□

白鶴

近畿・中國　兵庫縣

白鶴酒造株式会社
078-822-8901　可直接購買
神戸市東灘区住吉南町4-5-5
寛保3年（1743）創業

代表酒名	超特撰 白鶴 翔雲 純米大吟醸
特定名稱	純米大吟釀酒
希望零售價格	1.8ℓ ¥5250 720mℓ ¥2100

原料米和精米步合… 麹米・掛米均為山田錦50%
酒精度……………… 16～17度

在純米吟釀的領域中是該酒廠最有自信之作，亦即「味吟釀」的代表格。擁有優雅的口嘗香氣、芳醇的口感。冷・常溫◎、溫熱飲○。

日本酒度+2　酸度1.5　**爽酒**
吟釀香 ■■■□□ 濃郁度 ■■□□□
原料香 ■■□□□ 輕快度 ■■■■□

與位於同樣身為灘五鄉之一・御影鄉的菊正宗酒造為親戚關係。生貯藏酒和紙盒裝日本酒「白鶴サケパック まる」是領先業界的產品，對於時代脈動的對應很敏銳，持續維持著清酒業界營業額第一的寶座。對於開發酒廠獨自的酒米・白鶴錦等釀酒的態度也很積極。

主要的酒品

超特撰 白鶴 純米大吟醸 白鶴錦
純米大吟醸酒/720mℓ ¥3150/均為白鶴錦50%/15～16度
全量使用酒廠獨自的開發米・白鶴錦，呈現出爽快的香氣與圓潤的口感。冷◎、常溫○。

日本酒度+4　酸度1.4　**爽酒**
吟釀香 ■■■□□ 濃郁度 ■■□□□
原料香 ■□□□□ 輕快度 ■■■■□

超特撰 白鶴 純米大吟醸 山田穂
純米大吟醸酒/720mℓ ¥3134/均為山田穂50%/15～16度
100%使用山田穗，具溫和、華麗的香氣與濃郁的口感。冷◎、常溫・溫熱飲○。

日本酒度+1　酸度1.2　**薰酒**
吟釀香 ■■■■□ 濃郁度 ■■□□□
原料香 ■□□□□ 輕快度 ■■■□□

特撰 白鶴 特別純米酒 山田錦
特別純米酒/1.8ℓ ¥2184 720mℓ ¥1041/山田錦70% —/14～15度
100%使用兵庫縣產山田錦，可同時享受濃郁與輕快的口感。CP值高，適合冷飲～溫熱飲。

日本酒度+3　酸度1.5　**醇酒**
吟釀香 ■□□□□ 濃郁度 ■■■□□
原料香 ■■■□□ 輕快度 ■■■□□

沢の鶴株式会社
☎078-881-1234　不可直接購買
神戸市灘区新在家南町5-1-2
享保2年（1717）創業

沢の鶴

代表酒名	沢の鶴 純米大吟醸 瑞兆（ずいちょう）
特定名稱	純米大吟釀酒
希望零售價格	1.8ℓ ¥5193 720mℓ ¥2077

原料米和精米步合… 麹米・掛米均為山田錦47%

酒精度……………… 16.5度

吟釀獨特的芳醇香味在口中散開來，涼爽、溫和的入喉感也很出色。讓人不禁一杯接著一杯，不管是酒還是料理都不會覺得膩口。適合冷飲。

日本酒度±0.0　酸度1.7　薫酒

吟釀香 ■■■□□　濃郁度 ■■□□□
原料香 ■□□□□　輕快度 ■■■□□

於大岡忠相被將軍吉宗任命為江戶町奉行的那年，在灘五鄉之一．西鄉成立的酒廠，為灘地區代表性的酒廠之一。酒名「沢の鶴」是源自於伊雜之宮（伊勢神宮的別宮）鶴與稻穗的故事。堅守灘本流的風味，繼續釀製符合時代潮流的日本酒。

主要的酒品

沢の鶴 山田錦の里 実楽（やまだにしきのさと じつらく）
特別純米酒／1.8ℓ ¥2604 720mℓ ¥1042／均為兵庫縣特A地區產山田錦70%／14.5度
100%使用山田錦，以生酛釀製法釀造，擁有濃郁與輕快的口感。適合微涼、溫熱飲。

日本酒度+2.5　酸度1.8　醇酒

吟釀香 ■□□□□　濃郁度 ■■■□□
原料香 ■■■□□　輕快度 ■■■■□

沢の鶴 大古酒 熟露（おおこしゅ じゅくろ）
本釀造酒／720mℓ ¥5250／山田錦70% キンパ70%／16.5度
1973年釀造。強而有力的香氣、厚重的甜味是大古酒特有的風味。適合微涼、熱飲。

日本酒度-4　酸度2　熟酒

吟釀香 ■□□□□　濃郁度 ■■■■■
原料香 ■■■■■　輕快度 ■□□□□

沢の鶴 本釀造原酒（げんしゅ）
本釀造酒／720mℓ ¥983／五百萬石65% 大瀨戶等65%／18.5度
酒廠搾取後的豐富風味，深受愛酒人士的喜愛。適合加冰塊或冷飲，加熱水飲用亦佳。

日本酒度+2　酸度1.7　醇酒

吟釀香 ■□□□□　濃郁度 ■■■□□
原料香 ■■■□□　輕快度 ■■■■□

小鼓

近畿・中國 兵庫縣

株式会社西山酒造場
☎0795-86-0331 可直接購買
丹波市市島町中竹田1171
嘉永2年（1849）創業

代表酒名	小鼓 心楽（しんらく）
特定名稱	大吟釀酒
希望零售價格	720mℓ ¥10000

原料米和精米步合… 麴米・掛米均為山田錦45%

酒精度……………… 16～17度

以斗瓶裝盛、低溫瓶貯藏的特別限定品。擁有華麗與沉穩兼具的高貴吟香，優雅的口感、濃郁的風味。扁壺形的瓶裝也很漂亮。適合冷飲、常溫。

日本酒度+6 酸度1 薰酒

吟釀香 ■■■■□ 濃郁度 ■■□□□
原料香 ■□□□□ 輕快度 ■■■□□

主要的酒品

小鼓 路上有花（ろじょうはなあり）

純米大吟釀酒/1.8ℓ ¥10000 720mℓ ¥5000/均為山田錦50%/16度～17度

希望能讓大家體驗「連路上的一朵小花都能感動」這般的境地而有此命名。適合冷飲、常溫。

日本酒度+1 酸度1.3 薰酒

吟釀香 ■■■■□ 濃郁度 ■■□□□
原料香 ■□□□□ 輕快度 ■■■□□

小鼓 純米吟釀

純米大吟釀酒/1.8ℓ ¥2800 720mℓ ¥1500/但馬強力55% 兵庫北錦58%/16～17度

溫和的香氣與口感，優雅的程度讓人聯想到「和服美人」。適合冷飲、常溫。

日本酒度+2 酸度1.2 爽酒

吟釀香 ■■□□□ 濃郁度 ■■□□□
原料香 ■■□□□ 輕快度 ■■■□□

以人氣漫畫「美味大挑戰」中也曾介紹過的名水・竹田川伏流水釀製而成的酒，曾經被稱為「丹釀酒」的丹波美酒。追求的目標並非是「一生中想要品嘗一次的夢幻之酒」，而是「想要一喝再喝的一生之酒」。酒名取自第三代當家與好友俳人・高濱虛子。

富久錦株式会社
☎0790-48-2111　可直接購買
加西市三口町1048
天保10年（1839）創業

富久錦

代表酒名	富久錦 特別純米
特定名稱	特別純米酒
希望零售價格	1.8ℓ ¥2700 720mℓ ¥1350

原料米和精米步合…　麴米・掛米均為加西產山田錦70%

酒精度………………　15.4度

發揮山田錦的本身風味，紮實、俐落的口感為特徵，呈現純米酒的風格。冷飲時有清爽的口感，溫熱飲時則可品嘗到酒米的風味。

日本酒度+1　酸度1.6　**醇酒**

吟釀香 ■□□□□　濃郁度 ■■■□□
原料香 ■■■■□　輕快度 ■■■□□

曾在中田英壽的官方網站中介紹過，為純米酒廠之一。只以當地產米釀酒——由酒廠水井汲取的水以及與酒廠同樣風土培育出來的米，經由這片土地的人釀造，被當地的人喜愛的純米酒。酒名取自可喜可賀的富久＝福，以及附近法華山一乘寺的錦＝紅葉。

主要的酒品

富久錦 純米大吟釀 瑞福（ずいふく）

純米大吟釀酒/1.8ℓ ¥10000 720mℓ ¥3600/均為加西產山田錦40%/15.4度

溫和的香氣、柔軟的口感，飲用前先從冰箱取出回溫是最佳的作法。

日本酒度+1　酸度1.2　**薰酒**

吟釀香 ■■■□□　濃郁度 ■■□□□
原料香 ■□□□□　輕快度 ■■■□□

富久錦 純米

純米酒/1.8ℓ ¥2100 720mℓ ¥1050/均為加西產絹光70%/15.4度

簡直就像是剛炊煮好的米飯般，擁有溫和、豐郁的口感。溫熱飲時最佳。

日本酒度+0.5　酸度1.6　**醇酒**

吟釀香 ■□□□□　濃郁度 ■■■□□
原料香 ■■■□□　輕快度 ■■■□□

富久錦 純米 Fu.（フ）

純米酒/500mℓ ¥920 300mℓ ¥630/均為加西產絹光70%/8.4度

果實般的清新甜味，加上清澄酸味的爽快感。適合冷飲。

日本酒度 -60　酸度4.5　**爽酒**

吟釀香 ■■□□□　濃郁度 ■□□□□
原料香 ■□□□□　輕快度 ■□□□□

株式会社本田商店
☎079-273-0151 一部份可直接購買
姫路市網干区高田
大正10年（1921）創業

代表酒名 純米大吟醸 龍力 米のささやき 秋津

特定名稱 純米大吟釀酒

希望零售價格 1.8ℓ ¥31500 720mℓ ¥15750

原料米和精米步合… 麹米・掛米均為兵庫縣特A地區產山田錦 秋津米35%

酒精度……………… 16～17度

奢華的風味，請冷藏後品嘗。隨著酒溫慢慢回升，可享受不同溫度帶下濃郁度與香味的微妙變化。

日本酒度+2 酸度1.5 薫酒

吟釀香 ■■■■■ 濃郁度 ■■□□□
原料香 ■■□□□ 輕快度 ■■■■□

自江戶時代開始擔任播州杜氏領導人的名門。擔任白鶴酒造杜氏的初代當家，現任的曾祖父，於該地成立了酒廠。認為「酒的風味就是米的風味」，所以特別講究米的品質，使用酒米80％均為兵庫縣特A地區產的山田錦。期盼能得到八宗之祖・龍樹菩薩的神力而將酒名命為「龍力」。

主要的酒品

純米大吟醸 龍力 米のささやき 米優雅
純米大吟釀酒/1.8ℓ ¥10500 720mℓ ¥5250/兵庫縣特A地區產山田錦35% 同40%/16～17度
100%使用頂級的山田錦。在酒廠內的槽桶熟成，形成圓潤的風味。適合微涼飲用。

日本酒度±0 酸度0 薫酒

吟釀香 ■■■■□ 濃郁度 ■■□□□
原料香 ■■□□□ 輕快度 ■■■□□

大吟釀 龍力 米のささやき
大吟釀酒／1.8ℓ ¥5250 720mℓ ¥3150／兵庫縣特A地區產山田錦40% 同50% ／17.5度
清爽的果實香與酒米風味調和成紮實的口感，為該酒款的熱門大吟釀酒。適合冷飲。

日本酒度+3 酸度1.4 薫酒

吟釀香 ■■■■□ 濃郁度 ■■□□□
原料香 ■□□□□ 輕快度 ■■■■□

特別純米 龍力 生酛仕込み
特別純米酒/1.8ℓ ¥3150 720mℓ ¥1575/均為兵庫縣特A地區產山田錦65%/16.5度
山田錦的豐郁香氣與明顯的酸味融合。適合冷飲～溫熱飲，尤其推薦溫熱飲。

日本酒度+1 酸度1.8 醇酒

吟釀香 ■□□□□ 濃郁度 ■■■□□
原料香 ■■■■□ 輕快度 ■■■□□

株式会社辻本店
📞0867-44-3155　可直接購買
真庭市勝山116
文化元年（1804）創業

ごぜんしゅ 御前酒

代表酒名	純米造り（づくり） 御前酒 美作（みまさか）
特定名稱	純米酒
希望零售價格	1.8ℓ ¥2470 720mℓ ¥1235

原料米和精米步合…　麴米・掛米均為岡山縣產雄町65%

酒精度………………　14.5度

溫和的香氣與酒米的風味、輕快的口感與餘韻，可充分感受雄町米的優點。冷飲時有清爽的入喉感，溫熱飲時可感受其深厚的味道。

日本酒度+5　酸度1.4　醇酒

吟釀香 ■□□□□　濃郁度 ■■■□□
原料香 ■■■□□　輕快度 ■■■□□

酒名的由來是曾經為舊三浦藩的獻上酒。以縣內第一位女性杜氏為中心，釀製辛口酒為主。在全國也屬稀有的菩提酛釀製，是源自室町時代奈良縣菩提山正曆寺所進行的釀造法。以天然乳酸菌的酸性水為基礎釀造，特徵為帶酸味的俐落口感。

主要的酒品

菩提酛（ぼだいもと）純米 GOZENSHU 9 NINE（ゴゼンシュナイン）

純米酒/1.8ℓ ¥2625 500mℓ ¥900/均為雄町65%/15.5度

傳承自室町時代的菩提酛釀製法，藉由天然乳酸菌提出酸味與清爽口感。適合冷飲、溫熱飲。

日本酒度+5　酸度1.4　醇酒

吟釀香 ■□□□□　濃郁度 ■■■■□
原料香 ■■■□□　輕快度 ■■■□□

御前酒 菩提酛にごり酒（ざけ）

純米酒/1.8ℓ ¥2700 720mℓ ¥1350/均為雄町65%/17.5度

以菩提酛釀製法釀造的甘口薄濁酒，冷飲時可體驗酒的原始風味，熟悉日本酒的人則可試試溫熱飲。

日本酒度-6　酸度2.2　醇酒

吟釀香 ■□□□□　濃郁度 ■■■■□
原料香 ■■■■□　輕快度 ■□□□□

大吟釀 御前酒 馨（けい）

大吟釀酒/1.8ℓ ¥5250 720mℓ ¥2625/均為雄町50%/16.5度

華麗的香氣、纖細的口感，為大吟釀的本流。與清淡的料理很搭，適合冷飲。

日本酒度+3　酸度1.5　薰酒

吟釀香 ■■■□□　濃郁度 ■■□□□
原料香 ■□□□□　輕快度 ■■■■□

鷹勇

近畿・中國　**鳥取縣**

大谷酒造株式会社
☎0858-53-0111　可直接購買
東伯郡琴浦町浦安368
明治5年（1872）創業

背後是中國山地、眼前為日本海，在這片風光明媚的土地上，釀造出蒙受大自然恩賜的酒。大山伏流水，山田錦與玉榮、五百萬石、強力等的酒米，出雲杜氏的技法與冬天的寒冷氣候。酒質從創業以來即以一貫的清爽辛口型，酒名為愛鳥家的初代當家於仰望空中盤旋的老鷹時取的名字。

代表酒名	鷹勇 純米大吟釀
特定名稱	純米大吟釀酒
希望零售價格	1.8ℓ ¥6121 720mℓ ¥3360

原料米和精米步合⋯ 麴米・掛米均為山田錦35%

酒精度……………… 16.4度

將以酒袋裝填的醪，放入舊式槽桶內慢慢搾取而出的酒，為芳醇與厚重感兼具、香味出色的一品。若要與料理搭配則以常溫品嘗，若單純品酒的話則以人體溫度最適合。

日本酒度+3　酸度1.7　**薫酒**

吟釀香 ■■■■□ 濃郁度 ■■□□□
原料香 ■□□□□ 輕快度 ■■■□□

主要的酒品

鷹勇 大吟釀

大吟釀酒/1.8ℓ ¥6121 720mℓ ¥2856/均為山田錦35%/15.5度

將山田錦經過高度精白處理，形成擁有馥郁香氣與清晰明確、爽快口感的手工製大吟釀酒。冷飲為佳。

日本酒度+3.0　酸度1.1　**薫酒**

吟釀香 ■■■■□ 濃郁度 ■■□□□
原料香 ■□□□□ 輕快度 ■■■■□

鷹勇 純米吟釀 なかだれ

純米吟釀酒/1.8ℓ ¥3265 720mℓ ¥1827/均為山田錦・玉榮50%/15.4度

以舊式的槽桶搾取、只採中取酒裝瓶，口嘗香氣濃郁、口感豐厚。適合冷飲～溫熱飲。

日本酒度+5.5　酸度1.5　**薫酒**

吟釀香 ■■■□□ 濃郁度 ■■□□□
原料香 ■■□□□ 輕快度 ■■■□□

鷹勇 純米吟釀 強力

純米吟釀酒/1.8ℓ ¥3045 720mℓ ¥1703/均為鳥取縣產強力50%/15.4度

以當地的酒米・強力與當地的名水釀製而成，擁有濃厚的口感與輕快的酸味。適合冷飲～溫熱飲。

日本酒度+5.5　酸度1.5　**薫酒**

吟釀香 ■■■□□ 濃郁度 ■■□□□
原料香 ■■□□□ 輕快度 ■■■□□

千代むすび酒造株式会社
0859-42-3191　可直接購買
境港市大正町131
慶応元年（1865）創業

千代むすび

代表酒名　千代むすび 純米吟醸 強力（ごうりき）

特定名稱　純米吟釀酒

希望零售價格　1.8ℓ ¥3150 720mℓ ¥1575

原料米和精米步合…　麹米・掛米均為鳥取縣產強力50%

酒精度………………　16～17度

使用重新恢復栽培的鳥取縣獎勵品種・強力，正如其名為擁有紮實、強力口感的一品。香氣豐郁、滑順的酸味讓人舒暢。適合微涼飲用。

日本酒度+5　酸度1.6　醇酒

吟釀香 ■■□□□　濃郁度 ■■■□□
原料香 ■■■□□　輕快度 ■■■□□

原料米均為縣產的山田錦、強力、五百萬石、玉榮，全量自家精米，蒸米時分成兩個蒸籠進行。以低溫發酵釀製，大吟釀為600kg、吟釀為800kg的小量製造。純米酒以上均以無過濾瓶裝火入、冷藏貯藏，釀造與品質管理都很注重細節。

主要的酒品

千代むすび 純米大吟醸

純米大吟釀酒/1.8ℓ ¥5250 720mℓ ¥2625/均為鳥取縣產山田錦40%/16～17度

芳醇的口嘗香氣與均衡的豐富口感，適合加冰塊、冷飲品嘗。

日本酒度+5　酸度1.4　薰酒

吟釀香 ■■■■□　濃郁度 ■■□□□
原料香 ■□□□□　輕快度 ■■■□□

千代むすび 純米吟醸 山田錦（やまだにしき）

純米吟釀酒/1.8ℓ ¥2940 720mℓ ¥1470/均為鳥取縣產山田錦50%/16～17度

以小量、費時釀製而成，屬於風味豐富、濃厚的類型。適合作為一般的佐餐酒，常溫為佳。

日本酒度+3　酸度1.3　醇酒

吟釀香 ■■■□□　濃郁度 ■■■□□
原料香 ■■□□□　輕快度 ■■■□□

千代むすび 特別純米

特別純米酒/1.8ℓ ¥2310 720mℓ ¥1155/均為鳥取縣產五百萬石55%/15～16度

輕快的口感、餘韻暢快，為該酒廠的長銷酒。常溫、溫熱飲為佳。

日本酒度+3　酸度1.5　爽酒

吟釀香 ■□□□□　濃郁度 ■■□□□
原料香 ■■□□□　輕快度 ■■■■□

李白

李白酒造有限会社
0852-26-5555 可直接購買
松江市石橋町335
明治15年（1882）創業

代表酒名 李白 純米吟釀 Wandering Poet（ワンダリング ポエット）

特定名稱 純米吟釀酒

希望零售價格 1.8ℓ ¥3276 720mℓ ¥1638（盒裝）

原料米和精米步合…… 麴米・掛米均為山田錦55%

酒精度……………… 15.6度

口嘗香氣濃郁、入喉清爽宜人，就連漂泊詩人也會愛上吧！越接近常溫會越增加圓潤的口感。適合冷飲、常溫。

日本酒度+3 酸度1.6 薫酒

吟釀香 ■■■□□ 濃郁度 ■■□□□
原料香 ■■□□□ 輕快度 ■■■□□

松江為大名茶人・松平不昧公的故鄉，在對味道甚為要求的人眾多的這片土地上，釀造出濃郁、口感俐落兼具的濃醇甘口酒。酒名為活躍於大正至昭和時代，松江出身的政治家・若槻禮次郎的命名。與李白同樣愛好詩與酒的若槻，據說終其一生都深愛著這款由自己命名的酒。

主要的酒品

李白 大吟釀 月下独酌（げっかどくしゃく）

大吟釀酒/720mℓ ¥4095/均為山田錦38%/15.6度

酒名源自歌頌月下獨酌之樂的李白名詩的大吟釀酒。適合冷飲。

日本酒度+5 酸度1.2 薫酒

吟釀香 ■■■■□ 濃郁度 ■■□□□
原料香 ■■□□□ 輕快度 ■■■□□

李白 純米大吟釀

純米大吟釀酒/1.8ℓ ¥6510 720mℓ ¥3066/均為山田錦45%/16.5度

擁有豐醇的口感與俐落的餘韻，莫非這就是李白所喜愛的嗎？適合冷飲。

日本酒度+4 酸度1.5 薫酒

吟釀香 ■■■■□ 濃郁度 ■■□□□
原料香 ■■□□□ 輕快度 ■■■□□

李白 特別純米酒

特別純米酒/1.8ℓ ¥2415 720mℓ ¥1260/均為五百萬石58%/15.3度

紮實的風味佈滿口中，入喉後則清爽暢快。適合冷飲～溫熱飲。

日本酒度+3 酸度1.5 醇酒

吟釀香 ■□□□□ 濃郁度 ■■■□□
原料香 ■■■□□ 輕快度 ■■■■□

米田酒造株式会社
0852-22-3232　可直接購買
松江市東本町3-59
明治29年（1896）創業

豊の秋

代表酒名	豊の秋 特別純米 雀（すずめ）と稲穂（いなほ）
特定名稱	特別純米酒
希望零售價格	1.8ℓ ¥2573 720mℓ ¥1260

原料米和精米步合… 麹米山田錦58%／掛米 山田錦・改良雄町58%

酒精度……………… 15～16度

酒米的圓潤甜味在口中散發開來，有種溫和、讓人懷念的濃郁風味。推薦溫熱飲用，能充分感受酒米本身的風味。

日本酒度+2　酸度1.6	醇酒
吟釀香 ■□□□□	濃郁度 ■■■■□
原料香 ■■■■□	輕快度 ■■■□□

於松江的飲食文化中培育出來的酒。酒名取自期盼五穀豐收、釀造出芳醇酒質的願望。以「豐郁、美味、舒暢宜人」為座右銘，全量以酒造好適米、出雲杜氏傳承的手工技法釀製出「讓用餐更愉悅的酒」。各種道具和麴室都採用杉材製造，能感受到杉木與人的溫度。

主要的酒品

豊の秋 大吟釀

大吟釀酒／1.8ℓ ¥6300 720mℓ ¥3150／庫縣產山田錦40% 同45%／16～17度

具有沉穩的香氣，口嘗香氣和風味也都很豐富，但餘韻輕淡。是很適合搭配料理的大吟釀酒，冷飲為佳。

日本酒度+4　酸度1.3	薫酒
吟釀香 ■■■■□	濃郁度 ■■□□□
原料香 ■■□□□	輕快度 ■■■■□

豊の秋 純米吟釀 花（はな）かんざし

純米吟釀酒／1.8ℓ ¥2993 720mℓ ¥1638／均為山田錦55%／15～16度

擁有清爽的吟釀香，溫和、飽滿的酒米口感。適合冷飲、溫熱飲。

日本酒度+3.5　酸度1.6	薫酒
吟釀香 ■■■□□	濃郁度 ■■□□□
原料香 ■■□□□	輕快度 ■■■□□

豊の秋 特別本釀造

特別本釀造酒／1.8ℓ ¥2273／山田錦60% 山田錦・五百萬石60%／15～16度

味道厚重，但恰到好處的酸味讓口感清爽。適合搭配重口味的料理，溫熱飲為佳。

日本酒度+2　酸度1.4	醇酒
吟釀香 ■□□□□	濃郁度 ■■■□□
原料香 ■■■□□	輕快度 ■■■■□

玉鋼

簸上清酒合名会社
0854-52-1331 可直接購買
仁多郡奥出雲町横田1222
正徳2年（1712）創業

代表酒名 大吟醸 玉鋼 袋取り斗瓶囲い

特定名稱 大吟醸酒

希望零售價格 1.8ℓ ¥11550 720mℓ ¥5775

原料米和精米步合… 麹米・掛米均為山田錦35%

酒精度……………… 18.2度

為了縣內・全國新酒鑑評會而釀製，代表該酒廠的大吟釀酒。「日本酒的藝術品」的自豪味道，雖為限定品但有在市面上販售。適合冷飲。

日本酒度+5 酸度1.2 薫酒

吟釀香 ■■■■□ 濃郁度 ■■□□□

原料香 ■■□□□ 輕快度 ■■■□□

主要的酒品

大吟醸 玉鋼

大吟釀酒/1.8ℓ ¥6510 720mℓ ¥3255/均為山田錦35%/16.5度

比起香氣、更重視味道的大吟釀酒。多少有些粗野的口感與當地的料理很搭。適合冷飲、常溫。

日本酒度+5 酸度1.5 薫酒

吟釀香 ■■■■□ 濃郁度 ■■□□□

原料香 ■■□□□ 輕快度 ■■■■□

純米大吟醸 玉鋼

純米大吟釀酒/720mℓ ¥3255/均為山田錦40%/16.5度

一杯就讓人陶醉不已，雖為大吟釀酒，但香氣輕淡、惹人喜愛。適合冷飲、常溫。

日本酒度+5 酸度1.5 薫酒

吟釀香 ■■■□□ 濃郁度 ■■□□□

原料香 ■■□□□ 輕快度 ■■■□□

酒名「簸上正宗」取自當地的舊名・簸上三郡，是以當地為導向的主要酒款。只生產大吟釀的這個品牌，取自於神話和踏鞴（製鐵場）的故鄉・奧出雲，也是日本國內唯一出產日本刀之原料・玉鋼的地方。味道豐富，當地風土固有的紮實、強烈酒質為其優點。

株式会社天寶一
☎084-962-0033　不可直接購買
福山市神辺町大字川北660
明治43年（1910）創業

天寶一

代表酒名	天寶一 特別純米 八反錦（はったんにしき）
特定名稱	特別純米酒
希望零售價格	1.8ℓ ¥2310 720mℓ ¥1155

原料米和精米步合… 麴米・掛米均為八反錦55%

酒精度……………… 15～16度

不僅可感受到酒米的豐富口感，還有八反錦的鮮明風味、餘韻輕快。是符合該酒廠概念的著名佐餐酒。適合冷飲、常溫。

日本酒度+3　酸度2　**醇酒**
吟釀香 ■□□□□　濃郁度 ■■■□□
原料香 ■■■□□　輕快度 ■■■■□

酒名為「天地間的唯一至寶」之意。第五代現任當家・村上康久為製造部總經理，以「日本酒是讓和食發揮到極致的配角」為座右銘，以高田直樹杜氏為中心帶領年輕製酒師進行釀酒。生產的酒，均為擁有清淡香氣、豐郁酒米風味與酸味調和的輕快辛口型酒。

主要的酒品

天寶一 山田錦（やまだにしき） 純吟（じゅんぎん）
純米吟釀酒/1.8ℓ ¥2835 720mℓ ¥1417/均為山田錦55%/15～16度
完全發揮出山田錦的優點，擁有濃郁的味道、清爽的米感。適合冷飲、常溫。

日本酒度+4　酸度2　**爽酒**
吟釀香 ■■□□□　濃郁度 ■■□□□
原料香 ■■□□□　輕快度 ■■□□□

天寶一 千本錦（せんぼんにしき） 純米酒
純米酒/1.8ℓ ¥2572 720mℓ ¥1312/均為千本錦60%/15～16度
呈現出廣島縣產酒米・千本錦本身的酒米口感，餘韻輕快俐落。適合冷飲、常溫。

日本酒度+3　酸度2　**醇酒**
吟釀香 ■□□□□　濃郁度 ■■■□□
原料香 ■■■□□　輕快度 ■■■■□

天寶一 赤磐雄町（あかいわおまち） 純吟
純米吟釀酒/1.8ℓ ¥3150 720mℓ ¥1575/均為赤磐雄町60%/16～17度
赤磐雄町的豐富味道，越喝越能感受到其風味。適合冷飲、常溫。

日本酒度+5　酸度2　**醇酒**
吟釀香 ■■□□□　濃郁度 ■■■□□
原料香 ■■■□□　輕快度 ■■■□□

誠鏡

中尾醸造株式会社
0846-22-2035 可直接購買
竹原市中央5-9-14
明治4年（1871）創業

代表酒名 誠鏡 純米大吟釀原酒 まぼろし黒箱

特定名稱 純米大吟釀酒

希望零售價格 720mℓ ¥7350

原料米和精米步合… 麴米・掛米均為山田錦45%

酒精度……………… 16.6度

榮獲IWC2007金獎。將山田錦研磨後加入酒廠傳承的蘋果酵母釀製而成，豐郁的酒米口感相當出色。每年11月上旬限定發售3000瓶。適合冷飲。

日本酒度±0 酸度1.5 薰酒

吟釀香 ■■■■□ 濃郁度■■□□□
原料香 ■■□□□ 輕快度■■□□□

竹原被稱為「安藝的小灘」，自古以來即為興盛的釀酒地。酒名是取自注入杯中的酒就彷彿是面鏡子，映照出製酒師的誠心，由初代當家所命名。傳承往昔的技法，開發獨特的酵母，完成酒母法，是一家對研究、開發都很積極熱心的酒廠。

主要的酒品

誠鏡 純米まぼろし
純米吟釀酒／1.8ℓ ¥2625 720mℓ ¥1365／均為八反錦58%／15.5度
使用廣島縣產八反錦，香氣、風味都很樸實，但酒質相當濃郁。冷飲～人體溫度為佳。

日本酒度＋3 酸度1.5 醇酒

吟釀香 ■■□□□ 濃郁度■■■□□
原料香 ■■■□□ 輕快度■■■□□

誠鏡 純米たけはら
純米酒／1.8ℓ ¥2070 720mℓ ¥1149／均為新千本65%／15.5度
酒米風味濃郁，但卻是餘韻輕快、清爽的佐餐酒。適合冷飲～溫熱飲。

日本酒度±0 酸度1.5 醇酒

吟釀香 ■□□□□ 濃郁度■■■□□
原料香 ■■■□□ 輕快度■■■□□

誠鏡 超辛口
特別本釀造酒／1.8ℓ ¥2048 720mℓ ¥1155／均為新千本58%／15.5度
為該酒廠第一的辛口型酒。透明感與俐落口感出色，冷飲時可感受輕快的入喉感，溫熱飲時濃郁風味明顯。

日本酒度＋8 酸度1.2 爽酒

吟釀香 ■■□□□ 濃郁度■□□□□
原料香 ■□□□□ 輕快度■■■■□

賀茂鶴酒造株式会社
0120-422-212　可直接購買
東広島市西条本町4-31
元和9年（1623）創業

賀茂鶴

代表酒名　賀茂鶴 超特撰特等酒（ちょうとくせんとくとうしゅ）

特定名稱　特別本釀造酒

希望零售價格　1.8ℓ ¥3006 720mℓ ¥1265

原料米和精米步合…　麴米・掛米均為酒造好適米60%

酒精度………………　15～16度

由廣島杜氏傳承下來的「賀茂鶴」本流酒。豐郁的香氣、濃醇甘口的酒米風味，卻有著爽快、俐落的口感。適合溫熱飲。

日本酒度+2　酸度1.3	醇酒
吟釀香 ■□□□□	濃郁度 ■■■□□
原料香 ■■■□□	輕快度 ■■□□□

代表「酒都西條」的歷史酒廠。酒名「賀茂Kamo」是取自地名、搭配發音相同的「釀Kamo」酒之意，「鶴」為鳥王，亦即最高品質之意。酒標上的兩隻鶴——雙鶴象徵信賴，富士山象徵品質日本第一。傳承廣島杜氏本流的釀酒作業，全工序均採傳統技法完成。

主要的酒品

大吟釀 賀茂鶴 双鶴（そうかく）

大吟釀酒/1.8ℓ ¥10500 720mℓ ¥5250/均為山田錦・千本錦32%・38%/16～17度

華麗的香氣，清爽、輕快的入喉感，為大吟釀酒的常規作法。味道也很濃郁。適合冷飲、常溫。

日本酒度+3.5　酸度1.2	薰酒
吟釀香 ■■■■□	濃郁度 ■■□□□
原料香 ■□□□□	輕快度 ■■■□□

大吟釀 特製（とくせい）ゴールド賀茂鶴

大吟釀酒/1.8ℓ ¥5250 720mℓ ¥2625/均為酒造好適米50%/16～17度

昭和33年發售，為國內大吟釀造的先驅，擁有芳醇風味的大吟釀酒。適合冷飲、溫熱飲。

日本酒度+1.5　酸度1.4	薰酒
吟釀香 ■■■□□	濃郁度 ■■□□□
原料香 ■□□□□	輕快度 ■■■□□

白牡丹

白牡丹酒造株式会社
082-423-2202 可直接購買
東広島市西条本町15-5
延宝3年（1675）創業

代表酒名 白牡丹 千本錦（せんぼんにしき） 吟釀酒

特定名稱 吟釀酒

希望零售價格 1.8ℓ ¥2586 720mℓ ¥1559

原料米和精米步合… 麴米・掛米均為千本錦50%

酒精度……………… 15.2度

使用最適合釀造吟釀酒的廣島縣產酒米・千本錦，經由廣島杜氏的技術將酒米本身的風味完全釋放出來，味道豐富、餘韻清爽。適合冷飲。

日本酒度＋4 酸度1.4 爽酒

吟釀香 ■■□□□ 濃郁度 ■■□□□
原料香 ■□□□□ 輕快度 ■■■□□

「西條酒」中最古老的酒款之一。酒名為京都・鷹司家所贈與，鷹司家的家紋「白牡丹」，商標和酒標的牡丹為棟方志功之作。江戶的狂歌師戲作者・蜀山人（大田南畝）和留下「白牡丹李白が顔に崩れけり」一句話的明治文豪・夏目漱石等多人都深愛此酒。

主要的酒品

白牡丹 広島八反（ひろしまはったん） 吟釀酒
吟釀酒/1.8ℓ ¥3111 720mℓ ¥1559/均為廣島八反50%/15.2度
由廣島杜氏以廣島縣產的酒米釀製而成，堅持廣島風格的酒款。適合冷飲。

日本酒度＋5 酸度1.5 爽酒

吟釀香 ■■□□□ 濃郁度 ■■□□□
原料香 ■□□□□ 輕快度 ■■□□□

白牡丹 山田錦（やまだにしき） 純米酒
純米酒/1.8ℓ ¥2271 720mℓ ¥1244/均為山田錦70%/15.2度
發揮麴的華麗特性，全量使用山田錦的獨特濃郁與輕快口感。適合冷飲、人體溫度享用。

日本酒度 -2 酸度1.6 醇酒

吟釀香 ■□□□□ 濃郁度 ■■■■□
原料香 ■■■■□ 輕快度 ■■□□□

白牡丹 大吟釀
大吟釀酒/1.8ℓ ¥5250 720mℓ ¥3150/均為山田錦40%/17.2度
華麗、優雅的香氣，細膩的口感與清爽、俐落的餘韻。適合冷飲。

日本酒度＋6 酸度1.3 薰酒

吟釀香 ■■■■□ 濃郁度 ■■□□□
原料香 ■□□□□ 輕快度 ■■■□□

賀茂泉酒造株式会社
☎082-423-2118　可直接購買
東広島市西条上市町2-4
大正元年（1912）創業

賀茂泉

代表酒名	賀茂泉 朱泉 本仕込
特定名稱	純米吟釀酒
希望零售價格	1.8ℓ ¥2694　720mℓ ¥1657

原料米和精米步合… 麹米 廣島八反58%／掛米 中生新千本58%
酒精度……………… 16度

昭和46年時就領先全國推出純米吟釀酒，完全不經過活性碳過濾，呈現出美麗的金黃色、芳醇又豐富的口感。溫熱飲◎、冷・常溫○。

日本酒度+1　酸度1.6　**醇酒**
吟釀香 ■□□□□　濃郁度 ■■■□□
原料香 ■■■■□　輕快度 ■■■□□

酒名源自地名的「賀茂」與取汲自山陽道的名水釀製而來。以恢復傳統釀酒技法為目標，昭和40年時就已經開始著手純米釀造。現在依舊傳承廣島杜氏的三段式釀製法，以純米為中心手工釀酒。不經過活性碳過濾的酒呈現芳醇的風味，金黃色的顏色很美麗。

主要的酒品

賀茂泉 長寿 本仕込
純米大吟釀酒／1.8ℓ ¥5250 720mℓ ¥2310／均為廣島縣產山田錦50%／16度
只使用當地產山田錦釀造出溫和的香氣、細緻華麗的風味。適合微涼飲用。

日本酒度+1　酸度1.4　**薫酒**
吟釀香 ■■■□□　濃郁度 ■■□□□
原料香 ■□□□□　輕快度 ■■■□□

賀茂泉 壽
大吟釀酒／1.8ℓ ¥21000 720mℓ ¥8400／均為廣島縣產山田錦35%／17度
為集吟釀造之精華、鑑評會出品用的一品，香氣、風味優雅。適合冷飲、常溫。

日本酒度+5　酸度1.2　**薫酒**
吟釀香 ■■■■□　濃郁度 ■■□□□
原料香 ■□□□□　輕快度 ■■■□□

賀茂泉 山吹色の酒
純米吟釀酒／1.8ℓ ¥2922 720mℓ ¥1874／廣島八反60% 中生新千本60%／15度
純米吟釀經過3年以上熟成、呈現金黃色的酒，擁有圓潤的風味與口感。適合溫熱飲。

日本酒度+1　酸度1.6　**醇酒**
吟釀香 ■□□□□　濃郁度 ■■■□□
原料香 ■■■■□　輕快度 ■■□□□

賀茂金秀

金光酒造合資会社
☎0823-82-2006　不可直接購買
東広島市黒瀬町乃美尾1364-2
明治13年（1880）創業

代表酒名	賀茂金秀 特別純米
特定名稱	特別純米酒
希望零售價格	1.8ℓ ¥2688 720mℓ ¥1344

原料米和精米步合… 麴米・掛米均為戀雄町55%

酒精度……………… 16～16.9度

溫和的香氣與清新的口感、餘韻輕快俐落。與料理的搭配性佳，也很適合年輕人品嘗。冷飲～溫熱飲為佳。12月中旬～2月底也有販售生酒。

日本酒度＋4.0前後　酸度1.4　**爽酒**

吟釀香 ■■□□□　濃郁度 ■■□□□
原料香 ■■□□□　輕快度 ■■■□□

自創業以來的主力酒款為「櫻吹雪」。廢除杜氏制，由平均年齡30歲的製酒師挑戰重視品質的少量生產・吟釀酒製造。平成15年，發行了以第五代當家金光秀起杜氏為酒名的「賀茂金秀」。年輕杜氏與製酒師釀造出來的酒，清新的風味深具魅力。

主要的酒品

賀茂金秀 桜吹雪 特別純米 うすにごり生
特別純米酒／1.8ℓ ¥2680 720mℓ ¥1340／雄町50% 八反錦60%／16～16.9度
清爽的香氣與恰到好處的味道，酒質有些渾濁。是每年春天3月限定出貨的一品。適合冷飲。

日本酒度＋4前後　酸度1.4　**醇酒**

吟釀香 ■■□□□　濃郁度 ■■■□□
原料香 ■■■□□　輕快度 ■■□□□

賀茂金秀 辛口純米 夏純
純米酒／1.8ℓ ¥2500 720mℓ ¥1250／均為八反錦60%／15～15.9度
最適合「夏天也要喝日本酒」的人享用，風味紮實、喝起來清爽的夏季限定商品。適合冷飲。

日本酒度＋7　酸度1.5　**醇酒**

吟釀香 ■□□□□　濃郁度 ■■■□□
原料香 ■■■□□　輕快度 ■■■■□

賀茂金秀 特別純米 秋の便り
特別純米酒／1.8ℓ ¥2625 720mℓ ¥1313／戀雄町55% 八反錦55%／15～15.9度
秋季限定的冷卸酒。經過夏天後就會變成適當的熟成風味，到了秋天就是最佳品嘗時間。適合冷飲～溫熱飲。

日本酒度＋4前後　酸度1.5　**醇酒**

吟釀香 ■□□□□　濃郁度 ■■■□□
原料香 ■■■□□　輕快度 ■■■□□

相原酒造株式会社
☎0823-79-5008　不可直接購買
呉市仁方本町
明治8年（1875）創業

雨後の月

代表酒名	純米吟醸 雨後の月 山田錦
特定名稱	純米吟釀酒
希望零售價格	1.8ℓ ¥2993

原料米和精米步合… 麴米 山田錦50%／掛米 山田錦55%
酒精度……………… 16度

以協會9號酵母釀製的酒，具有輕快、優雅的撲鼻香氣與爽快的口感。常溫時風味豐郁、溫和，但餘韻俐落。適合冷飲、常溫。

日本酒度+2　酸度1.5	薰酒
吟釀香 ■■■□□	濃郁度 ■■□□□
原料香 ■□□□□	輕快度 ■■□□□

維持甜味、輕快口感廣島酒傳統的酒廠，釀製出擁有優雅香氣、圓潤的味覺，加上濃郁酒質的酒款。酒名源自德富蘆花的短篇小說。平均精米步合、特定名稱酒比率、酒造好適米使用率均為縣內第一，今後也將繼續以釀造優雅香氣、能品嘗酒米甜味的廣島型吟釀酒為目標。

主要的酒品

大吟醸 真粋 雨後の月

大吟釀酒／1.8ℓ ¥10500 720mℓ ¥5250／均為兵庫縣特A地區產山田錦35%／17.1度
優雅的吟釀香、溫和的甜味佈滿口中，入喉也很清爽。適合冷飲。

日本酒度+5　酸度1.2	薰酒
吟釀香 ■■■■□	濃郁度 ■■□□□
原料香 ■□□□□	輕快度 ■■□□□

特別純米酒 雨後の月

特別純米酒／1.8ℓ ¥2300 720mℓ ¥1050／雄町60% 八反錦60%／15度
隱約的吟釀香與具清涼感的優雅口感為特徵。適合常溫。

日本酒度+3　酸度1.3	爽酒
吟釀香 ■■□□□	濃郁度 ■■□□□
原料香 ■■□□□	輕快度 ■■□□□

辛口純米 雨後の月

純米酒／1.8ℓ ¥2100／八反錦60% 地元米65%／16度
發揮協會9號酵母的特徵，為清爽的辛口酒。是會一口接一口的絕佳佐餐酒。適合冷飲。

日本酒度+5　酸度1.8	爽酒
吟釀香 ■□□□□	濃郁度 ■■□□□
原料香 ■■□□□	輕快度 ■■■□□

千福

株式会社三宅本店
℡0823-22-1029　可直接購買
呉市本通7-9-10
安政3年（1856）創業

代表酒名　千福 特撰黒松（とくせんくろまつ）

特定名稱　本釀造酒

希望零售價格　1.8ℓ ¥2234　300mℓ ¥431

原料米和精米步合…　麹米 八反錦70% / 掛米 新千本70%

酒精度……………　15.5度

由廣島杜氏釀製，為細膩、圓潤口感的日常酒。隱約的香氣、清爽的酸味與濃郁的酒米風味調和。適合常溫、溫熱飲。

日本酒度+4　酸度1.3　**爽酒**

吟釀香 ■□□□□　濃郁度 ■■□□□
原料香 ■■□□□　輕快度 ■■□□□

酒名「千福」是因為覺得「女性只被讚揚作為妻子的功勞，但受到的報答卻很少，這樣太過意不去了」，所以取初代當家的母親「福」與妻子・千登的「千」命名。現在以兩位年輕的社員杜氏為中心，汲取吳市內灰之峰湧出的伏流水，致力於釀酒作業。

主要的酒品

千福大吟釀 王者（おうじゃ）

大吟釀酒/1.8ℓ ¥10500 720mℓ ¥5250/均為山田錦・千本錦35%・40%/17.5度

蘋果般的撲鼻香與隱約的甘甜口嘗香氣、滑順的口感，餘韻也很出色。適合冷飲。

日本酒度+4　酸度1.1　**薫酒**

吟釀香 ■■■■□　濃郁度 ■■□□□
原料香 ■□□□□　輕快度 ■■■□□

千福純米大吟釀 蔵（くら）

純米大吟釀酒/1.8ℓ ¥5250 720mℓ ¥2625/均為千本錦50%/17.5度

撲鼻香氣就像是成熟的香蕉味，酒米的圓潤味道與酸味、餘韻均佳。適合加冰塊、冷飲享用。

日本酒度+4　酸度1.5　**薫酒**

吟釀香 ■■■■□　濃郁度 ■■□□□
原料香 ■□□□□　輕快度 ■■■□□

千福 純米酒

純米酒/1.8ℓ ¥2100 720mℓ ¥1050/八反錦65% 新千本65%/15.5度

擁有溫和香氣、明顯酸味的辛口酒，常溫下為俐落口感，溫熱飲時則可感受到華麗的酸味。

日本酒度+5　酸度1.5　**醇酒**

吟釀香 ■□□□□　濃郁度 ■■■□□
原料香 ■■■□□　輕快度 ■■■□□

旭酒造株式会社
📞0827-86-0120　可直接購買
岩国市周東町獺越2167-4
昭和23年（1948）創業

代表酒名	獺祭 磨き二割三分
特定名稱	純米大吟釀酒
希望零售價格	1.8ℓ ¥10000 720mℓ ¥5000

原料米和精米步合… 麴米・掛米均為山田錦23%

酒精度……………… 16度

華麗的撲鼻香、濃醇的口嘗香氣，芳醇的風味與整體恰到好處的酸味。以最高品質的山田錦挑戰最高品質的酒。適合冷飲～微涼飲用。

日本酒度 不公開　酸度 不公開　薰酒
吟釀香 ■■■■■　濃郁度 ■■□□□
原料香 ■□□□□　輕快度 ■■■□□

以吟釀聞名的酒廠，出貨的酒均為精米步合50%以下的純米大吟釀。以「酒為生活道具之一，可讓人愉悅」為概念，由社員進行徹底的手工釀酒作業。水獺將捕捉到的魚排列在岸邊的景象，看起來就像是在祭拜魚般，所以將酒名取為獺祭。

主要的酒品

獺祭 磨き三割九分
純米大吟釀酒/1.8ℓ ¥4700 720mℓ ¥2350/均為山田錦39%/16度
擁有果實風的舒暢撲鼻香與隱約的甘甜口嘗香氣，口感輕快。適合冷飲～微涼飲用。

日本酒度 不公開　酸度 不公開　薰酒
吟釀香 ■■■■□　濃郁度 ■■□□□
原料香 ■□□□□　輕快度 ■■■□□

獺祭 純米大吟釀50
純米大吟釀酒/1.8ℓ ¥2835 720mℓ ¥1417/均為山田錦50%/16度
具備山田錦研磨掉50%後的品質，卻有如此的優惠價格，為高CP值的酒款。適合冷飲～微涼飲用。

日本酒度 不公開　酸度 不公開　薰酒
吟釀香 ■■■■□　濃郁度 ■■□□□
原料香 ■□□□□　輕快度 ■■■□□

獺祭 発泡にごり酒50
純米大吟釀酒/720mℓ ¥1680 360mℓ ¥840/均為山田錦50%/15度
屬於發泡濁酒，可充分感受到山田錦本身的酒米甜味。適合冷飲。

日本酒度 不公開　酸度 不公開　發泡性

五橋

近畿・中國　山口縣

酒井酒造株式会社
☎0827-21-2177　可直接購買
岩国市中津町1-1-31
明治4年（1871）創業

代表酒名	大吟釀 錦帯五橋
特定名稱	大吟釀酒
希望零售價格	1.8ℓ ¥10920 720mℓ ¥5460

原料米和精米步合…　麹米・掛米均為山田錦35%
酒精度………………　16.8度

仔細研磨山田錦後，充分將酒米本身的溫和風味發揮出來的一品。如水般的味覺，可感受到纖細、豐郁的口感。適合冷飲。

日本酒度+3.5　酸度1.4　薫酒
吟釀香 ■■■■□　濃郁度 ■■□□□
原料香 ■□□□□　輕快度 ■■■□□

主要的酒品

五橋 大吟醸 西都の雫
大吟釀酒/720mℓ ¥3255/山田錦35% 西都之雫40%/16.8度
以山口縣原產酒米・西都之雫釀製而成，擁有高貴的香氣與纖細的味道。適合冷飲。

日本酒度+3　酸度1.4　薫酒
吟釀香 ■■■■□　濃郁度 ■□□□□
原料香 ■□□□□　輕快度 ■■■□□

五橋 純米酒木桶造り
純米酒/1.8ℓ ¥2730 720mℓ ¥1365/均為西都之雫70%/15.5度
擁有木桶釀造特有的溫和木香。適度的酸味與酒米的濃郁、甜味融合。適合溫熱飲。

日本酒度+1　酸度2.2　醇酒
吟釀香 ■□□□□　濃郁度 ■■■■□
原料香 ■■■■□　輕快度 ■■■□□

五橋 発泡純米酒ねね
純米酒/300mℓ ¥714/均為日本晴70%/5.5度
溫和的發泡感，隱約的甜味與酸味相互調和、充滿涼味。適合冷飲。

日本酒度-85　酸度5　發泡性

「五橋」的酒名，取自架在錦川上的五連名橋・錦帯橋的別稱。將其比喻為釀酒人、品酒人之間心與心的橋樑，因而有此命名。於傳統技法外還加上最新的技術，讓酒質提高——在低技術與高技術的相乘效果下、以軟水釀製出來的酒，特殊的溫和香氣與高酒質為其特徵。

東洋美人

とうようびじん

株式会社澄川酒造場
☎08387-4-0001　不可直接購買
萩市大字中小川611
大正10年（1921）創業

代表酒名	東洋美人 611（ろくいちいち）
特定名稱	純米吟釀酒
希望零售價格	1.8ℓ ¥3990 720mℓ ¥2100

原料米和精米步合… 麴米・掛米均為611番地的山田錦50%

酒精度……………… 15.8度

以611號地培育的山田錦釀製而成的純米吟釀。優雅、溫和的撲鼻香彷彿要將心融化般，清爽的甜味與紮實的辛口極其均衡。豐富、具透明感的口感，幾乎就像是藝術品般。適合冷飲。

日本酒度+5　酸度1.5　薰酒
吟釀香 ■■■□□ 濃郁度 ■■□□□
原料香 ■■□□□ 輕快度 ■■■□□

現任當家的澄川宜史杜氏在「希望能在自己出生、成長之地的稻田釀酒」的信念下，發表了4款酒。以法國的葡萄酒區為基礎，強化品種產地的概念。釀造者的企圖完美展現在酒質的風味上，必須親身品嘗才能體驗箇中奧妙。

主要的酒品

東洋美人 333（さんさんさん）
純米吟釀酒/1.8ℓ ¥3990 720mℓ ¥2100/均為333番地的山田錦50%/15.8度
以333號地培育的山田錦釀製而成的純米吟釀酒。

日本酒度+5　酸度1.5　薰酒
吟釀香 ■■■□□ 濃郁度 ■■□□□
原料香 ■■□□□ 輕快度 ■■■□□

東洋美人 437（よんさんなな）
純米吟釀酒/1.8ℓ ¥3990 720mℓ ¥2100/均為437番地的山田錦50%/15.8度
以437號地培育的山田錦釀製而成的純米吟釀酒。

日本酒度+5　酸度1.5　薰酒
吟釀香 ■■■□□ 濃郁度 ■■□□□
原料香 ■■□□□ 輕快度 ■■■□□

東洋美人 372（さんななに）
純米吟釀酒/1.8ℓ ¥3990 720mℓ ¥2100/均為372番地的山田錦50%/15.8度
以372號地培育的山田錦釀而成的純米吟釀酒。

日本酒度+5　酸度1.5　薰酒
吟釀香 ■■■□□ 濃郁度 ■■□□□
原料香 ■■□□□ 輕快度 ■■■□□

株式会社永山本家酒造場
☎0836-62-0088　不可直接購買
宇部市車地138
明治21年（1888）創業

代表酒名	特別純米 貴
特定名稱	特別純米酒
希望零售價格	1.8ℓ ¥2625 720mℓ ¥1312

原料米和精米步合…　麹米 山田錦60%／掛米 八反錦60%

酒精度………………　15.8度

該酒款的基本商品。含在口中時酒米的風味會迅速擴展開來，不久後即輕輕散去。適合作為佐餐酒，有些微的苦味。冷飲・常溫均可，尤其溫熱飲最佳。

日本酒度+5　酸度1.5　**爽酒**

吟釀香 ■□□□□　濃郁度 ■■□□□
原料香 ■■□□□　輕快度 ■■■■□

由酒廠常務董事・永山貴博杜氏於平成14年成立的品牌，並將自己名字中的一字冠上酒名。酒廠於夏天種稻、冬天釀酒，如此釀造出來的「貴」正如「能感受到酒米風味的酒」的概念，只生產少量的純米酒。

主要的酒品

濃醇辛口純米 貴
純米酒／1.8ℓ ¥2100 720mℓ ¥1050／山田錦60% 同80%／15.8度
常溫時酒米的甜味與之後的辛口感很棒，熱飲時辛口會更明顯、口感也較濃郁。

日本酒度+8　酸度1.5　**醇酒**

吟釀香 ■□□□□　濃郁度 ■■■□□
原料香 ■■■□□　輕快度 ■■■■□

純米吟釀 山田錦 貴
純米吟釀酒／1.8ℓ ¥3255 720mℓ ¥1628均為山口縣產山田錦50%／16.8度
發揮山田錦本身的風味，酒米的口感溫和、芳醇。適合冷飲、常溫。

日本酒度+5　酸度1.5　**薫酒**

吟釀香 ■■□□□　濃郁度 ■■■□□
原料香 ■■■□□　輕快度 ■■■□□

特別純米 貴 ひやおろし
特別純米酒／1.8ℓ ¥2730 720mℓ ¥1365／均為山田錦60%／15.8度
春天火入處理後、經過一個夏天到10月1日才出貨。建議先以冷飲、接著為常溫，最後再以溫熱飲品嘗為佳。

日本酒度+6　酸度1.6　**醇酒**

吟釀香 ■□□□□　濃郁度 ■■■□□
原料香 ■■■□□　輕快度 ■■■□□

下関酒造株式会社
☎083-252-1877　可直接購買
下関市幡生宮の下町8-23
大正12年（1923）創業

代表酒名	関娘 大吟醸原酒（げんしゅ）
特定名稱	大吟醸酒
希望零售價格	1.8ℓ ¥10000 720mℓ ¥5000

原料米和精米步合… 麹米・掛米均為山田錦35%

酒精度……………… 18～19度

洋梨般的優雅撲鼻香氣、輕快的酸味，再加上些許的苦味。與酪梨或番茄等重口味的蔬菜很搭。適合冷飲。

日本酒度+6.5　酸度1.5　薫酒
吟醸香 ■■■■□　濃郁度 ■■□□□
原料香 ■□□□□　輕快度 ■■■□□

「希望能用自己栽種的米來釀酒」，所以罕見的集合了445名當地農家所成立的酒廠。溫和的酒質，讓來到港口的人們覺得彷彿就是「下關的姑娘般」深獲好評，所以後來才取了這樣的酒名。與創業時毫無改變，以對米疼愛有加的方式釀造出來的酒，的確就像是溫柔的「関娘」般。

主要的酒品

関娘 大吟醸
大吟醸酒/1.8ℓ ¥5000 720mℓ ¥2500/均為山田錦35%/15～16度
白葡萄酒風的輕淡甘甜口嘗香氣，優雅的甜味加上適度的酸味讓人印象深刻。適合冷飲。

日本酒度+6.5　酸度1.4　薫酒
吟醸香 ■■■■□　濃郁度 ■□□□□
原料香 ■□□□□　輕快度 ■■■□□

海響（かいきょう） 吟醸酒
吟醸酒/1.8ℓ ¥2000 720mℓ ¥1050/均為はるる60%/15～16度
如清流般的涼爽、具透明感的香氣，口嘗香氣溫和的佐餐酒。適合冷飲～常溫。

日本酒度+1　酸度1.9　爽酒
吟醸香 ■■□□□　濃郁度 ■■□□□
原料香 ■□□□□　輕快度 ■■■□□

若き獅子の酒（わかきししのさけ） 純米酒
純米酒/1.8ℓ ¥2500 720mℓ ¥1200/美山錦70% 山田錦70%/15～16度
味道不會過重、也不會太輕，含在口中的瞬間有如絹絲般的滑順口感。適合常溫享用。

日本酒度+6.7　酸度2　醇酒
吟醸香 ■□□□□　濃郁度 ■■■□□
原料香 ■■■■□　輕快度 ■■■□□

四國·九州

Shikoku·Kyushu

綾菊酒造株式会社
☎087-878-2222　可直接購買
綾歌郡綾川町山田下3393
昭和20年（1945）創業

代表酒名　綾菊 純米吟釀 国重（くにしげ）

特定名稱　純米吟釀酒

希望零售價格　1.8ℓ ¥3150 720mℓ ¥1575

原料米和精米步合… 麴米・掛米均為香川縣產大瀨戶55%

酒精度……………… 15～16度

酒名冠上杜氏的名字，為該酒款的代表之作。清爽的口嘗香氣與輕快的口感很有格調感。餘韻佳，喝了不會膩口。適合微涼飲用。

日本酒度+4　酸度1.6　爽酒
吟釀香 ■■□□□　濃郁度 ■■□□□
原料香 ■■□□□　輕快度 ■■■□□

由寬政2年（1790）創業的酒廠等當地幾個酒倉合併而成的公司。以被選為現代名匠的國重弘明杜氏為首，進行釀造擁有清爽酸味與輕快口感、喝了不會膩口的酒。其中的「國重」系列，是酒廠引以為豪、將酒名冠上杜氏自己名字的自信之作。

主要的酒品

綾菊 大吟釀
大吟釀酒/720mℓ ¥3675/均為香川縣產讚岐良米40%/15.6度
使用縣產的原創酒米，由製酒師精心釀製而成的大吟釀。擁有華麗、優雅的香味。適合微涼飲用。

日本酒度+5　酸度1.3　薰酒
吟釀香 ■■■□□　濃郁度 ■■□□□
原料香 ■□□□□　輕快度 ■■■□□

綾菊 吟釀 国重
吟釀酒/1.8ℓ ¥2625 720mℓ ¥1365/均為香川縣產大瀨戶55%/15～16度
擁有溫和的香氣與酒米風味、清爽酸味。入喉順暢、容易入口。適合冷飲、溫熱飲。

日本酒度+5　酸度1.2　爽酒
吟釀香 ■■□□□　濃郁度 ■■□□□
原料香 ■□□□□　輕快度 ■■■□□

山廃（やまはい）純米 よいまい 綾菊
純米酒/1.8ℓ ¥2520 720mℓ ¥1365/均為香川縣產讚岐良米65%/15.5度
100%使用讚岐良米，為豐郁酒米風味的山廢酒。適合微涼～溫熱飲。

日本酒度+3　酸度1.8　醇酒
吟釀香 ■□□□□　濃郁度 ■■■□□
原料香 ■■■□□　輕快度 ■■■□□

よろこびがいじん

悅凱陣

有限会社丸尾本店
0877-75-2045 不可直接購買
仲多度郡琴平町榎井93
明治18年（1885）創業

代表酒名 悅凱陣 純米大吟釀 燕石（えんせき）

特定名稱 純米大吟釀酒

希望零售價格 1.8ℓ ¥12600 720mℓ ¥5250

原料米和精米步合… 麴米・掛米均為山田錦35%

酒精度……………… 17.7度

山田錦奢侈研磨後的優雅香味，展現出該酒款的酒米口感與清爽酸味。雅致的酒質與和三盆也很搭。適合冷飲。

日本酒度+6 酸度1.8 薰酒

吟釀香 ■■■■□ 濃郁度 ■■□□□
原料香 ■■□□□ 輕快度 ■■□□□

全年生產量約350石的小酒廠，還維持江戶時代商家的舊建築，幕末時桂小五郎、高杉晉作還曾寄居於此。以酒廠杜氏為中心，採用讚岐產的新米以及與弘法大師有關的名水釀製而成的酒，均為小量、手工製造。為酒米風味芳醇的辛口型，酒名取自紀念日清・日俄戰爭的勝利。

主要的酒品

悅凱陣 純米大吟釀
純米大吟釀酒／1.8ℓ ¥5775 720mℓ ¥2888／均為山田錦40%／15.5度
果實風的香氣、芳醇的酒米風味，可久放保存。溫熱飲、溫熱後放涼飲用皆宜。

日本酒度+5 酸度2 薰酒

吟釀香 ■■■■□ 濃郁度 ■■□□□
原料香 ■■□□□ 輕快度 ■■■□□

悅凱陣 純米吟釀 興（こう）
純米吟釀酒／1.8ℓ ¥3675 720mℓ ¥1838／均為八反錦50%／15.5度
酒米風味在口中散開，酸味明顯、餘韻佳。適合常溫、溫熱飲、溫熱後放涼品嘗。

日本酒度+6 酸度1.3 薰醇酒

吟釀香 ■■■□□ 濃郁度 ■■■□□
原料香 ■■■□□ 輕快度 ■■□□□

悅凱陣 手造り（てづく）純米酒
純米酒／1.8ℓ ¥2625 720mℓ ¥1428／均為大瀨戶55%／15.4度
強烈的撲鼻香、豐郁的口嘗香氣、紮實的酒質三者兼具。適合溫熱飲、溫熱後放涼飲用。

日本酒度+9 酸度1.3 醇酒

吟釀香 ■□□□□ 濃郁度 ■■■□□
原料香 ■■■□□ 輕快度 ■■□□□

芳水酒造有限会社
☎0883-78-2014　可直接購買
三好市井川町辻231-2
大正2年（1913）創業

代表酒名	芳水 特別純米酒
特定名稱	特別純米酒
希望零售價格	1.8ℓ ¥2415 720mℓ ¥1155

原料米和精米步合… 麹米・掛米均為兵庫縣產山田錦60%

酒精度……………… 15.6度

隱約的撲鼻香，含在口中時可感受到豐郁的酒米滋味與清爽酸味。均衡度佳、餘韻輕快，最適合作為佐餐酒。冷飲、溫熱飲皆宜。

日本酒度+6　酸度1.6　爽酒

吟釀香 ■□□□□　濃郁度 ■■□□□
原料香 ■■□□□　輕快度 ■■■□□

吉野川伏流水與優質酒米加上阿讚地方的冷涼氣候，釀造出呈現酒米原本風味的酒。優雅的香氣、俐落的口感、豐郁的味道，就像是自然酒般。酒名取自先人們讚譽吉野川的美稱「芳水」，以及期望釀酒的芳香能夠一直傳承下去的心願。

主要的酒品

芳水 純米大吟釀

純米大吟釀酒/1.8ℓ ¥5145 720mℓ ¥2520/均為兵庫縣產山田錦50%/16.4度

果實風的優雅吟釀香、讓人舒暢的華麗酒米風味與清爽酸味。適合冷飲、常溫。

日本酒度+7　酸度2.2　薰酒

吟釀香 ■■■□□　濃郁度 ■■□□□
原料香 ■□□□□　輕快度 ■■■■□

芳水 純米吟釀 淡遠（たんえん）

純米吟釀酒/1.8ℓ ¥3045 720mℓ ¥1575/均為福井縣產五百萬石55%/15.6度

輕淡、溫和的口感，但卻能感受到紮實的豐厚味道。適合冷飲、常溫、溫熱飲。

日本酒度+7　酸度1.6　爽酒

吟釀香 ■■□□□　濃郁度 ■■□□□
原料香 ■□□□□　輕快度 ■■■□□

芳水 山廃仕込（やまはいじこみ）特別純米酒

特別純米酒/1.8ℓ ¥2415 720mℓ ¥1155/均為滋賀縣產玉榮60%/15.2度

強烈的酸味展現出紮實、濃郁、俐落等三樣特質，充滿活力、很值得品嘗。適合冷飲、溫熱飲。

日本酒度+6　酸度1.8　醇酒

吟釀香 ■□□□□　濃郁度 ■■■□□
原料香 ■■■□□　輕快度 ■■■■□

南

有限会社南酒造場
℡0887-38-6811 可直接購買
安芸郡安田町安田1875
明治2年（1869）創業

代表酒名	純米吟釀 南
特定名稱	純米吟釀酒
希望零售價格	1.8ℓ ¥2856 720㎖ ¥1680

原料米和精米步合… 麹米・掛米均為松山三井50%

酒精度……………… 16～17度

馥郁的撲鼻香氣中含有酒米的香味，甘、辛口兼具的紮實味道加上俐落的酸味。與豪華的高知鄉土料理很搭。適合冷飲。

日本酒度+6　酸度1.8　**薰醇酒**

吟釀香 ■■■□□　濃郁度 ■■□□□
原料香 ■■■□□　輕快度 ■■■□□

南為太平洋、北為魚梁瀨美林，酒廠旁為清流安田川。在這樣的環境中，釀造出辛口型、淡麗香氣高的土佐酒本流之酒。以當地導向的主酒款為「玉の井」。新酒標「南」是全商品精米步合60%以上的特定名稱酒，擁有高香氣，日本酒度雖高，但卻是辛口感較低的輕快風味。

主要的酒品

中取り（なかどり）純米 南

特別純米酒/1.8ℓ ¥2650 720㎖ ¥1300/均為松山三井60%/16～17度

口感溫和，完全發揮出酒米本身的風味、餘韻輕快。適合冷飲。

日本酒度+6　酸度1.6　**醇酒**

吟釀香 ■□□□□　濃郁度 ■■□□□
原料香 ■■■□□　輕快度 ■■■□□

純米大吟釀 南

純米大吟釀酒/1.8ℓ ¥3600/均為五百萬石40%/16～17度

恰到好處的撲鼻香氣、均衡的飽滿口感，喝了不會膩口。適合冷飲。

日本酒度+6　酸度1.7　**薰酒**

吟釀香 ■■■□□　濃郁度 ■■□□□
原料香 ■□□□□　輕快度 ■■■□□

特別本釀造 南

特別本釀造酒/1.8ℓ ¥2000 720㎖ ¥1000/均為松山三井60%/16～17度

以低溫長期發酵釀製的特別本釀造。輕淡的吟釀香、紮實濃郁的風味。適合冷飲。

日本酒度+8　酸度1.3　**爽酒**

吟釀香 ■■□□□　濃郁度 ■■□□□
原料香 ■■□□□　輕快度 ■■■□□

有限会社濱川商店
☎0887-38-2004　可直接購買
安芸郡田野町2150
明治38年（1905）創業

美丈夫

代表酒名	美丈夫 舞 松山三井
特定名稱	純米吟釀酒
希望零售價格	1.8ℓ ¥3055 720mℓ ¥1528

原料米和精米步合… 麴米・掛米均為松山三井50%

酒精度……………… 15～16度

將適合釀製淡麗辛口酒的酒米・松山三井研磨掉一半，為該酒款銷售最佳的純米吟釀。隱約的甜味加上明顯的酸味，很適合當做佐餐酒。冷飲～溫熱飲皆宜。

日本酒度+4　酸度1.3　薰酒

吟醸香	■■■□□	濃郁度	■■□□□
原料香	■□□□□	輕快度	■■■□□

原本在該地經營海上運送船家的初代當家以「濱乃鶴」的酒名創業。「想釀造美味的酒」，因而開始著手釀造吟釀酒，於平成3年誕生了「美丈夫」。酒名源自土佐的英雄・坂本龍馬的形象。生產量的9成為吟釀酒，以少量、手工釀製、低溫發酵，致力於追求高品質的酒。

主要的酒品

美丈夫 純米酒

純米酒/1.8ℓ ¥2100 720mℓ ¥1050/均為松山三井60%/15～16度

酒米的口感與酸味相互調和，為餘韻佳、喝了不會膩口的佐餐酒。適合冷飲、溫熱飲。

日本酒度+5　酸度1.6　醇酒

吟醸香	■□□□□	濃郁度	■■■□□
原料香	■■■□□	輕快度	■■■□□

美丈夫 山田錦45

純米大吟釀酒/1.8ℓ ¥4379 720mℓ ¥2184/均為兵庫縣產山田錦45%/15～16度

輕快的撲鼻香、柑橘系的酸味，口感佳、微微的甜味、餘韻俐落。適合冷飲。

日本酒度+5　酸度1.5　薰酒

吟醸香	■■■■□	濃郁度	■■□□□
原料香	■□□□□	輕快度	■■■□□

美丈夫 特別本釀造 燗映えの酒

特別本釀造酒/1.8ℓ ¥1890 720mℓ ¥893/均為松山三井60%/14～15度

入喉滑順、清爽，為味道強烈、豐郁的佐餐酒，餘韻佳。適合溫熱飲。

日本酒度+6　酸度1.2　爽酒

吟醸香	■□□□□	濃郁度	■■□□□
原料香	■■□□□	輕快度	■■■■□

すいげい
醉鯨

四國・九州 高知縣

醉鯨酒造株式会社
☎088-841-4080 不可直接購買
高知市長浜566-1
昭和44年（1969）創業

酒名為以牛飲模樣著名的幕末土佐藩主・山內容堂公的號「鯨海醉侯」而來，含有期盼能像巨鯨般大口暢飲的心願。以小量、低溫發酵釀製而成的酒，充滿酒米的個性與風味，為重視五味均衡的土佐本流淡麗辛口型。生產量的近9成為特定名稱酒。

代表酒名	醉鯨純米大吟釀 山田錦
特定名稱	純米大吟釀酒
希望零售價格	1.8ℓ ¥10133 720mℓ ¥4064

原料米和精米步合… 麴米・掛米均為兵庫縣產山田錦30%

酒精度……………… 16.7度

山田錦研磨後以熊本酵母釀製而成的高香氣酒。山田錦本身的優雅香味與豐富味道越喝越能感受其濃郁度，是最具「醉鯨」風格的酒款。適合冷飲。

日本酒度+6 酸度1.6 薰酒

吟釀香 ■■■■□ 濃郁度 ■■□□□
原料香 ■□□□□ 輕快度 ■■■■□

主要的酒品

醉鯨純米吟釀 吟麗
純米吟釀酒/1.8ℓ ¥2804 720mℓ ¥1712/均為愛媛縣產松山三井50%/16.7度
豐富、俐落的風味，加上該酒款獨特的清爽酸味。冷飲◎、常溫○。

日本酒度+7 酸度1.6 爽酒

吟釀香 ■■□□□ 濃郁度 ■■□□□
原料香 ■□□□□ 輕快度 ■■■■□

醉鯨特別純米酒
特別純米酒/1.8ℓ ¥2415 720mℓ ¥1008/均為酒造用一般米55%/15.4度
與吟釀酒同樣方式釀造的純米酒，香氣輕淡，最適合當作佐餐酒。微涼～溫熱飲為佳。

日本酒度+7 酸度1.6 爽酒

吟釀香 ■□□□□ 濃郁度 ■■□□□
原料香 ■■□□□ 輕快度 ■■■■□

醉鯨純米吟釀 高育54号
純米吟釀酒/1.8ℓ ¥3150 720mℓ ¥1260/均為高知縣產吟之夢50%/16.7度
雖為淡麗型、但味道紮實，擁有柑橘系的酸味與輕快口感。冷飲◎、常溫○。

日本酒度+7 酸度1.7 爽酒

吟釀香 ■■□□□ 濃郁度 ■■□□□
原料香 ■□□□□ 輕快度 ■■■■□

亀泉酒造株式会社
☎088-854-0811　可直接購買
土佐市出間2123-1
明治30年（1897）創業

亀泉

代表酒名　純米大吟醸原酒 酒家長春萬寿亀（げんしゅ しゅか ちょうしゅんまんじゅ）

特定名稱　純米大吟釀酒

希望零售價格　1.8ℓ ¥10500 720mℓ ¥5250

原料米和精米步合… 麹米・掛米均為山田錦35%

酒精度……………… 16～16.9度

100%使用山田錦，研磨掉65%後以兩種類的酵母釀製而成，為該酒廠最高峰之作。具有華麗、沉穩的香氣與豐郁的味道，口感也很輕快。適合冷飲。

日本酒度+5　酸度1.4　薰酒
吟釀香 ■■■■□　濃郁度 ■■□□□
原料香 ■■□□□　輕快度 ■■□□□

「希望自己釀造自己要喝的酒」，所以集合11人成立了酒廠。不管如何乾旱也不曾枯竭，以當地第一湧水釀製而成，所以將酒名命名為萬年之泉「龜泉」。堅持以高知的米、高知的酵母、高知的水，釀造出高香氣、口感輕快的土佐本流淡麗辛口酒。

主要的酒品

亀泉 純米吟醸生 山田錦（なま やま だ にしき）
純米吟釀酒／1.8ℓ ¥3470 720mℓ ¥1735／均為山田錦50%／16～16.9度
擁有高度華麗的香氣，清新的酸味與優雅的甜味調和得宜，餘韻俐落。適合冷飲。

日本酒度+5　酸度1.7　薰酒
吟釀香 ■■■■□　濃郁度 ■■□□□
原料香 ■■■□□　輕快度 ■■■□□

亀泉 純米吟醸生 CEL-24（セル）
純米吟釀酒／1.8ℓ ¥2940 720mℓ ¥1470／均為八反錦50%／14.8度
果實般的優雅撲鼻香氣，甜味與酸味的均衡度極佳，為白葡萄酒風的酒款。適合冷飲。

日本酒度 -8.5　酸度1.9　薰酒
吟釀香 ■■■□□　濃郁度 ■■□□□
原料香 ■■■□□　輕快度 ■■■□□

亀泉 大吟醸 萬寿
大吟釀酒／1.8ℓ ¥5500 720mℓ ¥2650／均為山田錦40%／16～16.9度
彷彿水果般的清爽香氣，溫和的辛口感與豐富的風味。適合冷飲。

日本酒度+8　酸度1.2　薰酒
吟釀香 ■■■■□　濃郁度 ■■□□□
原料香 ■□□□□　輕快度 ■■■■□

司牡丹

司牡丹酒造株式会社
☎0889-22-1211　可直接購買
高岡郡佐川町甲1299
慶長8年（1603）創業

代表酒名　秀吟(しゅうぎん) 司牡丹

特定名稱　純米大吟釀酒

希望零售價格　1.8ℓ ¥5250

原料米和精米步合…　麴米・掛米均為山田錦50%

酒精度………………　17.5度

芳醇的吟釀香彷彿原酒般，與柔和、濃郁的風味相當調和，為該酒廠引以為豪的釀造者集技術之大成的一品。適合冷飲。

日本酒度＋5　酸度1.6	薰酒
吟釀香 ■■■■□	濃郁度 ■■□□□
原料香 ■■□□□	輕快度 ■■■■□

「司牡丹」與坂本龍馬。據說酒廠的竹村家與龍馬的本家為婚姻關係，另外竹村家還藏有龍馬的信件，由此可見兩者關係之匪淺。也由於這樣的原委，所以該酒廠的產品「龍馬からの伝言」「坂竜飛騰」「宇宙龍」等酒名多與龍馬相關。

主要的酒品

司牡丹 日本を今一度(にっぽんをいまいちど)

純米酒/1.8ℓ ¥2500 720mℓ ¥1250/山田錦65% 秋津穗・天高65%/15.5度

淡麗、清爽的口嘗香氣，圓潤、輕快口感的超辛口型。適合冷飲～溫熱飲。

日本酒度＋8　酸度1.5	爽酒
吟釀香 ■□□□□	濃郁度 ■■□□□
原料香 ■■□□□	輕快度 ■■■■□

豊麗(ほうれい) 司牡丹

純米酒/1.8ℓ ¥2559 720mℓ ¥1075/山田錦・北錦65% 秋津穗・天高65%／15.5度

優雅的香氣，滑順、芳醇的口感，為濃郁與清爽兼具的一品，適合冷飲～溫熱飲。

日本酒度＋5　酸度1.5	醇酒
吟釀香 ■□□□□	濃郁度 ■■■□□
原料香 ■■■□□	輕快度 ■■■■□

司牡丹 坂竜飛騰(ばんりゅうひとう)

本釀造酒/1.8ℓ ¥1899 720mℓ ¥980/北錦65% 北錦・秋津穗70%/16.8度

酒名取自龍馬飛躍起來的模樣。柔和、舒暢的風味，餘韻佳。適合冷飲～溫熱飲。

日本酒度＋5　酸度1.5	爽酒
吟釀香 ■□□□□	濃郁度 ■■□□□
原料香 ■■□□□	輕快度 ■■■■□

はつゆきはい

初雪盃

愛媛縣　四國・九州

協和酒造株式会社
☎089-962-2717　可直接購買
伊予郡砥部町大南400
明治20年（1887）創業

代表酒名　初雪盃 50% 大吟醸原酒(げんしゅ) 2009

特定名稱　大吟釀酒

希望零售價格　1.8ℓ ¥3680 720mℓ ¥1840

原料米和精米步合…　麹米・掛米均為兵庫縣產山田錦50%

酒精度………………　16.4度

擁有撲鼻的溫和酒米香，味道豐富強烈、飽滿的辛口感。雖為原酒，但口感佳、容易入口，餘韻輕快。適合冷飲、常溫。

日本酒度+2.9　酸度1.2	薰酒
吟釀香 ■■■□□	濃郁度 ■■□□□
原料香 ■□□□□	輕快度 ■■■■□

明治時期創業的酒廠因遇戰爭而一時中斷，於昭和30年聯合4家酒倉共同成立了新酒廠。酒名是以覆蓋白雪的凜然富士山為形象命名。堅持以槽搾和吊袋法釀造，只有手工釀製才能呈現的濃郁酒質，不但適合當做佐餐酒也可單獨品嘗。

主要的酒品

初雪盃 特別純米酒 2010
特別純米酒/1.8ℓ ¥2550 720mℓ ¥1280/均為愛媛縣產松山三井60%/15.5度
視酒溫不同口感也會跟著改變，與料理搭配後的口感變化也很多樣。適合冷飲、常溫、溫熱飲。

日本酒度+3.8　酸度1.4	爽酒
吟釀香 ■□□□□	濃郁度 ■■□□□
原料香 ■■□□□	輕快度 ■■■□□

初雪盃 純米酒 2010
純米酒/1.8ℓ ¥2330 720mℓ ¥1170/均為愛媛縣產松山三井70%/15.4度
味道芳醇，但不會有厚重感，口感俐落、入喉暢快。適合常溫、溫熱飲。

日本酒度+1.2　酸度1.8	醇酒
吟釀香 ■□□□□	濃郁度 ■■■□□
原料香 ■■■■□	輕快度 ■■■□□

初雪盃 しずく媛(ひめ) 特別純米生原酒(なまげんしゅ)2010
特別純米酒/1.8ℓ ¥3210 720mℓ ¥1610/均為愛媛縣產しずく媛60%/16.9度
搾取後直接裝瓶的微甘口型酒。芳醇的香味與酒米本身的口感，適合冷飲、常溫。

日本酒度 -0.4　酸度1.7	醇酒
吟釀香 ■□□□□	濃郁度 ■■■□□
原料香 ■■■□□	輕快度 ■■□□□

川亀

四國・九州　愛媛縣

川亀酒造合資会社
☎0894-22-0315　可直接購買
八幡浜市五反田2番耕地4-1
明治32年（1899）創業

代表酒名　川亀 山廃純米（やまはい）

特定名稱　特別純米酒

希望零售價格　1.8ℓ ¥2520 720mℓ ¥1260

原料米和精米步合…　麹米・掛米均為山田錦60%

酒精度………………　15～16度

山廃特有的濃醇感，加上優雅、細緻的味道。適合冷飲～溫熱飲，視酒溫會有讓人意想不到的變化，可享受多樣樂趣。

日本酒度+5~+6　酸度1.5~1.6　醇酒
吟醸香 ■□□□□　濃郁度 ■■■□□
原料香 ■■■■□　輕快度 ■■■□□

主要的酒品

川亀 純米吟醸 備前雄町（びぜんおまち）
純米吟醸酒／1.8ℓ ¥2940 720mℓ ¥1470／均為雄町55%／16～17度
溫和的果實香讓人覺得舒暢，擁有雄町特有的豐郁酒米風味。適合冷飲～溫熱飲。

日本酒度+4~+5　酸度1.4~1.5　薰酒
吟醸香 ■■■□□　濃郁度 ■■■□□
原料香 ■■□□□　輕快度 ■■■□□

川亀 特別純米
特別純米酒／1.8ℓ ¥2520 720mℓ ¥1260／均為五百萬石60%／15～16度
擁有沉穩的果實香、酒米本身的溫和口感。適合冷飲～溫熱飲。

日本酒度+5~+6　酸度1.3~1.4　爽酒
吟醸香 ■■□□□　濃郁度 ■■□□□
原料香 ■■□□□　輕快度 ■■■□□

川亀 特別本醸造
特別本醸造酒／1.8ℓ ¥2100 720mℓ ¥1100／均為松山三井60%／15～16度
雖為特別本醸造，但醸製方式卻同吟醸酒。豐郁的果實香、輕快的口感。適合冷飲～溫熱飲。

日本酒度+5~+6　酸度1.1~1.2　爽酒
吟醸香 ■■□□□　濃郁度 ■■□□□
原料香 ■■□□□　輕快度 ■■■□□

酒名取自初代當家二宮龜三郎的名字以及地區名川舞。長期以來受到漁港・八幡濱當地漁師們喜愛的酒。自酒廠的第六代當家。年輕的二宮靖杜氏以來，以全年生產量未滿300石的小規模為優勢，費時地以手工作業釀酒，連在首都圈也獲得很高的評價。

合資会社伊豆本店
☎0940-32-3001　可直接購買
宗像市武丸1060
享保2年（1717）創業

かめのお
亀の尾

代表酒名　亀の尾 純米吟仕込（ぎんじこみ）

特定名稱　純米吟釀酒

希望零售價格　1.8ℓ ¥2243 720mℓ ¥1020

原料米和精米步合…　麴米・掛米均為 山田錦60%

酒精度………………　15.3度

口感清爽、滑順，能品嘗到酒米原本的風味，而且入喉輕快、喝再多也不會膩。冷飲或溫熱飲均佳，可享受各自不同的風貌。

日本酒度+4　酸度1.6　爽酒

吟釀香 ■■□□□　濃郁度 ■■□□□
原料香 ■■□□□　輕快度 ■■■□□

第十一代現任當家費時7年重新培育出戰前消失的酒米・龜之尾，於昭和64年發表了這款將酒米直接冠上酒名的大吟釀。之後「龜之尾」就是該酒廠的代表品牌。以圓潤口感、入喉輕快為特徵的酒均為少量生產、以槽搾等江戶以來的古老技法釀製而成。

主要的酒品

純米大吟釀 亀の尾100%
純米大吟釀酒/720mℓ ¥3675/均為龜之尾50%/16.4度
以夢幻酒米・龜之尾釀製而成的純米酒，經過長期熟成貯藏後呈現出濃郁與獨特的風味。適合冷飲。

日本酒度+6　酸度1.6　薰酒

吟釀香 ■■■■□　濃郁度 ■■□□□
原料香 ■■□□□　輕快度 ■■■□□

亀の尾 純米大吟釀
純米大吟釀酒/1.8ℓ ¥5250 720mℓ ¥2243/均為山田錦50%/15.3度
吟釀的隱約口嘗香氣在口中散開來，口感清爽、入口滑順。適合冷飲。

日本酒度+4　酸度1.5　薰酒

吟釀香 ■■■□□　濃郁度 ■■□□□
原料香 ■■□□□　輕快度 ■■■□□

特別本釀造 亀の尾
特別本釀造酒/1.8ℓ ¥2273 720mℓ ¥989/均為山田錦60%/15.3度
淡麗、輕快的口感，不管是誰、不管與任何一種料理均搭的佐餐酒。適合冷飲～溫熱飲。

日本酒度+4　酸度1.5　爽酒

吟釀香 ■□□□□　濃郁度 ■■□□□
原料香 ■■□□□　輕快度 ■■■■□

こまぐら

独楽蔵

四國・九州　福岡縣

株式会社杜の蔵
☎0942-64-3001　可直接購買　可介紹酒店
久留米市三潴町玉満2773
明治31年（1898）創業

源自福岡縣的無形文化財「博多獨樂」的酒名，期望能堅持以職人技法釀酒的傳統。以「可盡情享受與食物、身體調和的酒」為目標釀製的酒，亦即是堅持以當地產米與手工作業的地酒，均為單獨品嘗時清爽宜人，與料理一同享用時讓人打從心底覺得舒暢的純米酒。

代表酒名　独楽蔵 玄（げん）円熟（えんじゅく）純米吟醸

特定名稱　純米吟釀酒

希望零售價格　1.8ℓ ¥3045　720mℓ ¥1470

原料米和精米步合…　麹米・掛米均為山田錦55%

酒精度………………　15度

輕淡、爽快的酒米香氣與沉穩、濃郁的風味，人體溫度品嘗時清爽的感覺會變得柔和，這正是以米釀製的酒才有的滋味。常溫或人體溫度均佳，與料理很搭。

日本酒度＋4　酸度1.6　醇酒

吟釀香 ■■□□□　濃郁度 ■■■□□
原料香 ■■■■□　輕快度 ■■■□□

主要的酒品

独楽蔵 醇（じゅん）豊熟（ほうじゅく）純米大吟醸
純米大吟釀酒／1.8ℓ ¥5040 720mℓ ¥2415／均為山田錦45%／16度
經過低溫熟成後呈現濃醇、溫和的香氣，口感輕鬆愉快。適合微涼、常溫飲用。

日本酒度＋1　酸度1.6　薫酒

吟釀香 ■■■■□　濃郁度 ■■□□□
原料香 ■■□□□　輕快度 ■■■□□

独楽蔵 無農薬山田錦六十（むのうやくやまだにしきろくじゅう）
特別純米酒／1.8ℓ ¥2688 720mℓ ¥1365／均為山田錦60%／15度
具有酒米本身的溫和香氣、舒暢的酸味與酒米口感，搭配料理選擇冷飲～溫熱飲享用。

日本酒度＋3　酸度1.7　醇酒

吟釀香 ■□□□□　濃郁度 ■■■□□
原料香 ■■■□□　輕快度 ■■■□□

独楽蔵 燗（かん）純米
純米酒／1.8ℓ ¥2415 720mℓ ¥1208／均為大地之輝60%／15度
熟成後風味變得豐富，五味的調和為其特徵，是一支以溫熱飲為前提所釀造的酒款。

日本酒度＋4　酸度1.7　醇酒

吟釀香 ■□□□□　濃郁度 ■■■□□
原料香 ■■■□□　輕快度 ■■■□□

庭のうぐいす

合名会社山口酒造場
☎0942-78-2008　不可直接購買
久留米市北野町今山534-1
天保3年（1832）創業

代表酒名　庭のうぐいす うぐいすラベル 特別純米

特定名稱　特別純米酒

希望零售價格　1.8ℓ ¥2457　720mℓ ¥1229

原料米和精米步合…　麴米 山田錦60%／掛米均為 夢一献60%

酒精度………………　15度

全白酒標的正中央處，有一隻可愛的黃鶯。擁有清淡的香氣與舒暢的酸味，為酒米風味華麗的佐餐酒。適合冷飲。

日本酒度+3　酸度1.5　**爽酒**

吟釀香 ■□□□□　濃郁度 ■■□□□
原料香 ■■□□□　輕快度 ■■■□□

舊有馬藩的大地主．山口家的第五代當家，看見從北野天滿宮飛來的黃鶯在庭園泉水邊喝水的模樣後，起而動念「就用這個水來釀酒吧」，酒名也是源於此。以名水筑後川伏流水的井水與自然培育的米，採古法釀製出對身體溫和的酒。

主要的酒品

庭のうぐいす うぐいすラベル 純米吟釀

純米吟釀酒／1.8ℓ ¥2993 720mℓ ¥1496／山田錦50% 夢一献50%／16度

富含酒米風味的優雅味道，舒暢的酸味給人俐落十足的感覺。適合冷飲。

日本酒度+4　酸度1.3　**爽酒**

吟釀香 ■■□□□　濃郁度 ■■□□□
原料香 ■■□□□　輕快度 ■■■□□

庭のうぐいす だるまラベル 特別純米

特別純米酒／1.8ℓ ¥2468 720mℓ ¥1229／山田錦60% 夢一献60%／15度

充分發揮酒米原本的濃醇口感，兼具出色的輕快餘韻。適合冷飲～溫熱飲。

日本酒度+3　酸度1.5　**醇酒**

吟釀香 ■□□□□　濃郁度 ■■■□□
原料香 ■■■□□　輕快度 ■■■□□

庭のうぐいす からくち 鶯辛（おうから）

普通酒／1.8ℓ ¥2100 720mℓ ¥1050／均為山田錦68%／15度

沒有研磨掉太多的山田錦呈現出本來的風味，為餘韻輕快的辛口型酒。適合冷飲～熱飲。

日本酒度+10　酸度1.3　**爽酒**

吟釀香 ■□□□□　濃郁度 ■■□□□
原料香 ■■□□□　輕快度 ■■■■□

しげます

繁桝

四國・九州　福岡縣

株式会社高橋商店
☎0943-23-5101　可直接購買
八女市本町2-22-1
大正14年（1925）創業

代表酒名	繁桝 大吟醸しずく搾り 斗瓶囲い
特定名稱	大吟釀酒
希望零售價格	1.8ℓ ¥10500 720mℓ ¥4725

原料米和精米步合… 麴米・掛米均為山田錦40%

酒精度……………… 17～18度

酒精度、日本酒度均高，但沒有尖銳的感覺。華麗的吟釀香在口中散開，自然、滑順的入喉感，餘韻充滿著幸福味道。適合微涼飲用。

日本酒度＋5　酸度1.4　**薰酒**

吟釀香 ■■■■□　濃郁度 ■■□□□
原料香 ■□□□□　輕快度 ■■■□□

酒廠位於大穀倉地帶・筑紫平野的南部，受到矢部川伏流水恩賜的產米區。酒名取自同音的「繁盛」，冀望年年越發興盛的心願。全量自家精米的米以親手洗滌，用蒸籠蒸熟。手工製麴、從醪的階段開始就反覆品嘗酒質，仔細費心地進行釀酒作業。

主要的酒品

繁桝 純米大吟釀

純米大吟釀酒/1.8ℓ ¥6825 720mℓ ¥3150/均為山田錦40%/15～16度

優雅的香氣與山田錦本身的飽滿口感相互調和。適合微涼～常溫飲用。

日本酒度＋2.5　酸度1.4　**薰酒**

吟釀香 ■■■■□　濃郁度 ■■□□□
原料香 ■□□□□　輕快度 ■■■□□

繁桝 純米吟釀

純米吟釀酒/1.8ℓ ¥3775 720mℓ ¥1838/均為山田錦50%/15～16度

隱約的果實香、清爽的甘甜口嘗香氣，與料理很搭。適合微涼、常溫、溫熱飲。

日本酒度＋2.5　酸度1.4　**薰酒**

吟釀香 ■■■□□　濃郁度 ■■□□□
原料香 ■□□□□　輕快度 ■■■□□

繁桝 吟釀酒

吟釀酒/1.8ℓ ¥3266 720mℓ ¥1633/均為山田錦50%/15～16度

恰到好處的吟釀香與酒米口感，俐落輕快的味道讓人不禁一杯接著一杯。適合微涼、常溫飲用。

日本酒度＋4　酸度1.3　**爽酒**

吟釀香 ■■□□□　濃郁度 ■■□□□
原料香 ■□□□□　輕快度 ■■■□□

天吹酒造合資会社
0942-89-2001　可直接購買
三養基郡みやき町大字東尾2894
元禄元年（1688）創業

代表酒名	天吹 裏大吟醸 愛山
特定名稱	大吟釀酒
希望零售價格	1.8ℓ ¥5250 720mℓ ¥2625

原料米和精米步合… 麴米・掛米均為愛山40%
酒精度……………… 16度

兵庫縣產米・愛山經過自家精米研磨掉60%後，以Abelia花酵母釀製而成的大吟釀。擁有果實香與風雅的口嘗香氣，為甜味與酸味調和的辛口型。適合冷飲。

日本酒度+6　酸度1.2　薰酒
吟釀香 ■■■■□　濃郁度 ■■□□□
原料香 ■□□□□　輕快度 ■■■□□

背振山水系的柔軟井水、合鴨農法培育的米，配合酒質使用Abelia、石楠、瞿麥等多種類的花酵母分別釀製，最後於地下貯藏庫慢慢熟成。這樣釀製而成的「天吹」，擁有花酵母獨特的華麗香氣、酒米原本的濃郁口感等兩項特質。

主要的酒品

天吹 生酛純米大吟釀 雄町
純米大吟釀酒/1.8ℓ ¥4000 720mℓ ¥2000/均為雄町40%/16度
擁有極佳的酒米口感與酸味，有如生酛釀製般的紮實酒質。適合冷飲、溫熱飲。

日本酒度+5　酸度2　薰酒
吟釀香 ■■■■□　濃郁度 ■■□□□
原料香 ■■□□□　輕快度 ■■■□□

天吹 純米吟釀 愛山 生
純米吟釀酒/1.8ℓ ¥3780 720mℓ ¥1890/均為愛山55%/16度
以瞿麥花酵母釀製而成，華麗的香氣、愛山特有的飽滿酒米口感。適合冷飲。

日本酒度+5　酸度1.4　薰酒
吟釀香 ■■■□□　濃郁度 ■■□□□
原料香 ■■□□□　輕快度 ■■■□□

天吹 超辛口 特別純米
特別純米酒/1.8ℓ ¥2625 720mℓ ¥1260/均為山田錦60%/15度
以當地產山田錦釀造，為酒米口感濃郁的超辛口型，輕快的餘韻相當出色。適合冷飲～溫熱飲。

日本酒度+12　酸度1.3　醇酒
吟釀香 ■■□□□　濃郁度 ■■□□□
原料香 ■■■□□　輕快度 ■■■■□

七田

天山酒造株式会社
☎0952-73-3141 可直接購買
小城市小城町岩蔵1520
明治8年（1875）創業

酒廠原本經營水車業，也曾做過酒米的精米等工作。主要酒款為「天山」，「七田」是第六代現任當家以自己的姓冠上的酒名。以純米、純米吟釀的無過濾生酒為基礎，全年生產量並不多。酒質溫和、擁有輕快的吟釀香，還有明顯的濃醇風味。

代表酒名　七田 純米

特定名稱　純米酒

希望零售價格　1.8ℓ ¥2520 720mℓ ¥1208

原料米和精米步合…　麴米 山田錦65%／掛米 麗峰65%

酒精度………………　17度

該酒名的熱門酒。口嘗香氣清爽、甘甜，紮實的酒米口感與輕爽的酸味相互融合，餘韻佳。為完成度極高的佐餐酒。適合冷飲～溫熱飲。

日本酒度＋2　酸度1.7　醇酒

吟釀香 ■■□□□　濃郁度 ■■■□□
原料香 ■■□□□　輕快度 ■■■□□

主要的酒品

七田 純米大吟釀

純米大吟釀酒／1.8ℓ ¥5250 720mℓ ¥2520／均為山田錦45%／16度

100%使用佐賀縣產的山田錦，香氣豐郁、為該酒款的最高峰之作。適合冷飲。

日本酒度＋3　酸度1.5　薰酒

吟釀香 ■■■□□　濃郁度 ■■□□□
原料香 ■□□□□　輕快度 ■■■■□

七田 純米吟釀

純米吟釀酒／1.8ℓ ¥3150 720mℓ ¥1523／山田錦55% 佐賀之華55%／16度

纖細的果實香、清爽得宜的甜味，為該酒款中均衡度最佳的一品。適合冷飲～溫熱飲。

日本酒度＋1　酸度1.6　爽酒

吟釀香 ■■□□□　濃郁度 ■■□□□
原料香 ■■□□□　輕快度 ■■■□□

七田 七割五分磨き（ななわりごぶみがき）

純米酒／1.8ℓ ¥2520 720mℓ ¥1208／均為山田錦75%／17度

因為是最高品質的酒米，所以反而不經過高度精白處理，呈現出優雅風味的一品。適合冷飲～溫熱飲。

日本酒度＋4　酸度1.8　醇酒

吟釀香 ■□□□□　濃郁度 ■■■□□
原料香 ■■■■□　輕快度 ■■■□□

五町田酒造株式会社
☎0954-66-2066　不可直接購買
嬉野市塩田町大字五町田甲2081
大正11年（1922）創業

代表酒名	東一 雫搾り 大吟醸
特定名稱	大吟釀酒
希望零售價格	1.8ℓ ¥8064 720mℓ ¥4032

原料米和精米步合…　麴米・掛米均為山田錦39%

酒精度………………　17度

以吊袋法搾取、斗瓶貯藏的高級酒。南國的水果香氣與酒米口感、酸味相互調和，充滿厚重感，個性十足的酒質。適合微涼、常溫飲用。

日本酒度+5　酸度1.4　**薰酒**

吟釀香 ■■■■■　濃郁度 ■■□□□
原料香 ■■□□□　輕快度 ■■■□□

昭和63年以「吟釀藏」為目標，同時開始自家栽培當時佐賀縣內難以取得的山田錦，朝「從培育米開始的製酒」邁進。以自家精米的數種類縣產米分門別類使用，釀造出酒質安定的吟釀酒。「東一 雫搾り 大吟釀」就是集大成的逸品之作。

主要的酒品

東一 純米大吟醸
純米大吟釀酒/1.8ℓ ¥5030 720mℓ ¥2515/均為山田錦39%/16度
南國果實風的香氣，充滿個性的酸味、苦味調和成的優雅風味。適合微涼、常溫飲用。

日本酒度+1　酸度1.6　**薰酒**

吟釀香 ■■■■□　濃郁度 ■■□□□
原料香 ■□□□□　輕快度 ■■■□□

東一 山田錦 純米吟醸
純米吟釀酒/1.8ℓ ¥3507 720mℓ ¥1754/均為山田錦49%/16度
沉穩的香氣與濃郁、柔順味道融合的佐餐酒。適合微涼、常溫飲用。

日本酒度+1　酸度1.6　**薰酒**

吟釀香 ■■■□□　濃郁度 ■■□□□
原料香 ■■□□□　輕快度 ■■■□□

東一 山田錦 純米酒
純米酒/1.8ℓ ¥2478 720mℓ ¥1239/均為山田錦64%/15度
充分發揮酒米口感的圓潤風味，最適合作為佐餐酒。常溫、溫熱飲為佳。

日本酒度+1　酸度1.4　**醇酒**

吟釀香 ■□□□□　濃郁度 ■■■□□
原料香 ■■■□□　輕快度 ■■■□□

鍋島

富久千代酒造有限会社
☎0954-62-3727　不可直接購買
鹿島市浜町1244-1
大正末期創業

代表酒名　**鍋島 純米吟釀 山田錦**（やまだにしき）

特定名稱　純米吟釀酒

希望零售價格　1.8ℓ ¥3360　720mℓ ¥1680

原料米和精米步合…　麴米・掛米均為山田錦50%

酒精度………………　16～17度

如新鮮果實般，清淡甜味的撲鼻香氣，含在口中時活力感依舊沒變，還更增添了份風雅。適合以白瓷之類杯緣較薄的酒器品嘗。冷飲～常溫為佳。

日本酒度+2　酸度1.4　**薰酒**

吟釀香 ■■■□□　濃郁度 ■■□□□
原料香 ■□□□□　輕快度 ■■■□□

酒廠面有明海，自古以來即為受惠於多良岳山系的柔軟地下水，富饒土壤的酒產區。代表酒款「鍋島」，為平成10年由擔任杜氏的現任當家以「酒質溫和，可與料理一同享用的酒」為目標生產的酒。與舊佐賀藩主・鍋島家有關的酒名為當時公開徵名而來。

主要的酒品

鍋島 大吟釀

大吟釀酒/1.8ℓ ¥5250 720mℓ ¥2861/均為山田錦35%/17～18度

到平成22年為止連續6年榮獲全國新酒鑑評會金獎，為擁有濃醇風味的大吟釀酒。適合冷飲。

日本酒度+3　酸度1.3　**薰酒**

吟釀香 ■■■■□　濃郁度 ■■□□□
原料香 ■■□□□　輕快度 ■■■□□

鍋島 特別純米酒

特別純米酒/1.8ℓ ¥2680 720mℓ ¥1340/山田錦55% 佐賀之華55%/15～16度

冷、常溫、溫熱飲，不管哪種酒溫都能品嘗美味的佐餐酒，請依料理選擇喜好的溫度。

日本酒度+4　酸度1.6　**醇酒**

吟釀香 ■□□□□　濃郁度 ■■■□□
原料香 ■■■□□　輕快度 ■■■■□

鍋島 特別本釀造

特別本釀造酒/1.8ℓ ¥2200 720mℓ ¥1100/均為佐賀之華60%/15～16度

與各式料理均搭，為美味的佐賀之酒。各種酒溫皆宜、溫熱飲尤佳。

日本酒度-9　酸度1.4　**爽酒**

吟釀香 ■□□□□　濃郁度 ■■□□□
原料香 ■■□□□　輕快度 ■■□□□

今里酒造株式会社
℡0956-85-2002　不可直接購買
東彼杵郡波佐見町宿郷596
明和7年（1770）左右創業

六十餘洲

代表酒名	六十餘洲 純米大吟釀
特定名稱	純米大吟釀酒
希望零售價格	1.8ℓ ¥7350 720mℓ ¥3150

原料米和精米步合… 麴米・掛米均為山田錦38%

酒精度……………… 16度

將山田錦研磨掉62%，精心釀製而成的一品。宜人的優雅香氣、酒米原本的柔和風味與輕快的酸味，很適合作為佐餐酒。冷飲、常溫為佳。

日本酒度+2　酸度1.4　薰酒
吟釀香 ■■■■□　濃郁度 ■■□□□
原料香 ■□□□□　輕快度 ■■■□□

酒廠設於縣內第二的寒冷地・波佐見，江戶末期的建築現在依舊還在使用。堅持釀酒的基本「一麴、二酛、三醪」，釀造出真正的地酒——以當地的素材釀製，能夠看得到生產者與消費者容貌的酒。酒名「六十餘洲」含有「希望能讓日本全國各個角落的人都能品嘗得到」的心願。

主要的酒品

六十餘洲 特別純米酒
特別純米酒/1.8ℓ ¥2625 720mℓ ¥1575/均為山田錦60%/15度
溫和、滑順的口感，調和的酒米口感與酸味，適合冷飲、常溫、溫熱飲。

日本酒度+2.5　酸度1.6　醇酒
吟釀香 ■□□□□　濃郁度 ■■■□□
原料香 ■■■□□　輕快度 ■■■□□

六十餘洲 大吟釀
大吟釀酒/1.8ℓ ¥5250 720mℓ ¥2625/均為山田錦38%/17度
擁有新鮮果實般的優雅口嘗香氣與酒米本身的紮實口感。適合冷飲、常溫。

日本酒度+4　酸度1.4　薰酒
吟釀香 ■■■■□　濃郁度 ■■□□□
原料香 ■□□□□　輕快度 ■■□□□

六十餘洲 本釀造
本釀造酒/1.8ℓ ¥2193 720mℓ ¥1020/均為麗峰60%/15度
果實般的優雅口嘗香氣與酒米紮實的口感相當契合。適合冷飲、常溫。

日本酒度+5　酸度1.5　爽酒
吟釀香 ■■□□□　濃郁度 ■■□□□
原料香 ■□□□□　輕快度 ■■■□□

香露

株式会社熊本県酒造研究所
096-352-4921　不可直接購買
熊本市島崎1-7-20
明治42年（1909）創業

代表酒名	特別純米酒 香露
特定名稱	特別純米酒
希望零售價格	1.8ℓ ¥2860

原料米和精米步合… 麹米 山田錦55%／掛米 九州神力60%
酒精度……………… 15.5度

採用阿蘇的伏流水與優質酒米，以傳統技法釀製而成的特別純米酒。擁有符合熊本酵母發祥地酒廠的優雅口感，與各種料理均搭。適合溫熱飲。

日本酒度 -2　酸度1.6　**醇酒**
吟釀香 ■■□□□　濃郁度 ■■■□□
原料香 ■■■□□　輕快度 ■■■□□

原本是熊本縣內的某酒廠當家為了提升酒的品質，招聘酒神・野白金一博士所成立的研究所。在這裡誕生的熊本酵母現在稱為協會9號酵母，供應全國吟釀酒釀造使用。酒廠以博士開創的技術搭配傳統技法，繼續致力於釀製高品質的酒。

主要的酒品

大吟釀 香露
大吟釀酒／720mℓ ¥4080／均為山田錦38%／16.7度
以該酒廠發祥的熊本酵母釀製而成的大吟釀酒。使用最高品質的酒米，洗米～上槽均為手工作業。適合冷飲品嘗。

日本酒度＋3.5　酸度1.4　**薰酒**
吟釀香 ■■■■■　濃郁度 ■■□□□
原料香 ■□□□□　輕快度 ■■■□□

純米吟釀 香露
純米吟釀酒／720mℓ ¥2960／山田錦45%同55%／16.1度
「大吟釀香露」的姊妹品。擁有溫和的香氣與濃郁感，餘韻悠長。適合冷飲、常溫。

日本酒度＋0.5　酸度1.6　**薰酒**
吟釀香 ■■■□□　濃郁度 ■■■□□
原料香 ■■□□□　輕快度 ■■■□□

特別本釀造 香露
特別本釀造酒／1.8ℓ ¥2450／九州神力55% 同60%／15.5度
採用在熊本的大自然下孕育出的米、水，以傳承的手工技法釀製而成的一品。適合常溫、溫熱飲。

日本酒度±0　酸度1.5　**爽酒**
吟釀香 ■■□□□　濃郁度 ■■□□□
原料香 ■■□□□　輕快度 ■■■□□

有限会社中野酒造
0978-62-2109　可直接購買
杵築市大字南杵築2487-1
明治7年（1874）創業

智恵美人

代表酒名	智恵美人 大吟釀
特定名稱	大吟釀酒
希望零售價格	1.8ℓ ¥5040 720mℓ ¥2625

原料米和精米步合… 麴米・掛米均為山田錦35%

酒精度……………… 17度

將山田錦研磨後，以低溫長期發酵釀造而成的大吟釀酒。擁有原料米本身的優雅、華麗吟釀香，香氣與溫和、淡麗的口感。適合冷飲。

日本酒度+5　酸度1.4　薰酒
吟釀香 ■■■■□　濃郁度■■□□□
原料香 ■□□□□　輕快度■■■□□

採「地產率100%」為原則，以最大限度使用當地農家培育的酒米釀製酒為目標。自創業以來堅持汲取「酒の命」的釀製水，為連續3年獲得Monde Selection金獎的自家湧水。在內部以土牆覆蓋的酒倉內，24小時播放古典樂、靜待「智恵美人」的熟成。

主要的酒品

智恵美人 純米吟釀
純米吟釀酒/1.8ℓ ¥3675 720mℓ ¥1890/均為山田錦55%/16度
採用費時、費力的古式釀造法，為酒米口感濃醇的純米吟釀酒。適合冷飲。

日本酒度+2　酸度1.7　醇酒
吟釀香 ■■□□□　濃郁度■■■□□
原料香 ■■■□□　輕快度■■■■□

智恵美人 純米酒
純米酒/1.8ℓ ¥2310 720mℓ ¥1300/五百萬石60% 同65%/15度
溫和的撲鼻香氣與原料米本身的芳醇風味調和得宜。適合冷飲、溫熱飲。

日本酒度+3　酸度1.7　醇酒
吟釀香 ■□□□□　濃郁度■■■□□
原料香 ■■■□□　輕快度■■■□□

智恵美人 上撰（じょうせん）
普通酒/1.8ℓ ¥1882/均為國產米70%/15度
溫和、清爽的口感，喝了不會膩口。CP值高，最適合做為晚酌酒。溫熱飲為佳。

日本酒度+2　酸度1.6　爽酒
吟釀香 ■□□□□　濃郁度■■□□□
原料香 ■■□□□　輕快度■■■■□

鷹来屋

浜嶋酒造合資会社
℡0974-42-2216 不可直接購買
豊後大野市緒方町下自在381
明治22年(1889)創業

創業時，由於濱嶋家常有老鷹飛來，所以將屋號取為「鷹來屋」。經過一時的中斷後於平成9年，第五代當家濱嶋弘文杜氏將釀製的酒命名為「鷹來屋」。手工製造、全量槽搾，全年生產量400石的小酒廠，以「探求美酒」為信念，以釀製出五味均衡的究極佐餐酒為目標。

代表酒名	鷹来屋 特別純米酒
特定名稱	特別純米酒
希望零售價格	1.8ℓ ¥2730 720mℓ ¥1365

原料米和精米步合… 麹米 山田錦50% / 掛米 麗峰55%

酒精度……………… 15.5度

一開始就將與料理的平衡度放入考量的釀造酒。在入喉之前，會先感受到溫和的酒米口感。為能讓食慾大開、一杯接著一杯的著名佐餐酒。適合冷飲～溫熱飲。

日本酒度+5 酸度1.4 爽酒

吟釀香 ■■□□□ 濃郁度 ■■□□□
原料香 ■■□□□ 輕快度 ■■■□□

主要的酒品

鷹来屋 若水(わかみず)純米吟醸

純米吟醸酒/1.8ℓ ¥3255 720mℓ ¥1627/山田錦50% 若水55%/15.8度

使用自社栽培米・若水釀製而成，擁有清淡香氣與溫和口感的佐餐酒。適合冷飲～溫熱飲。

日本酒度+4 酸度1.4 爽酒

吟釀香 ■■□□□ 濃郁度 ■■□□□
原料香 ■□□□□ 輕快度 ■■■■□

鷹来屋 純米酒

純米酒/1.8ℓ ¥2415 720mℓ ¥1207/五百萬石60% 麗峰60%/15.5度

以溫熱飲為前提下所釀造的酒款，可品嘗7號酵母特有的濃郁、溫和風味。冷飲～溫熱飲為佳。

日本酒度+3 酸度1.6 醇酒

吟釀香 ■□□□□ 濃郁度 ■■□□□
原料香 ■■■□□ 輕快度 ■■■■□

鷹来屋 辛口(からくち)本醸造

本醸造酒/1.8ℓ ¥1995 720mℓ ¥997/五百萬石60% 麗峰60%/15.7度

不管哪一種酒溫、哪一種料理均能搭配的全能酒。適合冷飲～溫熱飲。

日本酒度+5 酸度1.3 爽酒

吟釀香 ■□□□□ 濃郁度 ■■□□□
原料香 ■□□□□ 輕快度 ■■■■□

關於SSI（日本酒服務研究會・酒匠研究會聯合會）

唎酒師認定講習會。

品酒課。

SSI是日本酒服務研究會・酒匠研究會聯合會（Sake Service Institute）的簡稱。

SSI透過日本酒侍酒師「唎酒師」和燒酒侍酒師「燒酒諮詢師」等專業人員的培育與教育，致力日本傳統飲食文化精髓的「日本酒」、「燒酒」的啟蒙發展，至今已邁入第20年。另外，自2010年以來藉由舉辦「日本酒檢定」和「燒酒檢定」等活動，希望能創造讓更多消費者領會日本酒、燒酒魅力的機會。

日本酒釀造體驗實習。

試飲會「精選地酒大SHOW」。

日本酒，是日本引以為豪的傳統之酒，可稱得上是集結先人智慧的傳統飲食文化之精髓。近年來，由於生活方式和飲食生活的變化，品嘗日本酒的面貌也視每位消費者而有千差萬別，不過享受日本酒的方式現在正朝著新的舞台邁進。

最近，特別是以歐美和中國、韓國為首的亞洲諸國，由於健康導向的主要原因讓日本飲食受到注目，讓日本酒的需求也有大大增加的傾向。另外，外國的各方人士對於具日本料理特色的魚貝料理、蔬菜料理與日本酒的搭配度很感興趣，並且樂在其中。

在原本的日本飲食文化中，並沒有邊喝酒邊品嘗料理的習慣，這個習慣是最近才變成理所當然的。與料理一起品嘗是目前日本酒的享用方式，今後日本酒的價值也應該會越來越高吧！

日本酒服務研究會・酒匠研究會聯合會，以能讓更多人體會這世界上獨一無二的日本酒魅力為目標，培育日本酒的侍酒師「唎酒師」，並希望透過增加消費者自身的日本酒知識為目的之「日本酒檢定」，繼續致力日本酒的啟蒙與推廣活動。

SSI
SAKE SERVICE INSTITUTE
日本酒服務研究會・酒匠研究會聯合會（SSI）
〒114-0004　東京都北区堀船2-19-19
0120-312-194　TEL.03-5390-0715　FAX.03-5390-0339
http://www.sakejapan.com
詳情請上網站

國家圖書館出版品預行編目資料

日本酒手帳／SSI(日本酒服務研究會・酒匠研究會連合會)監修;許懷文翻譯. 一第一版. 新北市:人人, 2011.06 面;公分 一(人人趣旅行;36)

ISBN 978-986-6435-60-7（平裝）

1.酒 2.製酒業 3.日本
463.81 100007612

【人人趣旅行36】
日本酒手帳
作者／SSI（日本酒服務研究會・酒匠研究會連合會）監修
翻譯／許懷文
發行人／周元白
出版者／人人出版股份有限公司
地址／23145 新北市新店區寶橋路235巷6弄6號7樓
電話／（02）2918-3366（代表號）
傳真／（02）2914-0000
網址／http://www.jjp.com.tw
郵政劃撥帳號／16402311 人人出版股份有限公司
製版印刷／長城製版印刷股份有限公司
電話／（02）2918-3366（代表號）
經銷商／聯合發行股份有限公司
電話／（02）2917-8022
第一版第一刷／2011年6月
第一版第四刷／2019年8月
定價／新台幣250元

NIHONSHU TECHO
by SSI